医院建设实战宝典：设计·施工·验收·运营一本通

新建（改扩建）医疗机构筹办业务指南与案例

罗国辉　张木秀　主编

中国建筑工业出版社

图书在版编目（CIP）数据

新建（改扩建）医疗机构筹办业务指南与案例 / 罗国辉，张木秀主编．—北京：中国建筑工业出版社，2024.5

（医院建设实战宝典：设计·施工·验收·运营一本通）

ISBN 978-7-112-29787-0

Ⅰ．①新…　Ⅱ．①罗…　②张…　Ⅲ．①医院—建筑工程—工程项目管理—指南　Ⅳ．①TU246.1-62

中国国家版本馆 CIP 数据核字（2024）第 084155 号

责任编辑：毕凤鸣
文字编辑：王艺彬
责任校对：赵　力

医院建设实战宝典：设计·施工·验收·运营一本通
新建（改扩建）医疗机构筹办业务指南与案例
罗国辉　张木秀　主编

*

中国建筑工业出版社出版、发行（北京海淀三里河路9号）
各地新华书店、建筑书店经销
华之逸品书装设计制版
建工社（河北）印刷有限公司印刷

*

开本：787 毫米×1092 毫米　1/16　印张：24½　字数：516 千字
2024 年 7 月第一版　2024 年 7 月第一次印刷
定价：**88.00** 元

ISBN 978-7-112-29787-0
（42870）

如有内容及印装质量问题，请与本社读者服务中心联系
电话：（010）58337283　QQ：2885381756
（地址：北京海淀三里河路9号中国建筑工业出版社604室　邮政编码：100037）

本书编委会

深圳市罗院医院集团：邓超干　罗利清

深圳市罗湖区妇幼保健院：刘琦石

深圳市南山区卫生健康局：胡亦农　钟雨婷

深圳市南山区医疗集团总部：谢新红

华中科技大学协和深圳医院：何敬远

深圳市南山区慢性病防治院：邹　泉　胡文卓　吴国华

深圳市宝安区卫生健康局：蒋艺勤　薛洁伟

深圳市宝安区人民医院（集团）：张日华　张锐

深圳市宝安区中心医院：王利玲　梁锦峰

深圳市中西医结合医院：陈　旭　庄加川　刘汉娇　刘镇平

深圳市龙岗区中心医院：邱仁斌　简圩汞

深圳市龙岗区人民医院：郝书理

深圳市龙岗区第四人民医院：黄秀娴

深圳市盐田区人民医院：施培瑶

深圳市龙华区卫生健康局：皮应庭

深圳市龙华区人民医院：卓荣军

深圳市龙华区妇幼保健院：李小球　杨伟康

深圳市坪山区卫生健康局：王　洋　崔鑫童

深圳市坪山区人民医院：邱劲军　李和平

深圳市坪山区妇幼保健院：梅树江　邹汉泉　龚志勇

深圳市坪山区中心医院：郭长春　李　进　徐万友

深圳市光明卫生健康局：谢宇航

深圳市光明区人民医院：黄锦新　钟月明　廖振房　邓贤达

泰康人寿前海医院：王　旭

深圳市铭德口腔门诊部：龚志勇

深圳市标准研究院：詹　炜

深圳技术大学：蒋学武

深圳市交易集团：楚东启

深圳市计量质量检测研究院：董晶泊

深圳建医科技运营有限公司：郑　平　何　苗　万　锐

广东标信咨询有限公司：程冬生　蒋　蔓　梁　露　钟阳镇　伍　站

北京睿勤永尚建设顾问有限公司：董永青　张　博
易凯医疗建筑设计（深圳）有限公司：余海燕
广东华展家具制造有限公司：周连平　李丹萍　黄日炜
深圳前海旺盛医疗科技有限公司：周　娅　尹剑平
苏州德品医疗科技有限公司：潘　君　王　璐
海太欧林集团服务有限公司：王晓志　胡尚云　陈荣妙
深圳大因医疗科技有限公司：李玲珑　李沁怡　胡彦鹏　黄沛珊
深圳市力通厨房建设有限公司：龙爱娟　唐慎璘
深圳市北辰标识有限公司：于喜平
浙江大华技术有限公司：陈　欣　陈朝召
武汉华康世纪医疗股份有限公司：谭咏薇　周　春　陈彦行
香港澳华医疗产业集团深圳分公司：邓　焱　崔怡卓　贾建国　李东霖
成都洁定医疗检测技术中心：阳永红　孟　涛　高　兴

其他参与编委：

金华泰朱福儿；上医顾问尚玉明；上海爱克吴希；科明智博邓志斌；众智恒力赵巧云、龙文娣；鹏达招代方泽鹏；深圳建星王旭、朱善伟；尚哲医建徐丽；医管家李想；北京灵顿李源；北京国天白颖；佛山雅洁源李杰；深圳大略罗明咨；凯盛物业秦红红等。

特别鸣谢：

深圳市卫生健康发展研究和数据管理中心；原深圳市新建市属医院筹备办公室、原深圳市公立医院管理中心全体同仁。

前　言

医疗卫生机构（医院和社区健康服务中心）开办团队参与医院新建（改社区健康服务中心扩建）规划建设，首先要经过政府主管部门审批（市、区委常委会纪要决定或项目建议书、可行性研究报告报审），明确医疗卫生机构发展战略规划，包括机构功能定位和发展目标、运营发展方案和学科发展规划方案等，然后指导设计和咨询单位开展医疗卫生机构建筑功能布局、医疗工艺设计和信息化建设，根据项目性质的投资主体的不同时序，安排略有不同。基于深圳市十几个相关建设项目开办情况，包括近期建设的深圳市宝安区人民医院（改、扩建）、香港中文大学深圳医院（新建）、中国科学院大学深圳医院（扩建）、南山区多个社区健康服务中心等，在推进建筑布局规划和医疗工艺设计工作中发现，医疗卫生机构顶层战略规划的实施落脚点不仅涉及医疗卫生机构建筑规划，还涉及信息化（智慧化）建设规划方案和大型医疗设备配置规划方案和开办设施（含后勤设施）规划方案等各个方面。例如，医疗卫生机构顶层规划明确要建设成为智慧化医院，实现智慧化一站式诊疗服务模式，这需要信息化建设规划好支撑智慧化一站式诊疗服务模式的预约挂号、无现金支付、智能导引、多学科会诊等信息化软件模块，还需要做好匹配一站式诊疗服务模式的医疗设备配置规划，就近配置诊疗服务所需的医疗设备，以及做好物联网智能化标本采集桌、智能物流系统、智能治疗物品柜等开办设施规划。因此要将建筑规划匹配信息化规划、设备配置规划和开办设施规划所需的空间及机电安装条件统筹规划到一站式诊疗服务所需的空间和医疗工艺方案。可以说只有医疗卫生机构信息化（智慧医疗卫生机构）建设规划方案、医疗设备配置规划方案和含固投与开办费方案一体化申报开办设施（含后勤设施），“四合一”同步规划方案明确了，医疗卫生机构建筑医疗工艺设计才有坚实的支撑基础，医疗卫生机构的筹办工作才能得到较为理想的结果。

深圳市政府领导和各主管部门不断总结医疗卫生机构开办工作经验，不断创新工作模式，结合高质量发展的需要，深圳市发展改革委发布了《深圳市发展和改革委员会关于高质量推进医疗卫生、教育领域项目审批管理服务工作的通知》，严格按照医院基建、设备、信息化“三合一”+“固投与开办费一体化”要求进行顶层设计、总投资控制等，编制项目建议书、可行性研究报告、概算。要求在推进医院主体结构设计和一、二、三级医疗工艺设计的同时，同步推进开展大型医疗设备和专科医疗设备配置规划、医院信息化（智慧医院）建设总体规划、智慧化后勤设施规划，并明确四个方面的主要建设内容、空间布局、界面分割与衔接，实现在医院建筑布局上的“四合一”整体一体化规划。这样可以提高医疗卫生机构规划设计建设的时间效率，缩短医院建设周期，提升固投的经济效益和社会效益。医院建设采取建筑、设备、信息化和开办设施“四合一”同步整合规划的创新模式，可以克服分别单独规划的传统模式的不足，能够应对医院智慧化发展对医院建设规划带来的新挑战，减少医院建设施工过程中的设计变更、重复拆改和缺陷问题。医院建筑、设备、信息化和开办设施“四合一”同步整合规划的创新模式契合深圳市政府新政策的要求，必将在更多的建设项目中得到推广实施。

为了促进深圳市新建（改、扩建）医疗卫生机构开办业务的顺利开展，实现医院高质量发展，由深圳市医院管理者协会建筑与装备专业委员会、深圳市医院管理者协会医疗卫生机构建筑评估研究工作委员会、深圳市政府投资项目评审中心、深圳市宝安区发展和改革局评审中心、龙华区卫生健康局、南山区卫生健康局、坪山区卫生健康局、宝安人民医院（集团）、中国科学院大学深圳医院、南方医科大学深圳口腔医院（坪山）、中国医学科学院阜外医院深圳医院、广东标信咨询有限公司、北京睿勤永尚建设顾问有限公司、易凯医疗建筑设计（深圳）有限公司等单位共同组织发起，在深圳市发展和改革委员会、深圳市财政局、深圳市卫生健康委员会、深圳市政府投资项目评审中心的相关部门指导下，在深圳市医院管理者协会立项，组织相关医疗卫生机构、有关部门专家编制本参考指南。

本指南旨在从医疗卫生机构运营者角度，参考北京、上海、广州等城市的通常做法，结合深圳市发展改革委的要求，旨在指导医疗卫生机构筹备开业时能顺利、无遗漏、无重复地开展相关开办工作。因此在本指南的内容上，除了市发展改革委规定的开办费范围，又增加了人力资源、医疗卫生机构运营补助、公立综合医院医疗器械基础配置等相关医疗卫生机构开办需涉及的诸多内容，并进行了概述性描述。

同时为配合各医疗卫生机构更好地参考本指南，指导实践，编制组会同专业公司组织开发了“智慧开办大师”管理系统，利用AI（人工智能）技术手段，以期更加高效地协助医疗卫生机构开展开办业务工作。

目　录

第一章

医疗卫生机构开办业务的五项基本工作概述

一般来说，筹办一个医疗卫生机构主要规划内容包括从总体规划、功能规划、大型医疗设备规划、信息系统建设规划、人力资源配置规划、工程规划到运行规划、运营规划和实施规划。其中医疗卫生机构的基本建设（基建）、信息化建设、医疗设备配置规划、开办运营规划及人力资源规划是医疗卫生机构开办业务试业前的五项基本工作。由于本指南着重于开办时各项任务的落实，重点在开办前运营费用如何规划和使用，因此医疗卫生机构的基本建设、医疗设备配置规划、信息化建设等内容只作概述性描述。

第一节　医疗卫生机构基本建设

一、概述

医疗卫生机构基本建设即基建，是按照医疗卫生机构项目的发展定位和规划将一定的物资、材料、机械设备通过购置、建造和安装等活动转化为固定资产，形成新的生产能力或使用效益的建设工作。

新建（改、扩建）医疗卫生机构的规模要与其承担的社会责任、医疗卫生机构的战略目标、当地的经济发展水平相适应，合理确定医疗卫生机构床位规模、建筑内容、建筑面积、建设用地、规划布局、建筑标准、信息化系统和医用设备配置，基本原则包括：

（1）根据社会责任、战略目标确定医疗卫生机构床位编制和医、教、研功能需求等指标。

（2）按照床位规模及医、教、研功能需求确定建筑内容、建筑面积和建设用地面积。

（3）总建筑面积要符合国家、省、市病床平均建筑面积标准要求，同时考虑到教学、科研及生活配套功能需求；深圳市可根据《深圳市医院建设标准指引（2023版）》

进行规划申报。

（4）根据医疗卫生机构建设规模、国家建设标准，开展医疗卫生机构投资估算和概算的编制。《综合医院建设标准》建标110—2021规定，“综合医疗卫生机构的投资估算，在评估或审批可行性研究报告时，急诊部、门诊部、住院部、医技科室等设施的平均建安工程造价，可参照建筑地区相同建筑等级标准和结构形式住宅平均建安工程造价的2～3倍确定；有特殊功能要求的建筑物，其建安工程造价可按实际情况适当提高”。

（5）医疗卫生机构的设计要满足功能要求、经济适用同时兼顾美观。确保规划设计的先进性、科学性、实用性且适度超前，尽量减少施工、运营过程中发生布局变动，以节省建设费用。

（6）尽可能提前确定专业设备生产厂家，专业设备与工程建设同步推进。现代化医疗卫生机构的建筑设计除一般建筑设计外，还需净化、防辐射、物流、信息、污水、安防、医用气体、智能化、标识系统等几十项专业设计。

（7）严格按照程序，阳光作业，加强审计，做好预算、决算。

（8）成立专门新建（改扩建）医疗卫生机构筹备办公室和医疗卫生机构建设推进领导小组推进医疗卫生机构新建（改扩建）建设。由于医疗卫生机构建设投资大、涉及职能部门多，包括发展和改革委员会、财政局、卫生健康委、水务局、供电局、燃气公司、生态环境局、应急管理局、住房和建设局、交通运输局、规划和自然资源局、建筑工务署等众多政府职能部门，按照2009年发布的《中共中央 国务院关于深化医药卫生体制改革的意见》中提出的相关要求，大型公立医疗卫生机构建设宜由政府投资，采用政府牵头、卫生健康委、住房和建设局等有关部门成立项目部、卫生行政部门及医疗卫生机构全程参与的建设模式。项目部负责建设和协调各职能部门，医疗卫生机构提供专业意见，各方加强协调，各司其职，可以提高各种手续的办理速度，使工程严格按照相关招标投标程序进行，利于项目的顺利推进。

二、基本建设分阶段工作和流程简介

医疗卫生机构筹建的具体实施分为项目建议书阶段、可行性研究报告阶段、初步设计阶段、施工图设计阶段、施工阶段及开业准备阶段五个阶段。

（一）项目建议书阶段

项目建议书阶段是整个项目的开始阶段。是可行性研究以前，业主提出建设意向及立项阶段。具体实施有以下几个步骤：

（1）卫生行政部门根据卫生资源配置需求提出医院项目建设意向后，筹备组需进行项目建议书编制的咨询单位招标工作或经政府部门纪要文件等执行视同立项。招标工作可选择有经验的招标代理机构进行，也可自行按建设工程交易服务中心固定的招标工作程序，从招标书编写、发公告、发标书、投标开标到中标结果公示等逐步进行。项目建议书编制过程中如有必要，可自行组织专家讨论会，听取各方面专家的意见。

沟通部门：建设工程交易服务中心、建筑工务署。

（2）项目建议书编制单位确定后，进入建议书编制过程中。筹建组一定要与编制单位明确项目建设的必要性，并就项目的投资规模、原则等重点问题进行论证。根据《深圳市重大投资项目审批制度第二阶段改革方案》要求，项目建议书编制过程要注意编制时间规定的N个工作日，其中包括建议书、可行性研究报告编制招标约需10个工作日（建议书和可行性研究报告编制单位招标在一起进行，其实招标准备和实施工作总共约需30天），项目建议书编制约需25个工作日，项目建议书评审约需N个工作日。

沟通部门：卫生健康委、建议书编制单位。

（3）项目建议书编制完成后，送交发展和改革部门进行项目建议书的评审和审批工作。评审工作由发展改革委下属投资项目评审中心进行，评审工作按规定需N个工作日。项目建议书评审通过后，送交发展和改革部门进行项目建议书的审批工作。

沟通部门：市发展改革委社会处、市政府投资项目评审中心。

（4）项目建议书的审批完成，市发展改革委下达批复意见。下一步工作是落实项目用地，项目用地如果已经落实，则直接进入下一程序进行环境影响评价和安全评价。如果未落实则应向国土部门申报选址意见书，国土部门将于N个工作日内完成对《选址意见书》的批复。

沟通部门：国土部门、政府办公厅。

（5）选址意见书下达后，进入项目建议书最后一个程序，即对项目进行环境影响评价和安全评价程序。首先与人居委项目审批处沟通并征求相关意见，按建设工程交易服务中心的规范程序进行招标工作（N个工作日完成），确定环境影响评价书和安全影响评价书的编制单位，完成环境影响评价书和安全影响评价报告书的编制（规定N个工作日内完成）。编制完成后分别上报人居委进行审批工作（规定N个工作日）。期间人居委项目审批处会委托专业机构组织对《项目环境影响报告书》召开专家评估会。专家会通过后，人居委会作出关于《××市某医院建设项目环境影响报告书》的批复，认为在严格执行报告书中涉及的各项安全防范措施的前提下，同意项目的建设，并对项目的选址及环保要求做出了具体的规定。

沟通部门：人居委项目审批处。

（二）可行性研究报告阶段

可行性研究报告阶段包括以下内容：

（1）可行性研究报告由中标的报告编制单位编制，如有必要可咨询相关专家的意见（需N个工作日）。

沟通部门：发展和改革部门。

（2）可行性研究报告的专家评审工作由发展和改革部门的政府投资项目评审中心组织（需N个工作日）。

沟通部门：评审中心。

（3）可行性研究报告报送市发展改革委的社会处和投资处审批（需N个工作日），发展和改革部门下发《关于××医院建设项目可行性研究报告的批复》，确定项目建设规模、占地面积、建筑面积、床位、停车位，项目总投资估算等。

沟通部门：发展改革委的社会处和投资处。

（4）用地方案图审批（需N个工作日）。

沟通部门：国土部门。

（5）用地规划许可证（设计要点）审批（需N个工作日）。

沟通部门：国土部门。

（三）初步设计阶段

初步设计阶段包括工程方案设计（N个工作日内完成）、方案审查（N个工作日内完成）、初步设计及审批、概算编制及评审等几个步骤。

1.工程方案设计

（1）工程方案招标（需N个工作日）：招标工作可按建设工程交易服务中心的规范程序进行，因工程方案招标可能要组织专家评审会，可委托专业的招标代理机构组织相关的程序运作。

（2）通过方案评标确定工程方案和设计公司后，应报国土部门设计处进行设计方案审查工作（需N个工作日）。

（3）因医院为大型公共建筑，在方案确定阶段应报送民防办进行人防的设计审核，民防办出具人防建设意见书（需N个工作日）。民防的设计要求是，地上建筑面积的2%左右为地下人防建设面积。

沟通部门：国土部门、民防办。

2.方案审查通过后即进行初步设计（需N个工作日）

（1）招标工作N个工作日，在实际操作中往往省去此步骤，招标工作与方案及施工图设计一起发包，实际初步设计时间为N个工作日。

（2）在初步设计进行的同时，用地初步勘探的招标和实施、水土保持方案的招标和实施同步进行。

这两项的招标工作都在工程交易服务中心，按交易中心规范程序进行（需N个工作日）。用地初步勘探约需N个工作日，水土保持方案的编制需N个工作日。此两项工作都由中标的有资质的专业公司组织实施。

沟通部门：工程交易服务中心、中标专业公司、勘探施工单位。

3.在初步设计完成和水土保持方案编制完成后，应将此阶段的设计成果报送有关部门进行初步设计的审批工作

（1）水土保持方案应报送水务局（需N个工作日）。

（2）初步设计图纸需报送国土部门设计处进行初步设计的规划审批（需N个工作日）。

（3）初步设计图纸需报送市消防局进行消防设计核准（需N个工作日）。

（4）初步设计图纸需报送民防办进行人防报建审核（需N个工作日）。

（5）初步设计图纸报送安监委进行安全设施设计审查工作。

沟通部门：国土部门、水务局、消防局、民防办、安监委。

4.初步设计的审批工作完成后，即进入概算书编制程序

（1）概算编制由设计单位完成，不需再次招标。概算编制约需N个工作日。

（2）概算编制形成概算书报送发展改革委评审中心进行概算评审（需N个工作日）。

（3）评审通过后上报至发展改革委社会处进行概算审批程序（需N个工作日）。

沟通部门：发改委评审中心、社会处。

（四）施工图设计阶段

施工图设计阶段是筹建工作中前期建设工作的最后一环，完成后，工程将正式进入工程建设施工阶段。本阶段包括概算的审批，发展改革委的投资计划下达，详细勘察招标和施工，施工图设计，施工图审查，施工预算书编制，标底审核及施工许可，施工招标等。

（1）概算通过发展改革委审批后将结果上报，审批通过后再由市发展改革委投资处下达投资计划（需N个工作日）。

（2）详细勘察的招标工作可提前进行，按建设工程交易服务中心规范程序进行（需N个工作日）确定详细勘察的施工单位。在下达投资计划后可立即开始详细勘察工作（需N个工作日）。在详细勘察后进行施工图的设计工作。

（3）施工图设计由方案设计单位做不需再次招标，施工图设计约需N个工作日。施工图设计完成后送专业审图公司进行施工图的审查工作（需N个工作日）。

（4）施工图审查完成后进行施工图的预算书编制，预算书的编制由建筑工务署合同预算处实施，并将预算标底报审计局政府投资审计专业局办公室进行标底审核工作。

（5）标底审计通过后，可进行施工招标工作，施工招标工作由市建筑工务署进行（需N个工作日）。

在施工图设计完成后还应进行以下工作：

（1）国土部门办理工程规划许可证。

（2）进行招标备案工作。

（3）水务局排水管理处办理排水许可手续。

（4）建设局办理开工许可证。

沟通部门：政府、人大、发展改革委、工程交易服务中心、专业审图公司、建筑工务署、审计局政府投资审计专业局、国土部门、住房建设局。

（五）施工及开业准备阶段

施工及开业准备阶段。政府工程若实行代建制，施工方面的事务管理由建筑工务署或代建单位接管，筹建工作中的建设筹备工作基本完成。而涉及开业准备却刚刚开始，包括设备采购、人才引进、招标采购等。

纵观全部筹备工作，在项目建议书和可行性报告阶段最为关键，而初步设计阶段和施工图设计阶段筹备工作最为繁重，在这几个阶段涉及与多个行政主管部门协调和办理各种报批报审工作。另根据筹建的相关要求及实施步骤，可将设计阶段的工作分为三大部分，即招标工作、报批工作和设计工作，应以设计工作作为主线，在中间穿插进行招标和报批工作。

筹备工作中应注意与政府各部门的沟通技巧。在具体的设计审查过程中，可能对各部门的审查程序和审查要求不熟悉，这就要求筹建者发挥主动工作的精神，提前熟悉各部门的审查程序和审查要求及相关负责人。在有条件的情况下可邀请各相关部门参与到设计过程中，在过程中完成审查程序。

实施工作中应注意的其他情况。现在实行的招标制度为公开招标制度，工程招标在交易服务中心办理，包括公示、发标书、答疑、投标开标和中标公示等步骤，手续繁多，影响到筹建进度。因此可建议尽可能提前进行招标或部门招标工作。

（六）其他事项及办事流程

新建医院项目前期建设用地主要任务包括：规划选址、用地预审、征（转）地、拆迁、专项审批、用地合同、清场移交。

相关流程具体要按当地政府投资项目管理办法及各部门规定执行。

第二节　医疗卫生机构信息化规划建设

一、概述

医疗卫生机构信息化是指利用计算机软硬件技术、网络通信技术等现代化手段，对医疗卫生机构及其所属各部门的人流、物流、财流进行综合管理；对在医疗活动各阶段产生的数据进行采集、储存、处理、提取、传输、汇总、加工生成各种信息，从而为医疗卫生机构的整体运行提供全面的、自动化的管理及各种服务的信息系统。

信息化建设投资需按照国家卫生健康委印发的《全国基层医疗卫生机构信息化建设标准与规范（试行）》（国卫规划函〔2019〕87号）和《深圳市市级政务信息化项目管理办法》（深府办〔2022〕13号）基本要求以及医疗卫生机构运营管理的实际需要，由投资主管部门对最终核定的医疗卫生机构信息化配置的范围与费用进行全盘规划建设。进行医疗卫生机构信息化建设规划时要加强基础建设，同时把握好以下几个原则：

（一）统一性原则

根据《深圳市卫生事业“十一五”发展规划》和“深圳市卫生信息化139工程”要求，统一规划深圳市新建医院信息化系统建设，将有利于整个系统的安全稳定，有利于业务系统信息集成、交换、共享，有利于制定统一的接口，保证最终建成的系统长期可靠。

（二）先进性原则

深圳市新建医院信息化系统建设将充分吸取和正确运用国内外医疗卫生应用系统开发采用的先进技术，在系统结构、软硬件配置、系统功能、开发技术和信息数据处理等方面跟踪国内外先进水平，整体性能要达到或超过国内先进水平。

由于计算机技术和网络通信技术发展日新月异，在追求先进的同时与经济性、实用性和可操作性相结合，但适度的先进性可以带来更多的经济性、实用性和易用性。

（三）成熟可靠性原则

参照目前已经建设运行的同类项目，并在调研比较的基础上，整理和引进国内外适合医院业务流程以及成熟的系统架构，根据深圳新建医院自身对医疗相关业务系统的需求。目前市场上尚无成熟的系统可满足深圳新建医院目前的业务需求，深圳新建医院将与有实力的公司合作研发，促进项目成功，并使系统具有长期使用的延续性和升级维护保证。

（四）可扩展性原则

本系统涉及范围广，内容复杂，系统的建设、硬软件配置、应用软件开发是分阶段进行的。随着医院信息化系统的深入和发展，对系统的要求越来越高，信息量越来越大，用户不断增加，硬件和软件不断扩充，系统功能不断增强。这些都要求系统具有较强的扩充功能，留好足够的接口，便于硬件增加，功能扩充，尽可能延长已有系统和设备的使用寿命。

（五）安全可靠性原则

医院信息化系统建设具有一定的特殊性，将涉及众多患者的信息，信息的安全保密性很强，一定要采取多种安全保密措施，确保信息系统安全、可靠地运行。

系统的硬件和软件都要采用可靠性措施，例如，安全保密措施、抗干扰措施、数据备份和恢复、严格的权限控制、防止计算机病毒侵入、严格管理制度等。

（六）易用性原则

系统应简单易学、操作方便、非专业人员也能在短时间学会。

（七）节约性原则

在选择应用软件和相配套的硬件设备时应充分考虑软件系统或硬件设备的节能性和设备的升级维护。这将有效地节约政府投资，保证投入的长期性和稳定可持续发展的建设目标要求。

（八）标准化原则

由于医院信息化系统建设有一个严格的规范，在系统的前期规划、设计与施工过程中应充分参考各方面的医疗信息化建设的标准与规范，严格遵从各项技术规定，做好医院信息化的标准化设计与施工。

二、信息化项目建设目标、内容

（一）建设目标

主要目标是满足新建医院的发展定位和卫生区域信息网的需求，借鉴国内外的先进经验，结合原筹建几个医院的使用特点、功能定位和服务需求，在医院总体规划和建设的同时，运用先进成熟的IT技术对医院的信息资源（人、财、物、医疗信息）进行全面的规划设计和整合，继而进行各种数字化系统的建设和系统培训，实现医院建成后从诊断、治疗、护理、康复、保健、科研教学等各方面的数字化和现代化。

运用所有的信息资源为患者提供先进的、便捷的、人性化的医疗服务；同时建立全院科研教学的信息平台和数据仓库。以提高医院服务水平、技术水平及管理水平，提高医院的整体经营效益，提高患者的满意度。最终将医院建设成国内一流的、一体化高度集成的数字化医院。

（二）建设内容

医院信息化系统建设内容如下：

（1）医疗补充业务系统建设；

（2）系统支撑软件建设；

（3）生产及灾备数据中心建设；

（4）综合运维系统建设；

（5）内外网及网络安全建设；

（6）机房工程补充建设；

（7）物联网应用系统建设。

（三）主要建议

深圳市社会经济的快速发展和人们对健康服务需求的日益增长，迫切需要政府提供更好的医疗服务。深圳新建医院通过统一规划、集中采购、分项实施模式可逐步完善深圳新安医院的信息化建设，并为整合全市卫生资源，构建一个先进的、人性化的数字化医院服务体系打下坚实的基础。项目开展同时也有利于政府资金的投资风险，在市委、市政府、市发展改革委、市卫生健康委和院领导的统筹规划下，有利于医院信息化按统一规范标准逐步实施建设，并与市卫生数据中心对接，实现全市医疗卫生资源的共享、调用。

建议：为有利于项目的顺利开展，建议深圳新建医院由院领导牵头，组织全院各科室负责人和相关信息化技术人员成立医院信息化项目工作小组，并在工作小组的基础上组织成立以院领导为首的医院信息化项目工作领导小组。通过广泛讨论，充分征求工作小组和工作领导小组的意见和建议，逐步开展、完善医院信息化项目初步设计及概算编制、招标文件编制和项目招标任务，并参与项目实施、培训、售后维护等工作。

三、新建医院信息化建设需求分析

（一）医院业务系统建设需求分析

1.原有集中建设业务系统简述

根据深圳市发展和改革委员会2009年11月16日印发的《关于深圳市新建医院信息

系统集中建设和管理工程项目总概算的批复》(深发改〔2009〕2063号)，深圳市新建医院信息系统集中建设和管理工程项目按照“统一规划、分步实施、信息共享”的模式，以新建和扩建的市属医院为基础，集中建设和管理各医院的信息化应用软件系统，实现医院间的信息互联互通。

2.项目的主要建设内容

(1)通用医院信息系统购置(版权覆盖全市医院)：包括标准CIS(智慧医院管理系统)、HIS(信息管理系统)、LIS(实验管理系统)、PACS(影像管理系统)、HRP(综合物资管理系统)、临床支持系统、决策支持系统、系统集成平台八大组成部分(表1-2-1)。

通用医院信息表 **表1-2-1**

序号	项目名称
1	新建医院信息系统集中建设医院临床信息系统项目(CIS)
2	新建医院信息系统集中建设医院管理信息系统项目(HIS)
3	新建医院信息系统集中建设医院标准PACS系统项目
4	新建医院信息系统集中建设医院临床支持系统项目
5	新建医院信息系统集中建设医院HRP、SPD管理系统项目
6	新建医院信息系统集中建设医院标准LIS系统项目
7	新建医院信息系统集中建设医院决策支持系统项目
8	新建医院信息系统集中建设系统集成平台项目

(2)通用医院信息系统的二次开发及实施：是指在通用医院信息系统的基础上，根据各医院医疗服务的实际需求所进行的修改或再开发。

(3)医院数据共享交换系统的建设：建立一个专门用于医院之间信息共享和交换的集成平台。

这些集中建设和管理工程项目主要用于包括市属十一家新建医院的信息系统。其中主要完成如下功能：

a. HIS系统内容所涉及的功能模块如表1-2-2所示。

HIS系统功能模块 **表1-2-2**

项目名称	分类	系统模块
管理信息系统(HIS)	门诊住院管理	诊疗卡管理系统
		门(急)诊挂号系统
		门(急)诊收费系统
		分诊排队系统
		输液室管理系统

续表

项目名称	分类	系统模块
管理信息系统（HIS）	门诊住院管理	住院病人管理系统
		住院收费系统
		医嘱计价系统
		医技计价系统
		药库管理系统
		门诊药房管理系统
		住院药房管理系统
	综合管理系统	预约中心管理系统
		病人自助服务系统
		图书馆管理系统
		科研教学管理系统
		体检管理系统
		病人关系管理系统
		病案管理系统
		院感管理系统

b. CIS系统内容所涉及的功能模块如表1-2-3所示。

CIS系统功能模块　　**表1-2-3**

项目名称	分类	系统模块
临床信息系统	临床医护信息系统	住院医生工作站
		门诊医生工作站
		病历书写业务管理
		病历质控管理
		病历科研分析管理
		护理临床管理系统
		移动护士工作站
		临床知识库
		护理部管理系统

3.其他系统内容所涉及的功能模块

PACS、临床支持系统、LIS、HRP、决策支持系统、系统集成平台等，都是按数字化医院完整的业务需求进行开发与建设。

（二）医院IT基础设施建设需要分析

IT基础设施建设内容：

为了更好地发展新建医院的信息化建设，需要在原有集中建设的业务系统上增加必要的补充系统建设，重点是对HIS、CIS系统进行补充，具体如下：

1.数据中心支撑平台建设

重点是主生产中心及灾备中心服务器、存储备份、负载均衡等系统建设。

2.内外网网络系统体系建设

重点是内外网硬件设备、无线网络等系统建设。

3.安全防护体系建设

重点是内外网边界安全、终端安全、合规审计等系统建设。

4.综合运维体系建设

重点是基于ITIL（Information Technology Infrastructure Library）标准部署综合运维系统建设。

（三）项目建设总体需求分析

1.医院管理上的需求

医院信息化建设是对传统医院管理模式重新规划、定位以及标准化和规范化的过程。充分利用信息技术，改造和规范医院管理流程。降低医疗成本，增强管理效率，提升医院的竞争能力和服务水平；改善市民就医环境，为市民创造一个全方位的，方便快捷，全新的医疗服务平台，实现以患者为中心的医院管理理念的转变，以满足人民生活品质日益提高的需要。

为了能早日提升医院的管理水平和服务水平，降低医院因为信息化滞后带来的决策风险、医疗流程不畅、服务水平不高，医院竞争力不高等问题，切实有效地解决群众“看病难”“看病贵”问题，院领导班子非常重视深圳信息化建设，最终实现医院的管理和决策科学化、病人看病方便化、医疗流程简洁化的“三化”目标。

2.医院信息共享上的需求

目前医院许多部门都在使用计算机进行管理，但医院内各部门的数据不能共享，造成许多重复劳动、重复建设、重复投入等，致使出现大量人力、财力等资源浪费现象，增加了医务人员和行政管理人员的工作量。

在实行医院信息化建设中，可实现自动化的信息采集、储存与传输，准确的信息综合分类与加工处理。方便医院内部信息交流，加速信息反馈的速度，大大提高病情及诊疗结果传递效率，使得诊断治疗更加及时，从而减少病人的平均住院日，医院的设施也可得到充分的利用，收到更好的经济效益和社会效益。

3.医院优化资源配置，增强决策能力上的需求

医院各部门可以及时获得宏观管理所需的数据支持，以辅助其决策，高效开展电子政务、急救、挂号、收费、疾病监测等；使医院对业务部门的监测、管理和控制更加及时准确，进而提高对整体医疗资源的调配力度，加强对常见疾病的控制，提高全市医疗卫生的应急指挥处理能力。医院信息的发布与公示将加强对医院的管理和约束，增强政策的透明度。

四、新建医院信息化实施方案与进度

（一）实施策略和方法

1.过程控制

对过程的控制将根据项目需求变更控制程序来完成，使用需求变更表定义和控制过程的变化，并要求用户对所有影响费用和时间的变化给予承认。

保持项目实施范围的前后一贯性是非常重要的。如果出现改变原定实施过程的需求，都应以正式文档方式提出，项目小组成员必须谨慎考虑项目范围的改变将对整个项目进程可能产生的影响。必须在批准后才能进行。在实施过程中必须加以跟踪。

项目控制的重要部分包括：项目进度控制、项目质量控制、项目风险控制、项目成本控制。

（1）进度控制：目的是保证项目如期完成，进度控制是由项目经理直接参与负责，项目经理通过建立严格完善的项目进度报告制度、项目定期协调会议制度切实了解项目进展情况，找出导致任务未如期完成的原因，提出补救办法，同时预测下一步工作进度。供应商项目管理部通过对项目经理提交的项目月报及变更等文档及时掌握项目进展情况，对项目的实施进行监控。

（2）质量控制：项目质量是项目成功的生命线，项目经理按照《质量保证计划编制指南》编制质量保证计划，经批准后，项目组将严格按照质量保证计划中的规定实施，并将计划的执行情况、存在的问题等及时反馈到项目管理部。由项目管理部对质量计划的执行情况进行跟踪监督。

在项目进行过程中，质控人员将被授予较大的权力，具有质量否决权，任何技术方案和技术实施都要接受质量监控人员的检查和审核。

（3）风险控制：风险控制是项目抵抗意外风险，降低风险损失，保证项目成功的重要保证之一，项目经理要及时发现隐患，提早预测可能发生的风险，有足够的思想准备和办法对付可能发生的各种隐患。对于预测到的各种隐患提前做好应变措施。

（4）成本控制：本着对项目负责的态度，项目严格成本管理和控制，考虑设备采购、人员安排、工作人员待遇等一切要发生成本的因素，通过预算手段和严格审批制度，强化成本意识，将成本外开支控制到最低，当然所有的成本控制是在不改变项目实施质量的前提下实施的。

2.过程文档

文档是在项目实施过程中进行信息沟通的一种规范方式，可作为项目实施过程的一个成果进行交流、查阅、引用和保存。

在项目实施过程中，文档工作包括的内容相当广泛，其中大多涉及项目的具体实施工作。每一项工作的事前指导、事中实施记录、事后分析结果都要形成相应的文档，以便对具体的项目执行过程与具体的活动进行记录。作为项目执行过程的记录，文档包括了与项目相关的资源及其使用情况，以方便跟踪与监控项目的执行。因而，文档管理工作其实已经成为项目管理过程中的一个重要组成部分，文档管理工作的好坏，在某种程度上会反映到最终项目的实施成果中。

一般来说，项目实施过程中所涉及的文档包括：项目规划文档、计划文档、业务流程调查报告、业务流程分析讨论记录、优化方案报告、系统需求分析文档、系统解决方案文档（包括从初稿到定稿的各阶段文档）、项目管理文档、培训文档、项目变更文档、项目核准文档、基础数据准备文档、基础数据审核批准文档、软件安装文档、软件的客户化过程文档、软件二次开发文档、系统参数设置文档、项目系统测试方案、系统测试过程记录文档、测试报告、系统结果确认书、系统维护与系统移交文档等。

3.项目建设保障

为确保项目顺利实施，有必要从政策上、制度上、技术上、投入上、队伍上予以全面的铺垫支持，并建立科学的项目保障体系，主要五大保障体系如下：

（1）政策保障：包括三个层面的政策，一是国家、广东省卫生健康委等行政管理部门的政策支持；二是深圳市卫生健康委的政策支持，包括机构设置、资金投入、安全政策、建设机制与目标的认可等方面；三是深圳市卫生健康委等行政管理部门的内部政策制定。

（2）制度保障：在上述政策的指导下，医院主管部门要建立科学、规范的系列制度，包括项目申报、项目评审、可研报告、初步设计、概算编制、工程招标、项目监理、工程验收、系统维护、财务管理和内部管理制度等。

（3）技术保障：主要是信息化系统的运用。就整个医院信息化系统而言，掌握的只是一些零散的操作技术，这就需要借助外部技术力量和专家支持，将先进的技术予以借鉴、转化和吸收，为己所用。在技术保障的建立上，需要制定系统的专项外部合作和内部培训方案。

（4）队伍保障：在建设阶段，专家的指导是关键，但通过一段时间的运营，我们必须创建良好的信息化系统运行环境和行之有效的操作、维护、培训机制，强化项目建设后的管理队伍、运营队伍和技术队伍，塑造一批既精通医疗卫生又熟练运用信息化系统技术的卫生系统精英队伍。

（5）投入保障：投入不是项目建设成功与否的唯一保证，但却是项目建设顺利有效实施的重要前提。作为医院信息化系统项目，在既定的时间内完成既定目标，充足及时的资金供应和科学周密高效的资金使用必不可少。

（二）实施组织机构及各方职责

1.领导组织机构

由主管领导担任领导小组的组长，负责本项目的全面领导和宏观调控。领导小组的主要职责是：

（1）制订整个建设项目方案目标和发展战略；

（2）批准项目实施计划；

（3）批准项目推广的工作方案；

（4）审查阶段性成果，批示工作报告。

（5）领导小组的组成：

组　　长：单位主要负责人担任；

副 组 长：单位分管负责人担任；

成　　员：单位设备科、基建科、信息科主任和相关业务信息员担任；

责任机构：××医院；

责任单位：主要分管科室负责人。

2.项目工作小组

项目工作小组负责本项目的日常工作，主要职能是：

（1）为领导小组的重大决策提供咨询性意见，起草相关文件；

（2）审核项目的具体实施计划；

（3）组织项目的验收工作；

（4）组织项目中的各种关键（疑难）技术和方案的论证；

（5）检查各试点应用单位的使用情况；

（6）审核项目开发及培训推广规划并报领导小组批准；

（7）负责项目的保密和安全工作；

（8）其他有关的具体工作。

3.项目相关人员

指定期或不定期地配合项目实施的建设单位人员，主要包括：

（1）相关部门业务骨干：配合承建单位的需求调研人员，从各自业务应用的角度描述业务需求，并对功能及操作方式提出建议；

（2）单位联络员：负责传达医院相关部门工作安排指令，组织本单位相关人员参与需求调研，工作环境安排，试运行测试工作等；

(3) 科室业务人员：配合承建单位需求调研人员，从现场实际操作需求出发，对系统功能及操作方式提出建议，配合系统测试工作。

（三）实施计划

信息化系统项目的实施分为以下两个阶段：

第一阶段：基础建设、保障开业阶段。

第二阶段：补充其他系统建设阶段。

（四）项目验收

1.分阶段验收

根据项目建设情况对信息智能化系统设备项目按计划逐步进行验收工作，按照信息智能化系统设备建设的有关技术规范编写提交设备测试，验收文档，组织有关专家到现场测试和验收。

2.验收指标

依据招标文件与签订合同，组织评审专家与监理公司共同执行。

五、投资概算具体内容列表

投资概算具体内容项目列表（表1-2-4）。

投资概算具体内容项目列表 **表1-2-4**

序号	项目名称	占总投资比重	备注
一	第一部分　工程建设费用	×%	
1	软件系统部分建设概算		
1.1	医疗业务系统建设概算		
1.2	系统支撑软件建设概算		
2	数据中心及网络部分建设概算		
2.1	生产数据中心建设概算		
2.2	灾备数据中心建设概算		
2.3	内网及网络安全建设概算		
2.4	远程医疗体系建设概算		
3	智能化系统补充部分建设概算		
3.1	综合布线工程补充建设概算		
3.2	时钟系统工程建设概算		

续表

序号	项目名称	占总投资比重	备注
3.3	多媒体系统工程建设概算		
3.4	婴儿防盗系统建设概算		
3.5	数字化手术室系统建设概算		
3.6	机房工程补充建设概算		
4	物联网系统部分建设概算		
4.1	天线射频识别人员定位跟踪系统建设概算		
4.2	天线射频识别固定资产管理系统建设概算		
4.3	输液监控管理系统建设概算		
4.4	冷链管理系统建设概算		
4.5	药品安全追溯管理系统建设概算		
4.6	手术包安全追溯管理系统建设概算		
二	第二部分　工程建设其他费用	× %	
1	项目前期咨询费（建议书、可研编制费）		含考察调研、项目建议书、可研以及其他与建设项目前期工作有关的咨询服务收费，参考《关于印发建设项目前期工作咨询收费暂行规定的通知》（计价格〔1999〕1283号）
2	工程设计费		工程设计费是指建设单位委托专业的咨询公司或设计单位进行信息系统工程项目的初步设计（概要设计）、施工图设计所需的费用，参考《工程勘察设计收费管理规定》（计价格〔2002〕10号）
3	工程建设监理费		主要对信息系统工程的质量、进度和投资进行控制，对项目合同和文档资料进行管理，以及对项目变更、信息安全、风险等进行控制和管理，协调有关单位间的工作关系。参考国家发展改革委、建设部关于印发《建设工程监理与相关服务收费管理规定》的通知（发改价格〔2007〕670号）
4	工程造价服务费（施工阶段全过程造价控制）		参考《关于调整我省建设工程造价咨询服务收费的复函》（粤价函〔2011〕742号）
5	第三方测评费（质量检测）		指信息系统工程建设项目进行检测验收所需发生的费用，一般包括专项测评和质量检测，参考深圳市《信息系统工程造价指导》
三	第三部分　基本预备费用	× %	占工程建设费用和工程建设其他费用的3.0%
四	第四部分　工程总投资		三部分费用之和

六、新建医院信息化申报及实施流程

（一）前期准备及申报流程

（1）医院使用方根据未来医院定位及开展业务提出需求；

（2）设计院提供医院施工图纸平面图[电子版CAD格式]；

（3）第三方造价公司提供概算清单；

（4）信息咨询公司和项目设计院设计工程师直接对接，确认医院建筑智能化系统（弱电部分设计）与信息化工程是否匹配；

（5）组织咨询公司编辑信息化可研报告内容并进行专家论证；

（6）向市发展和改革委社会处申报医用信息化可行性研究报告；

（7）发展改革委下属评审中心进行评审，通过后获得医用信息化可行性研究报告批复件；

（8）医院信息化项目概算书编制专业咨询公司招标投标工作；

（9）组织中标咨询公司进行医院信息化项目概算书编制并进行专家论证；

（10）专家论证后将医用信息化项目概算书向市发展改革委投资处申报；

（11）通过发展改革委下属评审中心评审，通过后获得医用信息化项目概算书批复件；

（12）根据开办项目概算书批复进行内部编辑开办投资计划；

（13）向市发展改革委投资处进行申报医用信息化投资计划；

（14）市发展改革委下达分年度投资计划；

（15）医院信息化系统深化设计和监理咨询公司招标投标工作；

（16）根据市发展改革委下达分年度投资计划，编制采购计划；

（17）向市财委经建处申报医用信息化采购计划；

（18）市财委经建处采购计划下达后，向市采购中心申报公开挂网；

（19）进行市采购中心公开挂网委托市政府采购中心实施分步采购计划。

（二）医院信息化项目档案资料

（1）医用信息化可行性研究报告；

（2）医用信息化可行性研究报告的批复；

（3）医用信息化项目概算书；

（4）医用信息化项目概算书的批复。

第三节　医疗设备配置规划

医疗设备是指单独或者组合使用于人体的仪器、设备、器具、材料或者其他物品，也包括所需要的软件。医疗设备、器械是医疗、科研、教学、机构、临床学科工作的最基本要素，是开展学科诊断与治疗的关键手段。

一、医疗设备配置规划

根据国家卫生健康委印发的《县级综合医院设备配置标准》WS/T 819—2023（国卫通〔2023〕5号）和国家市场监督管理总局印发的《医疗器械注册与备案管理办法》（国家市场监督管理总局令〔2021〕第47号）进行规划设置。目前深圳市可参照市发展改革委及市卫生健康委编制的医疗设备建议清单进行规划配置，公立三级综合医院可参照《深圳市三级公立综合医院医疗器械基础配置指引》，进行三级公立综合医院1万元及以上和部分单价低于1万元但必须进行初始配置的医疗器械，在此之外需补充购置的1万元以下和部分单价高于1万元但必须进行初始配置的医疗器械建议列入开办费编制范围，以确保医院正常开业。

（一）医用设备总体配置原则

医用设备总体配置原则遵循“总体规划，分期实施”的原则。具体如下：

1.医用设备的分期配置与医院运营实际相结合

医用设备的配置规划分期实施，每期设备按照医院床位开放和业务规模需求进行配置。

2.医用设备的分期配置与医疗业务开展情况相结合

每期医用设备配置规划需要在明确医院分期开设的科室、专业和床位等医疗业务需求后，再制定设备配置规划。

3.医用设备的分期配置优先规划与建安工程密切相关和开业必需的医疗设备

首期医用设备的配置首先规划与建安工程密切相关的医用设备，以利大型医用设备的顺利安装和调试，降低购置成本；另外，以首期开放的住院病床为基础，结合医院开业必需的相关设备一并进行优先规划配置。

（二）医用设备配置规划要点

1.医用设备配置以充分规划调研为基础

广泛深入地进行信息收集与前期研究是科学制定医疗设备购置规划的前提，信息收集主要包括国家和地区的相关政策法规、技术规范、卫生统计数据和学术论文，医用设备生产厂商的相关产品资料等，特别对于规划中的新建医院所在地区人口分布和病种分类，20公里范围内相关医院大型医疗设备的配置情况，甚至整个所在地区的大型医院及其主要医用设备的配置情况都有详细的调查和研究。

2.医用配置进度要与建安工程和医院开业进度密切配合

与建安工程密切相关的医用设备，特别是大型医用设备配置节奏有讲究，既不能早也不能晚，最好同建安工程紧密配合，便于安装调试，降低购置成本。

3.正确处理基础设备和专科设备的配置关系

医用基础设备是指覆盖面广，通用性强的设备；专科设备主要是指高、精、尖技术设备。新建医院初期，重点学科不明朗，需要合理地分期规划以平衡轻重缓急，优先考虑选择常规设备，再逐步考虑高、精、尖技术设备和特殊设备的配置；在充分论证的基础上，按照首先考虑诊断设备，其次考虑治疗设备，在条件允许的情况下考虑辅助设备；选定机型要立足国产设备，再考虑中外合资设备，适当引进目前尚无法替代的进口先进设备；结合医院实际情况，把有限的设备配置资金用于最急需、最能充分发挥设备效益的项目。

（三）医疗器械的风险划分

医疗器械的定义：是指直接或者间接用于人体的仪器、设备、器具、体外诊断试剂及校准物、材料以及其他类似或者相关的物品，包括所需要的计算机软件；其效用主要通过物理等方式获得，不是通过药理学、免疫学或者代谢的方式获得，或者虽然有这些方式参与但是只起辅助作用，其目的是：

（1）疾病的诊断、预防、监护、治疗或者缓解；

（2）损伤的诊断、监护、治疗、缓解或者功能补偿；

（3）生理结构或者生理过程的检验、替代、调节或者支持；

（4）生命的支持或者维持；

（5）妊娠控制；

（6）通过对来自人体的样本进行检查，为医疗或者诊断目的提供信息。

医疗器械的风险等级划分：

第一类医疗器械：风险程度低，实行常规管理可以保证其安全、有效的医疗器械。例如，外科用手术器械（刀、剪、钳、镊、钩）、刮痧板、医用X光胶片、手术衣、手术帽、检查手套、纱布绷带、引流袋等。

第一类医疗器械，编号为：A械备BBBBCCCC号（A表示是所在地简称，进口医疗器械为“国”）。

第二类医疗器械：具有中度风险，需要严格控制管理以保证其安全、有效的医疗器械。例如，医用缝合针、血压计、体温计、心电图机、脑电图机、显微镜、针灸针、生化分析系统、助听器、超声消毒设备、不可吸收缝合线、避孕套等。

第三类医疗器械：具有较高风险、需要采取特别措施严格控制管理以保证其安全、有效的医疗器械。例如，植入式心脏起搏器、角膜接触镜、人工晶体、超声肿瘤聚焦刀、血液透析装置、植入器材、血管支架、综合麻醉机、齿科植入材料、医用可吸收缝合线、血管内导管等。

第二、三类医疗器械，编号为：A械注BCCCCDEEFFFF（A表示是所在地简称，进口医疗器械为“国”）。

医疗设备投资是医疗卫生机构建设项目重要且必备的投入，医疗卫生机构根据项目学科开展的必要技术条件，经投资主管部门最终核定的医疗设备清单与费用。

二、医用设备购置

（一）医用设备论证

1.医用设备购置论证内容

主要从需求评价（临床、教学、科研、设备使用人员的配备和培训情况五方面）、效益预测（经济和社会效益两方面）、设备配套与相关的维修条件及设备的技术现状评价（安全性、先进性、可靠性、稳定性四方面）进行设备购置论证。

2.医用设备购置论证要点

设备购置规划的可行性（主要包括医院自身的配套条件、相关社会条件、相关医技科室条件及维护条件四方面）、设备购置规划的先进性（主要从设备技术成熟性和设备使用寿命两方面着手）、设备技术的安全性（设备是否存在安全隐患）、售后服务及时完善性（设备自我诊断系统、设备详细技术资料和技术培训、供应商的实力和信誉）作为设备购置论证要点。

（二）医用设备招标采购

1.医用设备市场调研

组建一支由院领导、院内临床技术专家、设备工程技术人员等组成的具有一定专业水准的考察组，对多家设备厂家进行有针对考察，考察内容主要包括设备价格、性能、使用情况、运行成本、常见故障、售后服务等，应避免由厂商或销售公司人员陪同，考察中细致了解相关设备的技术参数，考察后及时总结并写出详细、真实的考察报告，为设备购置提供可靠的依据。对需配置的进口产品，需按政策文件要求按比例配置，并按要求完成论证手续和报审手续。

2.医用设备招标采购

严格按照《中华人民共和国政府采购法》规定，遵循公开透明原则、公平竞争原则、公正原则和诚实信用原则及规范的操作程序进行医用设备招标采购，主要按公开招标的形式进行，要求对相应金额以上的货物进行公开招标，医用设备公开招标采购流程按相关部门规定执行。

3.医用设备审核验收

（1）组建联合验收组织：组建包括使用科室、技术科室、财务部门、审计部门、采购部门等组成的联合验收组织，对设备进行严格地审核验收，验收过程应当由医院分管领导、设备管理部门、使用部门、供应商共同参与，真正做到“公平、公正、公开”。签署验收合格单，并将验收合格单作为供应商完成交付的凭证，必要时要委托第三方进行专业验收。

（2）供应商及产品资质审核：供应商分生产和经营企业两类，应分别进行审核。对生产企业的审核：一是看其有无《医疗器械生产许可证》及许可生产产品的范围；二是看其生产医疗器械有无《医疗器械注册证》及品种是什么。对经营企业的审核：一是看其有无《医疗器械经营许可证》及许可经营产品的范围；二是看其是否有授权经营的证明（经销授权书）及授权经营的品种和销售地域范围。

产品资质的审核主要核实产品资质的真实性。

（三）医用设备安装调试

1.医用设备安装前准备

医用设备安装前应认真清点、查对主机型号及其配置附件、连接插件和相关必要软件，并请相关专家和专业单位对设备安装场地进行审核确认，审核一般安装条件（房屋预留空间及运输通道、屋顶及地面承重、防震防潮、温度湿度等是否满足）、设备配套条件（水、电、风、气、信息点接口及辐射防护等是否满足）及特殊条件（个别特殊设备特别要求），从而进行切合实际的科学管理。

2.医用设备安装调试

（1）设备安装：设备安装阶段主要以供应厂家的工程技术人员为主，医院相关人员负责监督和学习，设备安装后未正式签订《安装验收报告》前，所出现的问题均由相关供应商负责。在设备硬件安装的过程中，医院相关使用人员参与安装调试的全过程，注意安装调试的各个细节，把各种影响设备稳定和安全性因素消除在安装使用之前。设备软件安装要特别注意：有些软件固化在（刷机包）中，该芯片是焊接或插接在电路板上，要检查是否焊接或插接是否牢固；有些是拷贝在硬盘上，要了解和掌握好安装方法和内置功能，保存好安装盘和程序的备份软件，以备将来有故障或维修时使用。

（2）设备调试校验：设备通过调试校验，使其参数和功能达到最佳操作运行状态，只有通过调试校验的设备，才可以投入临床使用。设备调试校验用户单位代表可以通过一看，设备运行是否达到出厂技术指标；二学，向厂家工程师学会调试方法和技巧；三想，认真思考设备在日常工作中出现的一些问题；四问，向厂家工程师询问设备常见故障及易损坏器件的更换和配置方法；并在厂家工程师的系统指导下，医院相关使用人员独立按厂家要求的方法实际操作调试设备多遍，以便掌握操作技能和临床使用的相关技术并发现问题及时解决。对于放射和标准计量的仪器设备，严格按国家有关法定部门要求进行检查验收，必要时请专家协助调试和解答相关问题。

（四）医用设备保修培训

设备调试校验合格后，医院和供应厂双方签字确认《安装调试报告》和《设备验收报告》，根据两报告双方签署设备保修期合同，按合同要求医用设备保修培训制度由医院设备科完善制定，主要对设备相关使用人员按各个设备的具体要求完成培训学时，认真上岗培训，帮助使用人员熟练掌握设备使用方法和基本的维修技能，从而保证相关设备最大的使用效率，发挥良好的社会和经济效益。

（五）大型医用设备购置

大型医用设备购置关系到医疗机构的运营和未来发展，需要重点把握以下环节：

1.大型医用设备购置前的论证环节

大型医用设备购置论证按照经济效益与社会效益相结合、局部利益与整体利益兼顾、直接效益与潜在效益兼顾、眼前效益与长远效益兼顾的原则进行，具体由设备专家委员会执行，需取得配置许可证。

2.大型医用设备购置采购环节

（1）关于大型医用设备技术参数的注意环节。大型医用设备购置原则上是把理想设备的品牌、性能、功能等尽可能详细地用技术指标、可靠性、实用性、适用范围、工艺条件、市场占有率、用户反馈和保修措施等指标进行描述，同时可以标注“#”号条款作为关键性技术指标，但不能超过三个，而且不能成为歧视性指标。

（2）关于大型医用设备配置的注意环节。大型医用设备配置通常涉及标准配置、选配件、相关耗材的配置方面，标准配置是指按照产品注册证标明的能够实现产品基本功能的配置；选配件是用于实现产品拓展功能的配件或额外增加的标准配件；相关耗材是指设备运行过程中的消耗品，选择开放式或封闭式耗材设备是决定设备能否中标的重要因素。

3.大型医用设备配置后续服务环节

目前，大型医用设备购置不仅是设备这一硬件本身的购置，也是服务和技术等软件的购置。因此，在制作招标文件时，应预置设备后续服务条件作为评标重要的参考依据，要求供应商应承诺的内容包括：指标设备的售后服务应由该产品的生产厂商负责；生产厂商应为采购人制定完整的培训计划并确保顺利实施。要求供应商应答复的内容包括：到货期、保修期、开机率、是否提供备用机；能否签订试用协议、外维修如何收费；厂家购买保修服务的年收费标准、售后服务的相应时间、能否提供免费升级服务。

4.掌握潜在供应商详细的商务信息

在制作招标文件时，潜在的设备供应商除了提供常规必需资料外，还应提供如下资料：企业财务状况、经营业绩状况、人力资源状况、质量体系和产品质量状况、环境保护措施、企业信息化水平等，并作如下承诺：投标人需对所提供资格证明文件的真实性负法律责任，否则由此引起的法律纠纷需由投标人承担。

5.合同签订环节

大型医用设备签订相关合同是约束贸易双方的法律文件，是对设备验收和索赔的依据。根据中标产品是否需要外贸公司代理进口，合同分内合同（医院与中标供应商签订）和外合同（医院与外贸代理公司签订），内合同除了常规必须内容外，应增加如下条款：供货方应保护采购方在使用该设备或其任何一部分不受第三方提出侵犯知识产权的指控，否则供货方应承担由此引起的一切法律责任和费用；外合同签订的关键是合同价款的涵盖内容及外贸代理公司的权利义务应明确而细致，不能有疏忽和遗漏。

6.大型设备的验收和归档环节

大型设备的验收由联合验收小组（包括相关专业技术人员、使用科室负责人、外贸代理公司负责人、商检局相关人员、供货方工程师等组成），分外观和技术验收两个环节，前者是指根据合同及投标文件，对照装箱清单清点包括主机、标配件、选配件、专用工具、说明书、光盘等在内的所有物品；技术验收主要指产品技术性能指标是否达到招标要求、技术参数是否达到设计标准，通常为正常使用1～3个月可视其运行稳定。大型医用设备的档案包括论证档案、采购档案、验收档案三部分，其中论证档案包括：申请表、论证报告、考察报告；采购档案包括：招标投标材料、供应商其他书面承诺资料、内外合同、海关免税证明、报关单、商检报告等；验收档案包括：验收单、签收备忘录、安装记录、调试记录、培训记录。

第四节　医疗卫生机构开办费的申请

广义上所指的开办费定义用途目前还未有准确说法，通常泛指除了投资开办医疗卫生机构全过程中涉及的基建、设备、信息化建设投资外，为保证医疗卫生机构正常如期营业所需列支的费用。具体可以参考1994年1月1日起实行的《中华人民共和国企业所得税暂行条例实施细则》中第三十四条“企业在筹建期发生的开办费，应当从开始生产、经营月份的次月起，在不短于5年的期限内分期扣除。前款所说的筹建期，是指从企业被批准筹建之日起至开始生产、经营（包括试生产、试营业）之日的期间”。医疗卫生机构开办费是指企业在筹建期发生的除基本建设、信息化建设和医疗设备采购之外的各项工作，其费用包括人员工资、办公费、培训费、差旅费、印刷费、注册登记费以及不计入固定资产和无形资产成本的汇兑损益和利息等支出。

深圳市医疗卫生机构开办费可根据深圳市发展改革委《深圳市政府投资项目开办费技术文件编制指南（试行）》(以下简称《指南》) 中“政府投资项目开办费，具体范围包括：项目投入使用所必须在首次配置的办公家具（含窗帘）、办公设备、会议设备、厨房终端设备；教室设备设施、实验室设备设施、宿舍设备设施、医务室设备；小型医疗器械、低值易耗物品和其他设备设施等。不包括装修改造、车辆购置、一般性的人员经费、运营维护费、设备租赁费、第三方购买服务费、物业管理费、工业摆设陈列品等”。

深圳市政府投资的新建（改、扩建）医院项目开办费申报要按《指南》要求的界面和控制指标进行编制和申报，具体参照《指南》中第二章内容。

医疗卫生机构开办涉及的其他一般性的人员经费、设备租赁费、第三方购买服务费、运行维护费[指成本类、服务类、消耗类、物业类（含开荒保洁费、搬迁费、水电费、绿植、物业设备设施）]等需纳入医院部门预算，需争取政府主管部门（市、区财政局）和处室（卫健财务部门）的大力支持，充分预足可能遇到困难的应变准备。

第五节　医疗卫生机构人力资源规划建设

作为新建医院或社区健康服务，项目建设工作持续推进，投入运营后业务工作不断发展。因此，在人才队伍建设、人力资源规划方面应当结合项目建设进度、业务工作现状、发展计划，适当提前引进和储备必要的人才。人力资源规划建设应遵循以下原则：详见第三章第三、四节。

（1）人才队伍建设与项目建设和业务发展相适应；

（2）逐步引进，留有发展空间；

（3）不同类型人才，遵循不同引进原则；

（4）多种方式分层次引进专业技术人才；

（5）人才队伍建设要有前瞻性，要做到结构合理、梯次清晰。

第六节　新建医院开业前需要办理的其他事务

一、医疗相关事务准入许可证的申请办理

（一）医疗机构执业许可证的申请办理

新建医院开业，必须到深圳市卫健部门登记，领取《医疗机构执业许可证》，应具备以下条件：

（1）有设置医疗机构批准书；

（2）符合医疗机构的基本标准；

（3）有适合的名称、组织机构和场所；

（4）有与其开展的业务相适应的经费、设施、设备和专业卫生技术人员；

（5）有相应的规章制度；

（6）能够独立承担民事责任。

医疗机构执业登记的主要事项包括：

（1）名称、地址、主要负责人；

（2）所有制形式；

（3）诊疗科目、床位；

（4）注册资金。

医疗机构执业许可证的申请办理注意事项：

（1）从申请之日起45日内，审核合格的发证，不合格的以书面形式通知申请人；

（2）有变更事项的必须向原登记机关办理变更登记；

（3）医疗机构歇业必须向登记机关办理注销登记；

（4）床位超过100张的医疗机构，其《医疗机构执业许可证》每三年校验一次；

（5）《医疗机构执业许可证》不得伪造、涂改、出卖、转让、出借；

（6）《医疗机构执业许可证》有遗失的应及时申明，并向原登记机关申请补发。

（二）医务人员工作准入许可证的申请办理

我国医师的工作准入许可证分执业医师资格和执业助理医师资格两种，均通过申请参加由省级以上人民政府卫生行政部门组织实施的医师资格考试获取，执业医师资格申请条件包括下列之一：

（1）具有高等学校医学专业本科以上学历，在执业医师指导下，在医疗、预防、保健机构中试用期满1年的；

（2）取得执业助理医师执业证书后，具有高等学校医学专科学历，在医疗、预防、保健机构中工作满2年的；具有中等专业学校医学专业学历，在医疗、预防、保健机构中工作满5年的。

执业助理医师申请条件：

（1）具有高等学校医学专业专科或中等专业学校医学专业学历，在执业医师指导下，在医疗、预防、保健机构中试用期满1年的。

（2）以师承方式学习传统医学满3年或经多年实践医术确有专长的，经县级以上人民政府卫生行政部门确定的传统医学专业组织或医疗、预防、保健机构考核合格并推荐，可以参加执业医师或执业助理医师资格考试。考试的内容和办法由国务院卫生行政部门另行制定。

（3）我国护士的工作准入许可证。

（三）医疗技术开展的准入许可证的申请办理

二、试运营方案的分步确立

《××医院试运行方案》

××医院计划于××年××月××日试运行，将开设临床服务、医技及行政后勤保障等××个功能科室。在试运行期间，接诊能力按××-××日门诊量设计。

1.医院试运行营业服务模式

试运营初始阶段，临床服务依照专科分科医疗服务方式开展，暂不开放急诊和住院病房。

（1）医院试运行前，后勤服务部和设备部分阶段完成所有的大楼和所需医疗仪器、设备的验收工作；各个部门完成对所需仪器的安装、调试工作，包括检验、放射、药房、信息技术系统部门，并进行各科室部门之间的流程核对和试行，确保流程的顺畅性和准确性。各部门制定培训计划，以便人事科对相关岗位招聘完成后，马上安排培训事宜。

（2）医院计划于××年××月××日试运行，采用专科门诊的医疗模式，计划开设内科、外科、妇科、皮肤科、中医科、眼科、耳鼻喉科、针灸理疗科等专科门诊服务及相关检验检查临床服务。

2.医院试运行营业科室设置

医院试运行期间，拟提供内科、外科、妇科、皮肤科、中医科、眼科、耳鼻喉科、针灸理疗科等专科门诊服务。门诊科室、辅助科室及其他辅助配置如下：

内科诊室（1）、内科诊室（2）、外科诊室（1）、外科诊室（2）、外科诊室（3）、妇科（1）、妇科（2）、针灸理疗科、中医科、眼科、皮肤科、耳鼻喉科。

辅助科室5个：检验科、超声科、医学影像科、药剂科、功能检查科。

其他辅助配置：门诊接诊台、患者候诊区、门诊抢救室、外科治疗室、清创室、观察室。

3.医院试运行时间安排

（1）试运行准备期：××年××月××日—××年××月××日。

（2）试运行演练期：××年××月××日—××年××月××日。

（3）试运行期：××年××月××日—××年××月××日。

4.医院试运行基本原则

（1）试运行的运营安排。

（2）试运行前1个月主要用于系统测试、流程测试及运行模拟演练。

（3）门诊开业将分期进行，先开设内科、外科、妇科、针灸理疗科、中医科、眼科、皮肤科、耳鼻喉科等专科门诊。

（4）提供相应的药剂服务，试运行期间开放门诊简易药房。

（5）提供相应检验、放射超声等医技服务，放射、检验等设备将局部运行，提供服务与病人实际需求及使用数量相符。

（6）试运行期间不对外开放急诊服务。

（7）试运行期间不开放住院服务。

（8）员工需试运行演练前完成招聘与培训，以确保能准时参加试运行模拟演练和试运行。

5.医院试运行准备期、试运行方案及主要责任分工

（1）医院开业许可证及准入证（医疗事务部）

①医院法人印鉴及签名。

②医院营业执照。

③《消防安全检查意见书》（市建筑工务署办理）。

④《防治污染设施试运转通知书》和《深圳市污染物排放临时许可证》。开业后《深圳市污染物排放许可证》和《医疗废物处理协议》。

⑤《××省医院消毒供应室合格证》。

⑥《辐射安全许可证》《放射诊疗许可证》《放射药品使用许可证》。

⑦医师执业注册、护士执业注册（确定医院法人单位后办理）。

⑧申报医院执行医疗收费标准级别（确定医院法人单位后办理）。

⑨申报医院作为市定点医疗保险机构（确定医院法人单位后办理）。

⑩医疗保健机构从事助产技术服务、终止妊娠手术和结扎手术许可。

⑪ 麻醉药品、第一类精神药品购用（确定医院法人单位后办理）。

⑫《洁净工程》（市建筑工务署办理）。

（2）设备工作进度安排（设备部负责）

①××年××月××日前确定医院门诊试运行必需设备。

②××年××月××日前完成门诊试运行医用设备采购。

③××年××月××日前完成门诊试运行医用设备送货安装、设备调试、验收、入库、仪器操作培训等工作。

(3)财务工作进度系统建立(财务部负责)

①××年××月××日前完成有关财务廉洁的政策和程序。

②××年××月××日前完成社会医疗保险定点机构资质核定，并开通医保支付系统。

③××年××月××日前完成财务系统员工招聘。

④××年××月××日前完成财务程序、人员培训及财务咨询系统。

(4)信息化建设(信息部负责)

①硬件设备

a.××年××月××日前完成采购××台工作电脑，××台打印机，××个扫描枪及刷卡设备等。

b.××年××月××日前完成硬件设备采购，并完成安装、调试、验收、试运行。

②医疗业务软件系统

a.××年××月××日前完成整个门诊软件系统的正式运行(包括挂号、收费、发药、门诊医生站、门诊及住院电子病历、检验系统、影像系统等)的测试。

b.××年××月××日前完成医疗信息系统的安装、调试和使用培训工作，完成数据准备、系统联调、系统运行等工作。

c.××年××月××日前完成医院信息系统与相关机构联网运行，包括与市医学信息中心、社保部门、物价部门、市血站、妇幼保健院、疾病预防控制中心、银行等单位联网。

(5)智能与标识系统(后勤保障部负责)

标识建设：××年××月××日前按照整体规划、分步实施的原则，根据试运行所开设科室的情况及平面布局图，设计制作相应的标识，满足试运行需求；同步推进整体标识系统工程。

智能系统：××年××月××日前按照整体规划，完成智能系统建设，满足网络、通信服务的基础应用，楼控、安防监控、多媒体、机房、无线网络、停车场管理、医用专用弱电系统等进入试运行阶段。

(6)人才引进(人力资源部负责)

①人力资源需求。根据试运行架构，医院需××年××月××日前开展员工招聘和到分期引进国内人才××名。其中，门诊卫生专业技术人员××名[医生××名、护理人员××名(见附表)、医技人员××]，管理、辅助、工程技术人员共××名。

②人才培训。人才引进后，医院在××年××月××日前分期开展政策法规、综合素质、岗位技能、医德医风、临床实践，以及医疗风险防范等课程的培训工作。

（7）制度建设（医疗事务部）

①医院章程（制定草稿）。

②基本制度。正式开业前，医院应逐步完善《××医院医疗制度汇编》，确保医院规范运行和管理。其中，门诊管理制度、处方制度和工作职责等应在××年××月××日前完成。门诊业务流程应在××年××月××日前完成。

③人力资源制度、聘用合同、薪酬制度、财务制度。各部门于××年××月××日前完成。还需要法人单位及上级主管部门通过。

（8）后勤保障服务（后勤服务部负责）

①××年××月××日前完成水、电、气的管道铺设和正常供应。

②××年××月××日前完善救护车辆配置及实施。

③××年××月××日前按照一流水平的要求，明确物业管理工作。

④××年××月××日前完善厨房设备需求及实施。

⑤××年××月××日前完善医生值班公寓设施。

⑥××年××月××日前完善行政办公设施。

（9）模拟演练（医疗事务部督导，各部门协调进行）

由××协调，请××专家现场指导试运营具体事务，提出建议和意见。

6.医院试运行门诊开放方案

（1）试运行期：（××年××月××日—××年××月××日）

开设内科、外科、妇科、针灸理疗、中医、眼科、皮肤、耳鼻喉专科临床服务，开设检验、心电图、超声、医学影像、药剂等辅助服务。日门诊量预计××人次，暂不开放急诊与住院服务。

（2）试运行期运行场所

运行期运行急诊×层及门诊部分诊室单元（急诊楼悬挂门诊标识）。

7.岗前培训要素的确立

（1）医疗业务试运营培训。

（2）医疗流程的培训。

第七节　新建医院主要对接的政府业务主管部门

一、人社局

按照《事业单位登记管理暂行条例实施细则》《深圳市事业单位岗位管理试行办法》

等办理事业单位登记、法人证书、组织机构代码证办理等相关业务。

二、发展改革委

按照政府投资项目办事规程办理相关投资项目申报审批手续。

三、住房和建设局、工务署

按照《中华人民共和国招标投标法》《工程建设项目施工招标投标办法》《评标委员会和评标方法暂行规定》《房屋建筑和市政基础设施工程施工招标投标管理办法》《工程建设项目自行招标试行办法》《工程建设项目招标范围和规模标准规定》等国家、省市法规开展建设、施工等相关手续。

四、财政委

根据《事业单位财务立户申请、变更业务指南》《深圳市财政性基本建设资金拨款申请书》《深圳市市级政府采购单位责任机构及责任人备案表》《政府集中采购目录和政府采购主体方式限额标准》《政府采购合同管理及规范合同备案管理规定》《政府采购进口产品管理办法》等相关法规办理相关手续。

五、交通委（局）

根据部门办理市政道路医院出入路口报批报建工作指南等办理相关出入口设置及市政道路交通标识导引等。

六、消防局、人防办

根据部门申请建设工程消防设计审核办事指南、申报建设工程消防设计审核和消防验收指南、办理人防工程办事指南办理相关手续。

七、人居委/水务局

根据部门申请生产建设项目水土保持方案审批办事指南、申报建设项目排水施工方案审批办事指南等办理相关手续。

八、人居委/住房和建设局

根据建筑工程领域放射源安全管理、绿色建筑行动方案、建设工程竣工验收备案审核办理指南等办理相关业务。

九、环保局

根据部门建设项目环境保护设施专项项目验收办事指南、污染物排放许可办事指南、危险废物经营许可办事指南、危险废物转移许可办事指南、建设项目环境影响审批（项目审批）办事指南等办理相关手续。

十、小汽车定编办

根据定编车辆申报办事指南、公务车申请流程、车辆配备申请流程、车辆过户申请流程、车辆注销申请流程、车辆换牌申请流程等办理医院业务使用汽车相关手续。

十一、卫生健康委（局）、医保局

按机构申请手续办理医疗机构执业许可证、医师执业注册、护士执业注册、申报医院执行医疗收费标准级别、申报医院作为市定点医疗保险机构、医疗保健机构从事助产技术服务、终止妊娠手术和结扎手术许可；麻醉药品、第一类精神药品购用等医疗业务相关手续。

第二章

深圳市医疗卫生机构开办费申报技术文件的编制

第一节　医疗卫生机构开办费功能与工作界面划分

一、深圳市医疗卫生机构开办费的功能、分类及定义

为满足医院新建、改建、扩建的需要，政府投资项目投入使用时必须在首次配置的家具及设备设施费用称为开办费。具体范围包括：办公家具（含窗帘）、办公设备、会议设备、厨房终端设备；教室设备设施、实验室设备设施、宿舍设备设施、医务室设备；小型医疗器械、低值易耗物品和其他设备设施等。深圳市发改委开办费不包括装修改造、车辆购置、一般性的人员经费、运营维护费、设备租赁费、第三方购买服务费、物业管理费、工业摆设陈列品等。

但作为医疗卫生机构运营方，在运营过程中仍需按照实际需要进行全方面的费用规划。市发展改革委根据职能划分列入的包括车辆购置、一般性的人员经费、设备租赁费、第三方购买服务费、运行维护费［指成本类、服务类、消耗类、水电费、物业类（含开荒保洁费、搬迁费、绿化、物业设备设施）］等要按相关主管部门的申报程序进行计划编制，并找到合适的费用出处，以免影响正常开业运营。

开办相关费用申请的编制应注意市级、区级归口部门的窗口期：

（1）发展改革委部门窗口期：投资项目立项即启动固投+开办费“四合一”编制。

（2）财政部门窗口期：大楼主体封顶即启动开办编制运营，例如，车辆购置、一般性的人员经费、运行维护费等。

二、医疗卫生机构开办费编制依据

（1）《深圳市经济特区政府采购条例》（2021年修订）。

（2）《深圳市市直党政机关办公家具配置标准》（深财资〔2018〕45号）。

（3）《深圳市本级行政事业单位常用办公设备配置预算标准》（深财规〔2013〕20号）。

（4）《深圳市医院建设标准指引（2023版）》。

（5）《综合医院建设标准》建标110—2021。

（6）《医疗机构设置规划指导原则（2021—2025年）》。

（7）《深圳市医疗机构“十四五”设置规划》（深卫健发〔2023〕12号）。

（8）《深圳市发展和改革委员会关于明确开办费安排调整方案的请示》（深发改〔2022〕1084号）。

（9）《深圳市推动医疗卫生重大项目建设高质量发展实施方案》（深府办函〔2023〕8号）。

（10）《深圳市发展和改革委员会关于高质量推进医疗卫生、教育领域项目审批管理服务工作的通知》。

（11）《深圳市发展和改革委员会 深圳市财政局 深圳市规划和自然资源局 深圳市住房和建设局 关于优化固定资产投资管理机制促进高质量发展的通知》（深发改〔2023〕319号）。

（12）《深圳市政府投资项目开办费技术文件编制指南（试行）》。

（13）《深圳市公立医院管理中心新建医院筹建工作指南（试用）》。

（14）项目相关批复文件。

（15）项目建筑设计图纸。

（16）医院人力配置和科室规划方案。

（17）与开办相关的其他资料。

三、开办费设备设施分类及界面划分

深圳市发展改革委在市政府投资项目的总投资中增加计列开办费，实行“固投和开办费一体化”审批办理。

鉴于开办费涉及的内容种类繁多，其开办费具体构成需在项目设计方案总体稳定之后进行编制，可在政府投资项目的项目建议书、可行性研究报告阶段结合项目单位申报规模，并根据有关标准、同类项目申报情况，在项目总投资中对开办费按一定比例进行预留，或按照床位数和建筑功能面积按一定比例定额进行预留。

在初步设计和施工图设计阶段则要求项目单位逐步细化列支项后，由市发展改革委委托市政府投资项目评审中心评审确定其开办费的总规模及具体构成，最终并入项目总概算管理，其资金纳入年度政府投资项目计划安排。

因此，医疗卫生机构基建、信息化、医疗设备购置等前期建设投资与开办费一起统筹规划，避免开办费与前期建设投资交叉或遗漏，顺利推进开办工作的开展。

市发展改革委为贯彻落实《关于优化固定资产投资管理机制促进高质量发展的通知》有关要求，实施项目“固投和开办费一体化”审批，规范政府投资项目开办费文件的编制内容和深度要求，进一步提高开办费的编制质量和审核效率，研究制定了《指南》，根据编制指南内容，明确了开办费与土建工程（含土建费用、安装费用、智能化费用）、设备购置工程、信息化工程建设以及项目单位部门预算内容的边界划分（表2-1-1）。

（一）开办费设备设施分类

结合项目建设目标和功能定位等，阐述开办费总规模和购置范围，根据功能布局分别计列设备设施类型。设备设施分类如下：

1.传统类（共性）设备设施

（1）办公家具一般分为基本配置和公共配置。基本配置指满足办公必需的家具，包括桌、椅、卡座、茶几等；公共配置指办公室或会议室统一配置和使用的辅助家具，包括沙发、茶几、文件柜、书柜、窗帘、演讲台等，同时应含定制的医用家具、辅助功能家具等。

（2）办公设备指行政办公区域内配置的：电脑、打印机、复印机、电话、碎纸机、扫描仪、微波炉、冰箱、空调、饮水机等。

（3）会议设备指小型会议室（使用面积50平方米及以下）中配置的投影仪（含幕布）或显示终端，两种方案按需选择。例如，如打印机、电脑、饮水机、电话、电子铭牌等。

（4）厨房终端设备指在厨房和食堂区域内配置的厨房机械设备、油烟处理设备、厨房电器设备、炊具餐具、食堂桌椅等。

2.专业类（非共性）设备设施

（1）小型医疗器械：体温计、转运车等医疗设备购置概算中未包括的单价低于1万元的医用设备。

（2）低值易耗物品指根据编制床位配置的被服、被芯、被套、枕芯、枕套、床头柜、床头信号灯、床单、病员服等。

3.其他类设备设施

安防、消防设备设施。包括防爆盾牌、防爆头盔、防爆钢叉、防烟面罩、消防器材柜、灭火器箱、消防站等，配置要求应符合相关标准。

（二）基建与开办费界面划分

（1）家具方面：为满足新建（改、扩建）政府投资项目投入使用所必须在首次进行配置的医疗家具、实验室家具、办公家具、辅助功能家具、专业办公设备、办公装置、

表 2-1-1

开办费与土建工程、信息化工程、设备购置工程界限划分表

界限划分

序号	项目名称	政府投资项目						部门预算
		土建工程				信息化工程	设备购置工程	
		工程费用			工程建设其他费	信息化费用	设备购置费用	
		土建费用	安装费用（不含智能化工程）	安装费用（仅智能化工程）	开办费			
一	划分依据文件	《房屋建筑工程造价文件分部分项和措施项目划分标准》《深圳市建筑和市政工程概算编制规程》			/	《信息系统造价指导》	/	/
二	项目构成（仅列出与开办费内容易交叉分项）	1.装修装饰工程 2.标识工程	1.实验室固定边台 2.厨房设备工程 3.消防工程 4.给水排水工程	1.会议系统 2.市政接入的通信光、电缆及相应配管配线等	1.传统类设备设施 2.专业类设备设施 3.其他类设备设施	1.信息资源系统 2.信息安全系统 3.信息应用系统的新建升级、改造工程等	1.医疗设备 2.科研设备 3.教学设备 4.警用、消防、除颤仪设备 5.特种设备等	一般性的人员经费、运行维护费、设备租赁费、第三方购买服务费、工业摆设陈列品等纳入部门预算。 运行维护费：指成本类、服务类、消耗类、物业类（含开荒保洁费、搬迁费、水电费、绿植、物业设备设施）等
三	具体内容	1.装修装饰工程：设计图纸范围内的隔断，栏杆，门窗，固定家具（含现场定制、固定在墙/地面、不可移动的家具。如：衣柜、鞋柜、橱柜、壁柜、吊柜、服务台、吧台等），卫生间设施（含残疾人抓手、卫生纸盒、卫生间玻璃镜面、帘子杆、毛巾杆/架、肥皂盒、镜箱）等； 2.标识工程：交通标志杆、门架、标志牌、人行护栏、反光镜/轮廓标、分道指示器、防护柱、路面突起路标、减速带、挡车架、楼宇标识、门牌标识、导视标识及指示标识等设施的制作安装	1.实验室固定边台； 2.厨房设备工程：厨房给水排水系统、厨房照明系统及相关的配管配线等； 3.消防工程：消火栓，灭火器，水泵，室外消火栓，消防水、电、气系统，防排烟系统等； 4.给水排水工程：污水系统、卫生洁具（洗手池、马桶等）	会议系统 软件：控制管理软件等 硬件：机柜、话筒、屏幕、调音台、音响系统、电子白板、中控、摄像头、投影仪、LED显示屏（一体机）等	传统类设备包含以下： 1.办公家具：桌、椅、沙发、文件柜、茶几、卡座、演讲台等可移动家具； 2.厨房终端设备：各类厨房设备、厨房洗消设备、冷冻冷藏设备、油烟处理设备； 3.窗帘； 4.办公设备：电脑、电话、空调、打印机、复印机、饮水机、碎纸机、扫描仪、微波炉、冰箱等用于行政办公的设备； 5.会议设备：打印机、电脑、饮水机、电话、电子铭牌等（建议会议室50平方米以下的设备在开办费中计列）	信息化基础支撑设备： 相关系统软件和硬件（服务器、存储、网络设备、安全产品、安防设备、终端设备以及配管配线的安装和调试）等	1.设备用途：基于业务使用的专业设备（检测设备、专业乐器等）； 2.使用期限：存续期限在一年以上	

续表

<table>
<tr><th rowspan="4">序号</th><th rowspan="4">项目名称</th><th colspan="6">政府投资项目</th><th rowspan="4">部门预算</th></tr>
<tr><th colspan="4">土建工程</th><th>信息化工程</th><th>设备购置工程</th></tr>
<tr><th colspan="3">工程费用</th><th>工程建设其他费</th><th rowspan="2">信息化费用</th><th rowspan="2">设备购置费用</th></tr>
<tr><th>土建费用</th><th>安装费用（不含智能化工程）</th><th>安装费用（仅智能化工程）</th><th>开办费</th></tr>
<tr><td rowspan="3">三</td><td rowspan="3">具体内容</td><td>1.健身器材工程：房屋配套运功场所、体育场馆（篮球架、足球架等）、健身会所等场地设置的各种健身设施及运动设施的制作安装；
2.座椅工程：体育场、会堂、音乐厅、影剧院等公共服务场所座椅的制作安装</td><td>/</td><td>/</td><td>专业类设备——高校领域
1.医务室常用医疗器械：药品柜、体重计、血压计等；
2.宿舍配套家具：床、洗衣机等；
3.体育设备设施：各类体育器材</td><td>/</td><td rowspan="3">1.设备用途：基于业务使用的专业设备（检测设备、专业乐器等）；
2.使用期限：存续期限在一年以上</td><td rowspan="3">一般性的人员经费、运行维护费、设备租赁费、第三方购买服务费、工业摆设陈列品等纳入部门预算。
运行维护费：指成本类、服务类、消耗类、物业类（含开荒保洁费、搬迁费、水电费、绿植、物业设备设施）等</td></tr>
<tr><td>/</td><td>/</td><td>/</td><td>专业类设备——卫生领域
1.小型医疗器械：体温计、转运车等单价1万元以下；
2.低值易耗物品：被服、枕芯、病服、拖布等消耗类物品仅保障新建项目开业3个月运营，改扩建项目建议部门预算解决</td><td>/</td></tr>
<tr><td>/</td><td>/</td><td>/</td><td>专业类设备——文化体育/党政机关/科技及配套领域1万元以下的专业设备</td><td>/</td></tr>
<tr><td>四</td><td>咨询费</td><td colspan="6">项目咨询费包含开办费的咨询，概算已批复项目需单独申报开办费的可在开办费中列支咨询费。</td><td>/</td></tr>
</table>

会议室设备、厨房设备、医务室设备、洗衣房设备和其他器械。无法为后期定制安装预留条件或已经列入基建预算的办公家具可纳入基建内容，例如，各类护士工作站可列入基建内容，但建议列入开办费以避免后期大量拆改。

因此建议办公家具（如办公桌、椅、柜）、医疗家具（如护士站、治疗台、作台、边台、普通病床、普通检查床）、实验家具（如实验台、柜）、厨房食堂家具（桌、椅、小推车）等应列入开办费内容。

（2）装饰工程：属于基建投资的装饰工程中，也有一些分项工程与开办工作内容存在交叉。例如北京市基建与开办费部分家具划分就有明确划分界面其交叉内容划分界面可如表2-1-2所示。

基建与开办费部分家具类划分界面表 **表2-1-2**

序号	家具名称	基建	开办	备注
1	不锈钢货柜		√	
2	展柜		√	
3	木柜台	√		
4	存包柜		√	
5	收银台	√		
6	玻璃柜台		√	
7	木货架		√	
8	鞋架		√	
9	吧台	√		
10	靠墙衣架		√	非固定式
11	服务台	√		
12	靠墙文体柜		√	非固定式
13	不锈钢帘子杆		√	与床帘统一购买安装
14	托架	√		
15	毛巾环	√		
16	毛巾架	√		
17	浴巾架	√		
18	晾衣绳	√		
19	浴盆拉手	√		
20	卫生纸架	√		
21	肥皂盒	√		
22	大理石洗漱台	√		
23	花岗石洗漱台	√		

续表

序号	家具名称	基建	开办	备注
24	镜箱	√		
25	牙具架	√		
26	灶台、操作台	√		
27	房间铭牌		√	
28	橱柜	√		
29	吊柜	√		
30	挂衣板	√		
31	带镜盥洗槽	√		
32	镜子	√		
33	玻璃黑板	√		
34	布告牌	√		
35	实验台	√		
36	招牌面板	√		
37	灯箱	√		

（3）标识和文化建设方面：室外标识、室内公共区域、走廊、机电房、消防设施等标识纳入基建内容。房间内标识、医疗卫生机构文化建设、宣传标识列入开办费内容。也可以在编制概算时予以分门别类地明确，避免重复或遗漏。

（4）基建投资范围内的一些智慧建筑专用系统、智慧服务专用系统终端设备，也存在与开办费交叉的问题。建议按照"具有验收标准的预留安装接入条件且后期不影响安装调试的，以及未列入基本建设预算的系统终端设备"的原则划分界面。如有线电视系统的电视机、安全保卫系统的无线对讲机等可纳入开办费内容。

（三）医疗设备与开办费界面

医疗卫生机构建设项目的医疗设备规划、采购一般与基建、开办规划同步进行，目标都是保证开院时医疗设备能正常使用，为患者提供正常的诊疗和诊断服务。考虑界面划分，可以按照医疗器械准入的二、三类范围做界面。也就是凡是需要医疗器械二、三类准入证书的，归属医疗设备范畴，反之，建议归属医疗卫生机构开办费范畴。

按照国家《医疗器械分类目录》(2002版)，普通诊查器械6820，手术室、急救室、诊疗室设备及器具6854，病房护理设备及器具6856，消毒和灭菌设备及器具6857，医用冷疗、低温、冷藏设备及器具6858等五个大类的有些项目可能与开办费中的医用家具、生活电器出现交叉。其常出现的品目交叉内容划分界面可如表2-1-3所示。

医疗设备（家具）与开办费部分设备（家具）类划分界面表　　表2-1-3

序号	设备名称	医疗设备	开办
1	身高体重秤		√
2	新生儿床	√	
3	诊查床		√
4	按摩床		√
5	3～4℃医用冷藏箱	√	
6	毒麻药品自动存取柜		√
7	试管架		√
8	OT桌		√
9	OT综合训练台		√
10	手术圆凳		√
11	器械柜		√
12	电冰箱		√
13	饮水机		√

注：医疗设备概算中未涉及的设备，在开办时必需的设备建议列入开办费（含1万元或5万元以下小设备）。

（四）信息化与开办费界面

信息化与开办费界面划分原则，可以按照信息化系统调试必需的终端设备为界面。将信息化系统建设需配置的电脑、打印机、扫描仪、手持信息终端、移动数据终端设备、自助打单机、自助取药机等终端设备归类至信息化建设项目。信息化不设子系统的办公用电脑、办公用打印机、复印机、投影仪、会议音频系统、局部门禁系统等办公自动化系统设备，可以归类到开办费中的信息化管理申报、办公设备、生活电器等类别。

（1）按照国家卫生健康委发布的《全国基层医疗卫生机构信息化建设标准与规范》信息化分类（服务业务、管理业务、平台服务、信息安全）的四个层级中，其常出现的品目交叉内容划分界面可如表2-1-4所示。

信息化设备与开办费部分设备类划分界面表　　表2-1-4

序号	设备名称	信息设备	开办
1	办公电脑		√
2	电视机		√
3	办公用复印打印设备		√
4	办公投影仪		√
5	远程会议系统	√	

续表

序号	设备名称	信息设备	开办
6	电脑	√	
7	打印机	√	
8	扫描仪	√	
9	手持信息终端	√	
10	移动数据终端	√	
11	自助打单机	√	
12	自助取药机	√	
13	远程会诊	√	
14	员工考勤一卡通		√
15	住院患者订饭系统	或第三方供应	√
16	医疗垃圾收集信息采集系统	或第三方供应	√
17	自动售卖机	或第三方供应	√

（2）界面划分并不是绝对划分的，基础建设过程中往往无法做到全面、细致的规划，信息化建设中有变更、遗漏或无法执行的部分，原则应该在开办费中予以补足，以满足医院开办运营的需求。

第二节　开办流程

一、开办费申报阶段流程图

开办费申报阶段包括成立开办小组、开办需求调研和统计、开办费配置建议、各部门修订开办费配置、开办费编制和论证、开办费申请和批复等节点。

由于“固投与开办费一体化”申报，开办费编制工作要注意与基建、信息化和医疗设备购置编制协调一致，避免漏项和重复。前期调研的质量及数据的准确获取十分关键，对正在运营的医疗卫生机构改、扩建项目，要充分发挥全院各科室的主观能动性和积极性，通过对比分析、利旧分析和前瞻性研究且在专业咨询公司的全程参与下提出意见和建议，再经过医疗卫生机构开办小组会议和院长办公会议集体研究讨论；对于新建的医疗卫生机构开办小组成员要根据项目的规模、功能定位走出去向类似的兄弟单位取经、调研，再经市场调研、对比分析、前瞻性研究且在专业咨询公司和专家咨询团队的全程参与下提出意见和建议，最后经过医疗卫生机构开办小组会议和院长办公会议集体研究讨论。因涉及需求及资源分配的实际问题，工作一定要做细、做实，充分协调听取各方意见和建议。待经费批复后，需根据批复结果认真分析和组织落实再分配、再协调和进入采办环节（图2-2-1）。

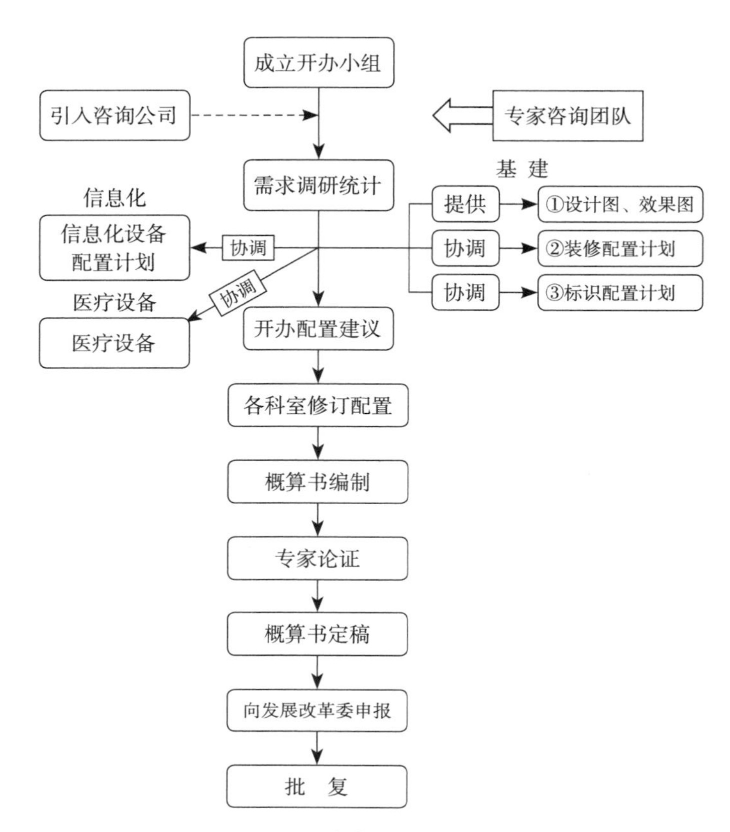

图2-2-1 开办费申报阶段流程图

二、开办物资采购阶段流程图

开办物资采购阶段流程包括概算内容调整优化、采购计划编制和论证、采购计划申请和批复、采购需求编制、招标投标等节点，由于开办采购内容与基建、信息化和医疗设备采购有交叉内容，应充分沟通，确保各项工作协调一致（图2-2-2）。

三、开办费编制工作基本原则

医疗卫生机构开办工作既需要深入研究各级各部门政策法规，又需要细化梳理与基本建设的交叉边界，需要做大量认真、细致、量化的编制工作。

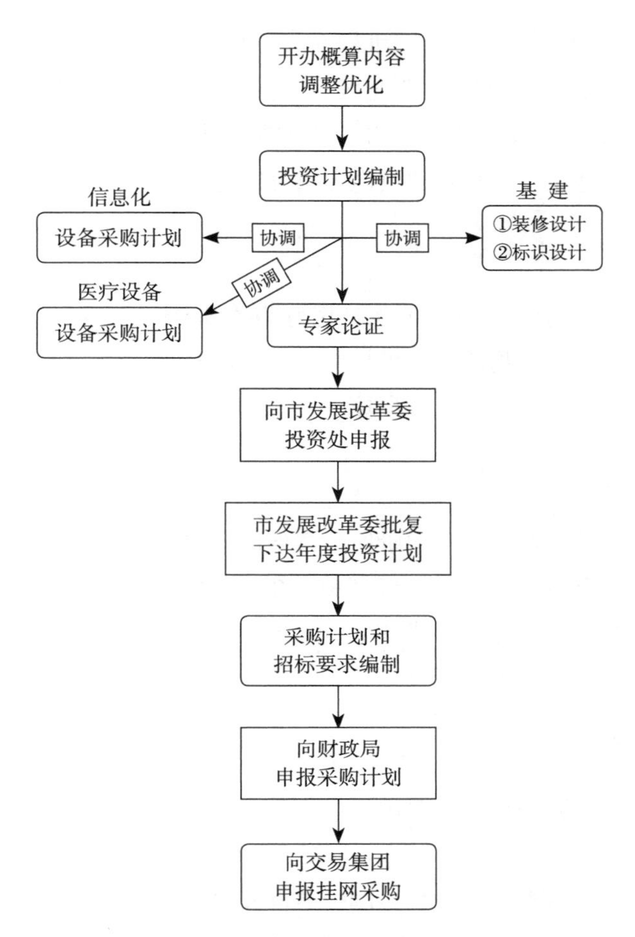

图2-2-2　开办物资采购阶段流程图

开办费编制工作建议遵循如下原则：

（一）依据明确

开办费编制应遵循国家、地方政府相关法规，应按照项目预算部门的明文规定进行工作内容划分和总价控制。

（二）边界清晰

确定开办费范围应认真核对基建、设备、信息化等项目投资内容，避免重复申报和换名申报。

（三）分步实施

开办工作应随着项目工程建设进度安排，实施阶段统计、逐步完善更新。

开办工作第一步要汇总医疗卫生机构在人员配置和科室规划方面的需求；第二步统计基础建设信息，例如，各功能单元数量、面积等；第三步统计基础建设中装饰工程内容，以及医疗设备和医疗卫生机构信息化规划建设内容；第四步开始统计开办内容，并要避免与基本建设、信息化建设内容重复或遗漏。

（四）内容完整、项目齐全

开办工作要考虑周密、细致，要保证医疗卫生机构开业后一切人力资源、环境设施、设备设施、用品用具、物料耗材等均能有效支撑开业运营需要。避免编制错漏，造成医疗卫生机构开业计划延迟和预算失控。

（五）测算规范

开办费编制工作要应对项目不同阶段的条件进行测算。对于项目初期，可根据医疗卫生机构量化功能房间的数据估算，预留8%的可能增量；对于项目建筑设计阶段，可根据图纸中的各类房间数量估算预留5%；对于项目施工阶段，可根据图纸细化的具体内容进行统计计算预留3%。

（六）估价有据

费用估价应明确价格依据，如采用近三年公开招标价格为依据，适当估算未来涨价系数。

通用物品价格，可以参考医疗物品供货平台数据，进行校对。

四、开办费编制流程中应注意的事项

（1）开办费内容里，标识系统、会议系统、办公家具、被服等应由专业人员或专业第三方公司根据相应典型空间模型结合施工图或实际房间单元的配置内容进行编制。

（2）新建医疗卫生机构试营业至正式营业阶段可向市财政局申请医疗卫生机构运营专项补助。

（3）新建医疗卫生机构开办费编制主要以市属医疗卫生机构单位编制经验测算为主，可能存在不可预见内容。

第三节　开办费申报文件的编制

一、项目背景

对于单独申报开办费项目，需参照项目基础建设的可行性研究报告、概算编制内容、施工图设计、已批复文件、界面划分依据和计划等项目资料简述项目提出过程。具体包括：项目建设地点、建设内容和规模、建设工期、建设模式、投资规模和资金来源、人员规模、资金实施计划、分期采购计划等。

二、现状描述

（1）新建项目。描述场地现状和项目建设情况等。

（2）改、扩建项目。描述场地现状和项目建设情况，细化现有资源利用方案，概述设备、家具、装备器械等现状（数量和金额）。

三、编制依据

（1）相关批复情况。概述基建项目可行性研究、概算批复情况，并提供批复文件。

（2）其他依据。国家和地方有关支持性规划、产业政策和行业准入条件、主要标准规范、专题研究成果以及其他依据。

（3）界面划分依据。说明开办费内容与基建工程、信息化工程和专业设备购置建设内容的边界划分，并提供依据。

（4）其他资金来源。说明开办费不与建设单位管理费，以及人员、物业管理、水电等其他财政补助重复。

四、项目需求分析

（一）医疗卫生机构建设规划

（1）医疗卫生机构定位：医疗卫生机构性质、等级、服务范围、重点学科以及区域学术定位。

（2）医疗卫生机构建设规模：总床位、年门急诊量、年手术量，总占地面积、总建筑面积，停车数量等规划指标。

（3）医疗卫生机构建设项目的总体进度计划：项目计划开工时间、装修工程开始时间、计划竣工时间、正式开业时间。

（二）医疗卫生机构临床学科和功能科室设置

（1）医疗卫生机构所有临床学科的设置名称、床位规模、日均门诊量，床位和门诊量合计应在前述概况医疗卫生机构建设总规模内。

（2）医疗卫生机构所有医技科室的设置名称、年工作量。

（3）医疗卫生机构急诊、门诊、住院、医技、保障、办公、生活、教学、科研等各类用房的名称和数量。

（三）医疗功能单元配置

在医疗卫生机构整体规划及科室配置的基础上，还需对各科室内部医疗功能单元的配置进行细化，才能确定开办物资的具体种类和数量。医疗功能单元配置案例如下：

（1）门急诊医技类功能单元配置案例。

（2）住院类功能单元配置案例。

（3）行政办公类功能单元配置案例。

（4）后勤类功能单元配置案例。

（5）餐厨类配置案例。

（6）被服类配置案例。

（7）标识、文化类配置案例。

（8）工具、耗材类配置案例。

第四节　开办费编制大纲及格式

一、开办费编制大纲

根据《深圳市政府投资项目开办费技术编制指南（试行）》文件要求，各级医疗卫生机构在开办费的编制过程中，需按照《××医疗卫生机构新建（改、扩建）项目开办费报告》编制大纲进行编制，编制大纲包括如下内容：

（一）概述

（1）项目背景；

（2）现状描述；
（3）界线划分说明；
（4）编制依据。

（二）需求分析

（三）开办费内容

（1）传统类（共性）设备设施；
（2）专业类（非共性）设备设施；
（3）其他类设备设施。

（四）投资

（1）申报金额；
（2）汇总表和明细表；
（3）资金来源；
（4）资金使用计划。

（五）投资表

（1）汇总表；
（2）附表。

（六）附件、附图、附表

二、开办费投资汇总表及分项明细表格式

（一）开办费汇总表

开办费汇总表示例见表2-4-1。

开办费汇总表　　**表2-4-1**

序号	名称	数量（项）	合计（万元）	备注
一	传统类（共性）设备设施	××	××	
1	办公家具（含窗帘）	……	……	明细表
2	办公设备	……	……	明细表
3	会议设备	……	……	明细表

续表

序号	名称	数量（项）	合计（万元）	备注
4	厨房终端设备（含食堂）	……	……	明细表
二	专业类（非共性）设备设施	××	××	
1	小型医疗器械	……	……	明细表
2	低值易耗物品	……	……	明细表
三	其他类设备设施	××	××	
1	……	……	……	明细表
合计		总投资（一+二+三）		

（二）设备设施分项明细表

按设备设施类型依次编制各类设备设施明细表，汇总各楼宇功能室购置设备设施清单。

（1）办公家具附表示例如表2-4-2所示。

办公家具明细表 表2-4-2

序号	名称	规格参数	单位	数量	单价（元）	总价（万元）	备注
一	医疗楼			××	××	××	
（一）	急诊区				××	××	
	桌	……	个	……	……	……	
	椅	……	个	……	……	……	
	沙发	……	个	……	……	……	
	……						
（二）	门诊区				××	××	
	桌	……	个	……	……	……	
	……						
合计				××		××	总投资取整

（2）专业类设备设施类明细表示例如表2-4-3所示。

小型医疗器械明细表 表2-4-3

序号	名称	规格参数	数量	单位	单价（元）	总价（万元）	备注
一	门诊楼		××			××	
（一）	消毒室		××			××	
1	空气净化机	……	……		……	……	
2	纯水电导率检测仪	……	……		……	……	

续表

序号	名称	规格参数	数量	单位	单价（元）	总价（万元）	备注
	……						
（二）	手术室		××			××	
1	抢救车	……	……		……	……	
2	吸氧雾化装置	……	……		……	……	
3	负压装置	……	……		……	……	
	……						
（三）	病房		××			××	
1	掌式指尖血氧监护仪	……	……		……	……	
2	电子血压计	……	……		……	……	
3	体温枪	……	……		……	……	
	……						
合计			××			××	

（三）设备设施类型统计表

按楼宇、功能区逐级统计各类设备在使用面积、房间数量、容纳人数等方面的配置情况（表2-4-4）。

各功能区设备设施类型统计表　　表2-4-4

楼宇名称	功能区	使用面积（平方米）	房间数量（间）	容纳人数（人）	床位规模（床）	设备数量（项）	总额（万元）	备注
一	住院楼							注明功能区所在楼层等
（一）	办公区							
1	办公家具	……	……	……	……	……	……	
2	办公设备	……	……	……	……	……	……	
（二）	会议室							
1	会议设备	……	……	……	……	……	……	
（三）	厨房							
1	厨房设备	……	……	……	……	……	……	
（四）	消毒供应室							
1	小型医疗器械	……	……	……	……	……	……	
（五）	公共区域							
1	安防、消防设备	……	……	……	……	……	……	
	……							

三、开办费价格编制依据

开办费申报价格依据一般来自于政府相关规定和市场询价。本书所有数量及价格仅供参考。

（一）政府相关规定

主要依据《深圳市市直党政机关办公家具配置标准》（深财资〔2018〕45 号）和《深圳市本级行政事业单位常用办公设备配置预算标准》（深财规〔2013〕20号）进行定价。

（二）市场询价

1. 三方询价流程

（1）在需要询价的网站，发布价格征集公告。

（2）收集询价商报名登记表，营业执照扫描件，核对业绩及报名资格。

（3）发出各品类三方询价空白清单。

（4）接收到询价结果（表2-4-5，仅供参考）。

后勤物资询价结果（规格、图片、数量、参数及价格）汇总表 **表2-4-5**

序号	产品名称	产品规格	单价（元）	配置总数	总额（元）	参数	参考图片
1	1.0×1.2更衣镜	0.3米×1.2米	××		××	1.圆角铝合金落地镜浮法镜片，成像逼真； 2.优质铝材，加厚加固； 3.大圆角美学设计； 4.金属环形支架	
2	白板	晨光（M&G） ADBN6415 尺寸： 600毫米×450毫米	××		××	1.蜂窝纸板：九层复合结构，抗压性强； 2.工艺：三层辊涂； 3.材质：ABS料包边，铝合金边框	
3	保险柜	产品尺寸： 410毫米×360毫米×620毫米 产品重量：73.2公斤 门板厚度：10毫米 箱体厚度：6毫米	××		××	1.内饰奢华PU皮革； 2.空间自由可调节； 3.三维激光切割，均细门缝； 4.磨砂喷漆，棱角折边； 5.3C认证，半导体指纹密码	

续表

序号	产品名称	产品规格	单价（元）	配置总数	总额（元）	参数	参考图片
4	冰箱	1200毫米×710毫米×1950毫米	××		××	1.能效等级：2级或以上； 2.开门方式：单门； 3.耗电量4.5（千瓦/24小时）； 4.材质：不锈钢； 5.额定电压：220伏	
5	冰箱	总容积：200～249L 宽度：60厘米以下 高度：170.1～180厘米 三门深度：55.1～60厘米	××		××	1.能效等级：2级或以上； 2.开门方式：单门； 3.噪声（dB（A））：≤39； 4.耗电量（千瓦时/24小时）：≤0.7； 5.额定电压：220伏	

2. 网络询价

网络询价一般通过网购平台或询价平台获取价格，例如，京东、阿里巴巴、深圳政府采购电子卖场（阳光采购平台）、政府采购网站等。网络询价清单示例（表2-4-6）：

部分医疗设备、办公设备网络询价结果汇总表　　表2-4-6

序号	名称	规格型号	单价/万元	获取渠道	位置	截图
1	多道心电图机	Mindray BeneHeart R12	5.75	网上招标投标公示	https://detail.vip.qianlima.com/tenderDetail.html?id=296712938&keywords=%E5%A4%9A%E9%81%93%E5%BF%83%E7%94%B5%E5%9B%BE%E6%9C%BA¤tPage=2&pointBatch=62295579&offset=3	
2	抢救车		1.05	院内历史采购数据	院内固定资产表	
3	LED无影灯	汉森	2.09	网上招标投标公示	http://www.ccgp.gov.cn/cggg/dfgg/cjgg/202210/t20221021_18861584.htm	
4	电脑	华为V55i-A HEGE-550	0.39	深圳政府采购电子卖场	http://zfcg.szggzy.com:8081/mall/productdetail.html?productguid=0de0c0d6-a509-4dd1-be92-364e1dcb1d97	
5	电冰箱	美菱	0.65	京东询价	https://item.jd.com/100046054836.html?bbtf=1	

第三章

医疗卫生机构专项费用的申请

第一节　医疗卫生机构开荒、物业管理等费用申请

一、运营维护费的申请

市发展改革委根据职能划分列入的包括车辆购置、一般性的人员经费、设备租赁费、第三方购买服务费、运行维护费[指成本类、服务类、消耗类、水电费、物业类(含开荒保洁费、搬迁费、绿化、物业设备设施)]等要按相关主管部门的申报程序进行编制计划，并找到合适的费用出处，以免影响正常开业运营。

目前所知新建医院开业运营，有些费用可以向财政局申请。例如：

(1)人员性经费，经市编办批复的员额数，可向市财政局申报，按34.43万/人进行拨付。

(2)运营开业前，可申报一次性筹备工作经费。按一年250万申报。

第二节　开办人力资源经费的预算编制和申报

根据发展改革部门意见，人力资源经费不计入开办费内容，属于向市财政局另行申请的经费，但人力资源经费仍是筹办工作中的重要内容，要认真进行规划筹备。

招聘和人员安置费用预算编制

1000张床综合医院为例开业准备期人员费用分类参考如表3-2-1所示。

开业准备其人员费用分类表 **表3-2-1**

项目名称	业务类别	要求	数量（人次）	费用（元）	备注
事务性支出：1.全国巡回专场招聘（省内广州等）	人员的预约	1.对能满足硬性条件的求职者简历筛选	临床40×3	187200	1.人员邀约费156人×1200元/人=187200元； 2.首页广告4周×8000元/周=32000元； 3.邮件短息各20000条×0.1元/条=2000元； 4.机票 酒店 餐饮3000/人（省内），资料和酒店会议室预订10000
		2.对适合的人员进行电话初步沟通	医技12×3		
		3.对沟通适合的人员邮件短信群发			
		4.确定的所有候选人	总数：156		
	网站宣传	系统短信、系统邮件	首页（573×50）4周	32000+2000	
		网站首页广告对专场的大力宣传	邮件 短信各20000份		
	项目成本	差旅费、酒店专场费、资料费	6	18000+10000	
	三方成本	差旅费、人力成本费、资料费	2	6000	
	单次省内城市招聘价格约：255200				4次约102万元
事务性支出：2.全国巡回专场招聘（省外省会城市）	人员的预约	1.对能满足硬性条件的求职者简历筛选	临床40×3	187200	1.人员邀约费156人×1200元/人=187200元； 2.首页广告4周×8000元/周=32000元； 3.邮件 短息 各20000条×0.1元/条=2000元； 4.机票 酒店 餐饮6000/人（省内），资料和酒店会议室预订10000
		2.对适合的人员进行电话初步沟通	医技12×3		
		3.对沟通适合的人员邮件短信群发	总数：156		
		4.确定的所有候选人			
	网站宣传	系统短信、系统邮件	首页（573×50）4周	32000+2000	
		网站首页广告对专场的大力宣传	邮件 短信各20000份		
	项目成本	差旅费、酒店专场费、资料费	9	54000+10000	
	三方成本	差旅费、人力成本费、资料费	2	18000	
	单次国内城市招聘价格约：303200				4次约121万元
事务性支出：3.猎头网络	全球招聘	计划招收3人	3	每人成本300000元	待用方式
事务性支出：4.会员	会员年费	常年广告	100人及后续招聘人员	12000	/

续表

项目名称	业务类别	要求	数量（人次）	费用（元）	备注
事务性支出：5.校园招聘	校园专场	到国内10个高等院校设场招聘，主要支出为人员差旅费、校内广告费	300	18000×10	待用方式
事务性支出：6.报纸招聘	报纸广告	常年广告	100	每天13000元	待用方式
事务性支出：7.社会公开招聘	常设招聘	设立常设办公室、招聘专员2人	400	办公费用10000，人员工资240000	暂设1人
人员支出：1.开业前人才租房补贴费用	直租	800元/房/人/月	600	480000/月	/
	补贴	500元/房/人/月	600	300000/月	/
	福利性分房	按政策申请专家人才公寓	200	0	0
	福利性租房	按政策申请廉租房	100	0	0
人员支出：2.营业前人才培训费用	人才培训费、住宿费	第一期开放300床，配600人	/	/	/
		到国内重点医学院校培训培训费（15000元/人/年）	400	6000000	50%
		到国内重点医学院校培训住宿费（15000元/人/年）	400	6000000	50%
		到市内三甲医疗卫生机构培训培训费（5000元/人/年）	200	1000000	
人员支出：3.高端人才安家费及重点学科启动资金	行政高端人才	系统内调配与全国公招结合	5	约2500000/人	计1人安家及重点专科启动费用/待用
		重点专科：创伤骨科 急救医学 妇产科 康复医学科 运动医学科	5	约2000000/人	

第三节 人力资源组织架构和配置工作方案

一、综合医疗卫生机构内部工作单元性质分类

科学、合理地构建医疗卫生机构组织架构和配置人力资源是医疗卫生机构节约、高效营运的基本条件之一。基于现代化医疗卫生机构显著特点，在充分调研和分析现有综

合医疗卫生机构的运行状况和发展趋势，组织机构分类如下：

（1）诊疗业务工作（序列）：医疗卫生机构诊疗业务工作是医疗卫生机构的根本任务和主体工作，面向人民群众提供疾病诊断、治疗、预防、保健和健康咨询服务。包括以下工作系统：

①临床诊疗（系统）：直接提供医疗保健专业服务（直接面对顾客服务），由内、外、妇、儿等临床科室构成。

②医疗技术（系统）：为医疗保健服务提供支持，由影像、检验、药品、消毒等专业服务（一般不直接面对顾客进行诊断、治疗服务）。

（2）辅助业务工作（序列）：为保障医疗保健服务正常提供必需的保障条件，包括以下系统：

①辅助专业技术（系统）：提供保障医疗卫生机构正常运行必须的条件保障服务，例如，信息、通信、电力电气、消防、建筑工程等非卫生类专业技术工作。

②辅助事务（系统）：提供保障医疗卫生机构正常运行必须的辅助事务工作，例如，收费、结算、图书信息等。

（3）党群工作和行政管理（序列）：为保障医疗保健服务正常进行所必需的组织管理工作，包括以下系统：

①党群工作（系统）：包括党群组织和工会、共青团、妇联等组织。

②行政管理：医疗卫生机构各项工作的主管行政职能机构。

（4）后勤保障（序列）：为保障医疗保健服务正常进行所必需的非专业技术工作（工勤工作），例如，话务、汽车驾驶、货物运送等。

二、组织架构编制规划基本思路与方案

遵照综合医疗卫生机构组织编制相关法规、政策的基本原则，结合本建设项目规划和综合医疗卫生机构相关改革与发展方向，制订本项目的组织编制方案。

医疗卫生机构内设机构应尽可能做到分工、职责明确，既要避免设置遗漏，也要避免重复设置、职能交叉。

行政职能机构应当精简，职能简化，管理权力应受到监督，工作绩效应予考核。

依照“按需设岗、优化高效”原则和岗位分类原则，在管理、专业技术及工勤技能类岗位应分别聘用具备相应管理、专业技术和技能的人才，组建“专业化工作团队”。

基建设施、设备、信息系统、安全工程等的建设、维护、维修工程项目可通过外包、购买服务完成。但医疗卫生机构作为特殊公共场所，不容许任何保障条件运行中断，因此为保障工作质量和工作连续性，医疗卫生机构应当设置少数相关专业技术岗位，聘用相关专业技术人才参与和监督工程技术工作。

三、人力配置方案

规划医疗卫生机构人力需求。按照深圳市关于印发《深圳市医疗卫生机构设置规范》规定进行编制。

四、人力资源聘用与培训到岗规划

人力资源作为医疗卫生机构卫生服务等活动的主体，其知识、经验、技术和道德情操，直接决定着医疗卫生机构服务的质量和效果，是医疗卫生机构具有长远生命力的重要保证，因此，人才建设非常重要。医疗人才引进应和项目筹建同期进行，即在筹建阶段就安排在医疗卫生机构建设和管理方面有丰富经验的高级人才负责项目的策划，主要包括医疗卫生机构建设、工程管理、信息管理、人力资源管理、设备管理、财会、档案等方面的工作人员。

现代医疗卫生机构的竞争归根结底就是人才的竞争，医疗卫生机构拥有的人才决定其在市场竞争中的地位，人员招聘与人才配置工作能否与医疗卫生机构发展实际需要相一致，对医疗卫生机构的竞争力、发展目标、发展规划、绩效管理有着深远的影响。人员招聘与人才配置是一个双向选择，有利于塑造医疗卫生机构的形象，招聘不仅仅是招募人才，还可以向外界宣传医疗卫生机构的组织文化、管理模式、发展方向，从而树立医疗卫生机构文化品牌和医疗卫生机构形象，提高知名度，更好地吸引激励和留住更优秀、更合适的人才。人员招聘与人才配置作为人力资源的一个环节，直接影响医疗卫生机构日常活动是否能够顺利进行，招聘和配置工作可以让员工更满意，配合更默契，工作效率更快提升，因此，招聘和配置工作十分关键。

（一）医疗人才招聘准备工作

首先，医疗卫生机构应定期从人员数量、质量和结构三方面，围绕环境分析、人力资源需求预测、人力资源供给分析、人力资源规划制定四个方面定期编制人力资源规划，明确人才引进制度的相关条目。其次，要进行充分的工作分析、编写规范和清晰的岗位说明书，并建立每个岗位的胜任力素质模型和知识技能标准。最后，科学拟定招聘需求，确保人员招聘和人才配置工作有序进行。

（1）对于高端岗位，例如：副院长、科室主任、医务科长、中心主任（中高层技术骨干）

要求：本科学士以上学位，学术技术水平应处于国内外前沿，工作经验丰富，为现所在单位的学科带头人或者科室主任，年龄一般应在50周岁以下。学术技术处于国内外领先水平，能带动相关学科（专业）的发展洞察力；具有本学科扎实的理论基础，系统的专业知识和丰富的实践经验。能够及时掌握本学科国内外发展动态，解决本专业重大疑难问题，具有国内同行公认的临床和科研水平，在本专业内有较大的学术影响和较高的知名度。

（2）对于中高层技术骨干，例如：各科室学科带头人、高级职称医师、护士长

要求：在科主任领导指导下，负责本科一定范围的医疗、教学、科研、预防工作，按时查房，具体参加诊断、治疗及特殊诊疗操作。此岗位一般要求高业务水平，理论与临床技能还具备一定的管理能力。

（3）中低层技术骨干，例如：主治医师、执业医师、高学历储备人才、护师

要求：硕士以上学历，有职称本科以上优秀医师，此职位要求能很好地配合主任工作。

（4）大众职位，例如：助理医师、优秀应届生、护士

要求：能够在专业医师的指导下运用理论与临床实践相结合开展基本工作。

（5）办公室人员、工程技术人员、网络人员

要求：有一定的行业工作经验。

深圳市卫生系统专业技术岗位结构比例标准参考如表3-3-1所示。

深圳市卫生系统专业技术岗位结构比例表　　**表3-3-1**

单位类别		正高级	副高级	中级
综合医疗卫生机构	三级	≤10%	≤25%	≤45%
	二级	≤8%	≤22%	≤40%
	一级	≤6%	≤18%	≤40%
专科医疗卫生机构		≤11%	≤26%	≤40%
公共卫生机构		≤13%	≤27%	≤40%
门诊部等其他机构		≤5%	≤15%	≤40%
社区卫生机构		≤3%	≤10%	≤35%

注：综合医疗卫生机构包括中医医疗卫生机构；专科医疗卫生机构包括妇幼保健、精神病防治；公共卫生机构包括疾病预防控制、慢性病防治、健康教育、采供血、医学信息、职业病防治、急救中心等机构；门诊部等其他机构包括疗养院等机构。

（二）拓宽医疗人才吸纳渠道

按照综合医疗卫生机构内部工作单元的工作属性划分，医疗卫生机构人才类别包括：卫生专业技术人才（主要为医疗、护理和医疗技术人才）、辅助专业技术人才（主要为信息技术、工程技术人才）、管理人才三类，还有部分必要的工勤人员。新建设医疗卫生机构人才需求层次多，数量大，不同层次的人才应以不同方式引进。重点发展学科

领域的学术带头人应参照相关标准，结合医疗卫生机构发展的需要，事先确定人才条件、工作目标和可以提供的工作条件，采取国内外招聘形式引进，应为全职人员。高端专业技术人才以公开招聘为主，包括国内外公开招聘、本市双向选择人才分流等形式，应以全职人员为主，也可以适当聘任具备条件的兼职人才。急需快速发展的学科高端人才，采取招聘或与其他单位合作共建形式获得人才。中级人才采取市内分流、公开招聘方式引进。初级人才引进要区分医疗卫生机构的发展阶段，在初期阶段应以引进专业培训合格的人才为主。

在全国的医改中，深圳市率先在新建市属医疗卫生机构全面取消编制，按照岗位管理模式采取全员聘用。医疗卫生机构在招聘人员时实行岗位管理，在核定员额的范围内，根据业务运营需要自主设置、增加或删减岗位。医疗卫生机构实行全员聘用制度，所有岗位人员均依法签订书面聘用合同。此外，贯彻落实《关于印发推进和规范医师多点执业的若干意见的通知》（国卫医发〔2014〕86号），促进优质医疗资源平稳有序流动和科学配置，更好地为人民群众提供医疗卫生服务，吸引国内及省内大型医疗卫生机构的医师到开办医疗卫生机构开展多点执业，提供较稳定的人才支撑。

针对深圳市医疗人员紧缺状态建立人才库。将条件较好的求职简历列入人才库中作为储备，定期整理，并保持一定的联系，这样能第一时间补充到合适的人才。根据“稳队伍，增总量，调结构，提素质”的总体目标，按照适度控制、梯队合理的原则，随着医疗卫生机构业务工作的开展与拓展，各层次人才需求增加，有计划地优化人员配置。依托深圳市卫生健康医疗系统，借助深圳市“医疗卫生三名工程”“头雁计划”“卫生健康菁英人才培养计划”“孔雀计划”等政策，强化特聘岗位评聘实施，从“国家队”靶向引进一批高精尖缺领军人才及团队，并加大海外高端医学人才招引力度，引进和培养高精尖人才、中青年学科带头人、高水平医疗卫生机构管理人才、复合型人才、紧缺专科人才等。

（三）建立高效科学的培训机制，深化人事制度改革

实行专科医疗卫生机构岗位设置方案，实施全员精细化岗位管理，促进人力资源管理科学化、规范化、制度化。同时落实医疗卫生机构统一公开招聘、竞聘上岗、按岗聘用的原则。通过评估与诊断，确立职业生涯发展目标，制定职业生涯发展策略，进行职业生涯规划管理等步骤，最终形成医疗卫生机构员工成长通道设计及管理办法，通过将个人的职业兴趣、特长与技能以及社会需求的有机融合来实现个人价值的最大化。加强医护人员职业操守教育和服务沟通能力培训，不断提高医护人员的责任心，增进与患者的沟通与交流。本着医护人员的基本功训练与专业训练、一般培养与重点培养、当前需要与长远需要三结合的原则，培养一支适宜的具备开拓型、智力型、科技型的医疗技术队伍，实现对医疗卫生机构的人员流动进行管理，包括员工离职、转岗、晋升等方面，

以确保医疗卫生机构的人员配置合理，能够满足医疗卫生机构的发展需求。

按照医疗卫生机构人力资源规划吸收利用优秀人才，成立医疗卫生机构人力资源可持续质量改进小组，促进人才成长与对外交流。优化学科建设，合理设置亚专科，逐步提升学科品牌。按照国家规范建设医疗卫生机构规范化培训基地和临床技能模拟培训中心，完善专业基地工作要求，促进专业医师综合能力的提升。建立高级职称卫生专业技术人员培训制度，副高级职称卫生专业技术人员在晋升正高级职称前须选择本专业国内知名医疗卫生机构进行短期培训和学习，以更新知识和技术，并吸收新的诊疗技术。通过“请进来”和“送出去”相结合的培训方式，经常对医务人员进行“基础理论、基本知识、基本技能”的训练与考核，把“严格要求、严密组织、严谨态度”落实到各项实际工作中。

充分发挥市场在资源配置中的决定性作用，依托医疗卫生机构区域医疗体系内具备一定条件的高等医学院校、行业学会、职业培训机构等承担医务人员培训工作。要按照医务人员培训大纲积极开展培训，提高从业人员为患者提供医疗服务的职业技能。强化职业素质培训，将职业道德、法律安全意识以及保护服务对象隐私等纳入培训全过程，注重德技兼修。对符合条件的人员按照规定落实职业培训补贴等促进就业创业扶持政策。

建立动态培训管理和评估体系，按照深圳市卫健委对医疗卫生机构不同类型培训人员的不同要求，明确培训活动的目的，完成任务分析，制定培训计划。了解医务人员对知识的认知规律，采用体验式、参与式、线上培训等理论和实践相结合方法，增强培训效果。对医务人员培训进行动态跟踪，及时掌握培训后医务人员能力水平的变化，完善培训方案。通过建立科学的培训活动体系，建立动态培训管理机制，加强培训前、培训中、培训后的一致性。良好的培训考核和后评估可以帮助医务人员在培训过程中实现对知识点的掌握，帮助医务人员了解日常医疗服务工作中常见的雷区，在一定程度上提高医务人员的工作效率。

为保证医疗卫生机构开业时即达到医疗服务质量目标，20%的医疗骨干应提前一年储备并进行培训，在医疗卫生机构开业试运营前三个月，卫生技术人员应不少于50%到岗进行培训。医疗卫生机构管理核心团队应在项目筹建期（提前三年）即参与筹建全过程工作，在医疗卫生机构开业前三个月，医疗卫生机构管理人员应不少于50%到岗进行培训。

（四）人力到岗规划

筹建阶段：从项目建议书编写到人力资源验收阶段，重点工作包括：前期论证、各项报批事务、招聘方案、按计划引进开业必要的人才、开发和调试人事信息系统软件、编制工作制度、社会化服务项目招标等。

各阶段人才引进应根据建设进度计划逐步引进，在正式运行以前，引进人才必须提前完成才能保证项目的顺利推进。在项目筹建阶段主要引进项目筹建必须的管理工作人员和工程技术人员，在设立人才岗位时应充分兼顾项目投入使用以后的岗位设置和人才需求。引进人才将根据人才层次采用国内外招聘、市内分流等形式。其中学科带头人的引进应严格按照人才标准引进，宁缺毋滥。

（1）深圳市某1000床综合医疗卫生机构建设项目（筹建阶段）人才引进计划示意如表3-3-2所示。

800床综合医院建设项目（筹建阶段）人才引进计划表 **表3-3-2**

进度和任务	职位	数量	到岗时间	引进方式	基本条件
1.项目前期论证和项目建议书阶段	部长、副部长、职员	4	前期前阶段	卫生系统内招选	—
2.项目可行性研究阶段、初步设计阶段、施工图阶段、基建安装施工阶段、试业前准备阶段	事务管理干事	5	前期前阶段	国内招聘	中国语言文学（文秘专业或汉语言文学专业文秘方向）全日制本科以上学历；图书、情报及文献学（档案管理学专业）全日制本科以上学历；法学（部门法学/民商法学专业）本科以上学历，具有A类法律职业资格证书；社会学（医学社会学或公共关系学专业）全日制本科以上学历
	劳动人事管理干事	6	前期前阶段、前期后阶段	卫生系统内招聘/国内招聘	管理学（劳动人事管理专业、劳动人事管理薪酬管理方向、人力资源开发与管理专业）本科以上学历，从事医疗卫生机构人事管理工作3年以上；临床医学全日制本科以上学历，从事医疗卫生机构人事或科教管理工作3年以上；经济学（劳动经济学专业）全日制本科以上学历
	财务管理会计、出纳、干事	10	前期前阶段、前期后阶段		管理学（财务管理专业）或经济学（成本管理学方向）本科以上学历，从事财务管理工作5年以上；经济学（会计学专业、价格学专业成本管理学方向、商业经济学专业、审计学专业、管理经济学专业）全日制本科以上学历；经济学类学科专业全日制中专以上学历，从事医疗卫生机构出纳工作5年以上
	基建安装事务管理干事、工程技术人员	9	前期前阶段、前期后阶段	国内招聘	土木建筑工程学（设计专业、土木建筑工程施工专业、市政工程专业）全日制本科以上学历，3年以上本专业工作经验；动力与电气工程学（电气工程专业）本科以上学历，3年以上本专业工作经验；电子、通信与信息技术学（通信工程/技术专业）全日制本科以上学历，3年以上本专业工作经验；管理学（工程管理/造价方向）全日制本科以上学历，5年以上本专业工作经验；安全科学技术（安全工程专业）全日制本科以上学历，3年以上本专业工作经验

续表

进度和任务	职位	数量	到岗时间	引进方式	基本条件
2.项目可行性研究阶段、初步设计阶段、施工图阶段、基建安装施工阶段、试业前准备阶段	设备管理干事、工程技术人员	4	前期前阶段、前期后阶段	卫生系统内招聘/国内招聘	临床医学全日制本科以上学历，中级以上职称，3年以上设备管理工作经验；管理学（设备管理专业）全日制本科以上学历；基础医学（生物医学工程专业医疗设备方向）全日制本科以上学历
	数字化工程管理干事、工程技术人员	5	前期前阶段、前期后阶段	国内招聘	电子、通信与自动控制学（信息处理技术专业）全日制本科以上学历，3年以上医疗卫生机构数字化建设和信息系统开发经验；计算机科学技术（计算机软件专业）全日制本科以上学历；临床医学全日制本科以上学历，5年以上本专业工作经验
	仓储物资管理干事	4	前期前阶段、前期后阶段	国内招聘	管理学（管理工程专业物流系统管理方向、企业管理专业物资管理方向）全日制本科以上学历；药学（药物管理学专业）全日制本科以上学历，2年以上药物管理工作经验
	诊疗业务科室建设和管理干事	1	前期后阶段	卫生系统内招聘	临床医学全日制本科以上学历，3年以上医务/科教管理工作经验

（2）试业前部门人员设置分配示意如表3-3-3所示。

试业前部门人员设置及人员分配示意表　　表3-3-3

部门	人数
院务管理部	9
人力资源部	5
财务部	7
医务管理部	33
后勤管理部	9
合计	63

（五）人力资源费用估算

人力资源主要包括从筹建期到开业试运营开始所需要配置的人力资源成本。如筹建期即开始工作的运营管理人员、提前培训储备的临床人员等的工资、福利、保险等人力成本费用。

编制该项费用，应根据政府法规对各个学科配置人员资质的要求，以及医疗卫生机构功能单位设置与规模数量情况，科学合理计算人力资源。同时，根据按市人力资源和社会保障局、市卫生健康委及开业医院的办院方针以及过去三年当地类似岗位收入情况和未来物价增长水平，确定各个岗位的收入水平。

新建医疗卫生机构开办费中筹建人员开支的费用包括以下几个方面。

1.劳动报酬

指医院在筹建期内直接支付给职工的工资总额。工资总额包括计时工资、计件工资、奖金、津贴和补贴、加班加点工资、特殊情况下支付的工资。

2.福利费用

指医院在工资以外实际支付给职工个人以及用于集体的福利费用的总称。包括支付给职工的夏季高温补贴费、医疗卫生费、计划生育补贴、生活困难补助、文体宣传费、集体福利设施和集体福利事业补贴费及丧葬抚恤救济费、职工因工负伤赴外地就医路费、物业管理费等。

3.人员培训费（教育经费）

指医院为职工学习先进技术和提高文化水平而支付的费用。包括岗前培训、在职提高培训、转岗培训、派外培训、职业道德等方面的培训费用和自办大中专、职业技术院校等培训场所发生的费用以及职业技能鉴定费用。

4.保险费用

指根据国家法律，由医院承担的各项社会保险费用，包括养老保险、医疗保险、失业保险、工伤保险、生育保险等费用，也包括医院缴纳的职业年金（补充养老保险）、补充医疗保险或储蓄性医疗保险。

5.劳动保护费用

指医院为实施安全技术措施、医疗卫生等发生的费用，以及用于职工劳动保护用品（如保健用品、清凉用品、工作服等）的费用。

6.住房费用

指医院为改善职工的居住条件而支付的所有费用。具体包括职工宿舍的折旧费、医院交纳的住房公积金、实际支付给职工的住房补贴（包括为职工租用房屋的租金、租房差价补贴、购房差价补贴等）和按规定为职工提供的住房困难补助及企业住房的维修费和管理费等。

7.其他人工成本

指不包括在上述各项中的其他人工成本项目。包括工会经费，医院因招聘职工而实际花费的职工招聘费、咨询费、外聘人员劳务费，对职工的特殊奖励（如创造发明奖、科技进步奖等），支付实行租赁、承租经营企业的承租人、承包人的风险补偿费等，解除劳动合同或终止劳动合同的补偿费用以及医院因使用劳务派遣人员而发生的管理费用和其他用工成本等。

第四节　某综合医院人力资源配置规划参考方案

由于篇幅所限，本节内容敬请扫码阅读。

第五节　某医院开业初期人才引进及费用建议方案

一、概述

深圳市某1000床综合医院是《深圳市××发展规划》重大项目，××年××日由市发展改革委批准计划立项并定为××年××投资重大项目。项目选址在××路，地块××，占地面积××平方米，建筑规模××平方米，其中地上建筑面积××平方米，地下建筑面积××平方米。主要功能为门诊、住院、医技、科研教学、行政办公、后勤保障等，建筑层数为××层，建筑高度××米。设计床位××张，远期考虑再扩建××张，设计停车位××个。定位为市属第一级网络核心医疗卫生机构，建成后是一所集医学临床、科研、医学教育和远程医疗功能的现代化、数字化、综合性的三级甲等医院。

医院人力资源目前暂按第一期1000张住院病床计算。医院在设计时，采取了一次规划分期建设的方式，在住院大楼、门急诊大楼、医技楼旁边都留下了预留用地，如需要，接诊能力可以再扩大一倍。

二、关于某1000床综合医院招聘职位分析

(1) 对于高端岗位例如：副院长、科室主任、医务科长、中心主任(中高层技术骨干)。

要求：本科学士以上学位，学术技术水平应处于国内外前沿，工作经验丰富，为现所在单位的学科带头人或者科室主任，年龄一般应在50周岁以下。学术技术处于国内外领先水平，能带动相关学科（专业）的发展洞察力；具有本学科扎实的理论基础，系统的专业知识和丰富的实践经验。能够及时掌握本学科国内外发展动态，解决本专业重大疑难问题，具有国内同行公认的临床和科研水平，在本专业内有较大的学术影响和较高的知名度。

(2) 对于中高层技术骨干例如：各科室学科带头人、高级职称医师、护士长。

要求：在科主任领导指导下，负责本科一定范围的医疗、教学、科研、预防工作，按时查房，具体参加诊断、治疗及特殊诊疗操作。此岗位一般要求高业务水平，理论与临床技能还具备一定的管理能力。

（3）中低层技术骨干例如：主治医师、执业医师、高学历储备人才、护师。

要求：硕士以上学历，有职称本科以上优秀医师，此职位要求能很好地配合主任工作。

（4）大众职位：助理医师、优秀应届生、护士。

要求：能够在专业医师的指导下运用理论与临床实践相结合开展基本工作。

（5）办公室人员、工程技术人员、网络人员。

要求：有一定的行业工作经验。

三、招聘方式选择及费用分析（表3-5-1）

招聘方式选择及费用分析　　表3-5-1

职位	招聘方式建议	人员数量配备（人）	招聘预算（万元）
副院长 科室主任 医务科长	政府引进 系统内借、调 猎头招聘 定向挖掘 其他	副院长2～3 临床+医技（30～35）+（8～12） 总数：40～50	（40-50）×10=400-500
学科带头人 高级职称医师 护士长	猎头招聘 专业论坛 健康报 政府宣传 医疗交流会	学科带头人+高级职称医师+护士长 临床：1+3+1 医技：1+2+1 总数：180～210	（180-210）×6=1080-1260
主治医师 高学历储备人才 护师	专业性网络招聘 全国巡回专场 医生介绍 高端院校 报纸招聘	总数：450～500	网络130 专场30×2 院校8 健康报50
执业医师 助理医师 毕业生 护士	学校专场 网络招聘 人才市场	总数：550～610	人才市场4
网络人员 办公室人助理人员	网络招聘	总数：120左右	
			总费用：1732～2012万元

第四章

开办采购工作

第一节　政府采购业务流程

预算资金的批复是开展政府采购活动的前提条件，否则无法启动相关采购程序。鉴于现行政府采购法律、法规及政策文件已对各流程提出了明确的工作要求或制定了详细的操作手册，本部分内容出于直观及实用原则考虑，仅从总体流程及实操过程中需关注的问题两个方面加以说明。

利用政府资金进行采购业务时务必要提高政治站位，加强部门联动；完善工作机制，明确责任分工；及时落实重点工作和总结；要提高政府采购文件编制质量，增强政府采购参加人依法采购意识，维护政府采购公平竞争，促进全国统一大市场建设，根据《中华人民共和国政府采购法》《中华人民共和国政府采购法实施条例》《深圳经济特区政府采购条例》《深圳经济特区政府采购条例实施细则》等规定，在《广东省财政厅关于印发〈政府采购常见问题清单〉的通知》（粤财采购〔2023〕9号）基础上，结合深圳市政府采购实践，建议相关单位务必要重视避免如下政府采购易发问题：①内控管理制度不完善。②在资格条件设置环节：未按规定编制，执行政府采购预算和擅自提高采购标准，未按规定公开采购意向，未依照规定的采购方式和组织形式实施采购，未经审核（备案）开展框架协议采购活动，未依法签订委托代理协议、未按规定开展采购需求调查，未按规定确定采购需求具有特定指向性，未按规定载明核心产品，要求供应商提供样品（限采购文件要求提供的事项），未按规定开展对采购需求审查工作，未执行政府采购政策，未按规定进行随意分包，非法限定供应商所有制形式、组织形式、所在地，将供应商规模条件、股权结构等设置为资格条件，设置与项目等级不相适应的资质要求，设定与采购项目的具体特点和实际需要不相适应或与合同履行无关的资格条件，将供应商的业绩经验、经营网点、现场踏勘等条件作为合格供应商资质条款，限定特定行政区域或者特定行业的奖项，以不合理条件限制或者排斥潜在供应商，在政府采购活动中未查询和使用信用记录，在资格条件设置不符合国家强制性标准，采购人或者代理机构对已发出的招标文件、投标邀请书进行必要的澄清或者修改时，改变了采购标的和资格条件，设置与采购实际需求不相适应或与合同履行无关的条件，对不允许偏离的实质性要求和条件，在采购文件中未规定或未以醒目方式标明。未依法设定评审因素，未依法设定价格分值，没有明确的定价机制。③在招标投标环节：设置障碍限制排除供应商参与投标，未按规定收取、退还保证金，未依法发布采购项目信息，擅自终止招标活动。④在开标评标环节：未按规定组织开标，未按规定录音录像，未按规定组织评审，违规组织重新评审或非法改变评审结果，违规泄漏信息。⑤在合同管理环节：未按规定签订框架协议、合同，框架协议内容或合同内容不完整、不规范，未及时备案框架协议和政府采购合同，未对合同的全过程进行管理，擅自延长合同履行期限，未按规定公告政府采购合同。⑥在资金支付、履约验收环节：未依法履行合同，未依法组织验收，未及时支付资金。⑦其他常见问题：采购项目实施不规范，未依法进行质疑、投诉答复，擅自进行采购活动，索贿受贿、恶意串通谋取中标，未执行回避规定，未妥善保存采购文件，不配合监督检查，违反专家入库管理规定，违反专家回避规定，其他评审前、评审中、评审后违规行为或存在关联关系，违反禁止性规定参与政府采购项目竞争，违反公平竞争行为，隐瞒真实情况、提供虚假资料，恶意串通，未按规定签订合同，未依法依规履行合同等。

一、流程概述

政府采购活动具体实施时需根据项目类型特点、预算金额、项目性质等判断是否需要执行某个环节。总体来说，政府采购业务流程涉及以下内容：

（一）前期阶段

指项目拟开展采购的前期准备阶段，虚拟指标申请、采购意向公开、采购计划申报、采购需求制定（含市场调查）、采购项目申报、项目委托均属于该阶段范畴。

（二）采购阶段

指项目进入采购程序，已委托集中采购机构或社会代理机构开展采购活动。采购阶段涉及的流程环节在各阶段中是最多的，也是影响到项目实施的重要环节，其涵盖范围自采购文件编制至中标或成交通知书发出时，也包括了质疑、投诉的处理环节。

（三）合同谈判阶段

指招标采购工作已经完成，拟针对项目实际情况落实合同相关问题，包括合同签订、合同公告、合同备案。

（四）项目实施阶段

指项目正式开始围绕采购标的开展实际实施部署工作，货物类项目开始供货，服务类项目开始提供服务，工程类项目开始施工。实际工作中主要指履约验收、合同变更。

（五）合同续期

长期货物政府采购合同履行期限最长不得超过二十四个月，长期服务政府采购合同履行期限最长不得超过三十六个月；特殊情况需要延长的，经主管部门批准可以适当延长，但延长期限最长不得超过六个月。对优质长期服务政府采购合同供应商实行合同续期奖励机制。合同续期的提请、期限及评定的具体办法由实施细则另行规定。对优质服务合同的供应商可以实行续期奖励机制。可续期二十四个月，续期最多不超过两次。续期的合同实质性内容不得改变。

二、流程适用的例外情形

所谓流程适用的例外情形，指的是在满足法律法规或政策要求的前提下，可以不执行某个环节，直接进入下一环节。

（一）采购意向公开

采购意向公开为财政部门监督检查过程中非常注重的一个环节，当项目满足以下条件时方可不做意向公开工作：

（1）自行采购项目。自行采购项目包括两种情形：集中采购目录外且在集中采购限额标准以下的项目，即集中采购目录外的100万元（现行标准）以下的项目，以及集中采购目录及限额标准中规定的不论金额大小均可自行采购的项目类型（结合深圳实际，按当地财政局发文规定执行）。

（2）通过电商采购、定点采购、网上竞价等方式实施的小额零星采购项目。

（3）由集中采购机构统一组织的批量集中采购项目。

（4）涉密采购项目。

（5）因预算单位不可预见的原因急需开展的采购项目。

（6）当年拟延续合同无需采购的长期服务类或者长期货物类项目。

（二）采购文件征求意见及专家论证

采购文件征求意见并组织专家论证环节，仅对采购预算金额在1000万元以上的项目强制适用，预算金额在1000万元以下的项目不作强制要求。

（三）合同备案及公告

合同备案及公告主要针对集中采购限额标准以上的项目，对于自行采购项目，现行规定未作强制要求。

（四）其他环节

流程概述中列明的采购方式审批、合同续期、质疑投诉处理以及合同变更等环节需结合项目实际需求及开展情况确定，属于非必然发生的环节。

三、时限问题

（一）采购完成时限

《深圳经济特区政府采购条例》第二十七条明确规定了公开招标的政府采购项目，招标机构应当自采购文件确认之日起二十五日内，向中标供应商发出中标通知书；非公开招标的政府采购项目，招标机构应当自采购文件确认之日起二十日内，向成交供应商发出成交通知书。特殊情况需要延长的，经招标机构主要负责人批准，可以延长十日。重新公开招标或者变更采购方式采购的，采购期间重新计算。

该时限是为了提高采购效率而对公开招标和非公开招标的政府采购项目完成周期提出的时限要求，也是在采购过程中容易被忽略的一个时间节点，项目实操中需予以关注。

（二）开标时间

根据《政府采购货物和服务招标投标管理办法》（财政部令第87号）第三十九条规定，开标应当在招标文件确定的提交投标文件截止时间的同一时间进行。因此，开标时间与投标截止时间应为同一时间。

（1）普通项目。《深圳经济特区政府采购条例》第二十八条规定，招标机构应当在投标截止日十日前公布招标公告和招标文件，即从发布公告到开标不少于10天。

（2）1000万元以上的项目。《深圳经济特区政府采购条例实施细则》第三十三条规定，预算金额在一千万元以上的采购项目，应当在投标截止前十五日公布招标公告和招标文件，即从发布公告到开标不少于15天。

需要注意的是，根据《中华人民共和国民法典》（以下简称《民法典》，删除原因是诉讼法类型有三种如果写就要明确是哪种且应写清楚法律法规的名称）等其他程序法规定，公告的起始计算时间一般从公告发布后的第2天开始计算，公告发布当天不计算在时限周期内，例如，《民法典》第二百零一条规定“按照年、月、日计算期间的，开始的当日不计入，自下一日开始计算。”因此，规范的开标时间或投标截止时间应当是公告发布后的第11天或第16天。该11天或16天即为常说的等标期。

（三）招标公告期限

根据《政府采购货物和服务招标投标管理办法》（财政部令第87号）第十六条规定，招标公告的公告期限为5个工作日。该期限含在10天或15天的等标期之中，其设定在实践中最重要的作用在于确定针对采购文件或公告的质疑的起算时间，同时也避免类似于公告发布后即撤回这种信息公开不充分的情形出现。

（四）公开征求意见期限

该期限主要针对采购预算金额在1000万元以上，或者对采购需求有重大争议的项目在编制采购文件时征求意见以及组织专家论证所用时间，根据《深圳经济特区政府采购条例》规定，组织论证和征求意见的时间不计入编制采购文件的时间，但不得超过十五日，因情况特殊需要延长的，经主管部门批准，可延长。

（五）确定中标供应商的期限

《深圳经济特区政府采购条例实施细则》第四十二条：招标机构应当自评审结束之日起两个工作日内将评审报告送交采购人，采购人应当自收到评审报告之日起三个工作日内确定中标供应商。采购人逾期不确定的，招标机构应当报主管部门处理。处理时间不计入采购期间。

（六）质疑期限

质疑期限包括质疑提出期限与质疑答复期限，其中供应商提出质疑的期限为知道或应当知道其权益受到损害之日起7个工作日内，因此，即使项目3天的中标结果公示期满并发出了中标通知书，也不意味着项目没有质疑风险，供应商仍可针对中标结果提出质疑。而质疑的答复期限同样为7个工作日，起算时间为收到质疑函之日。

在质疑方面，需特别留意的是供应商往往会针对项目提出较多的询问，在实践中需要与质疑加以区分，如形式不同、答复期限不同。

（七）投诉期限

质疑供应商提起投诉的期限为质疑答复期满后15个工作日内，即使采购人或代理机构在答复期限内答复了质疑，供应商投诉权利的起算时间仍为答复期满的次日。

（八）合同续期提出申请期限

优质服务合同如果要进行续期的，须在原合同到期日前六个月内向主管部门提出申请，由主管部门作出是否同意续期的决定。

（九）其他期限说明

法律法规中关于流程期限的规定远不止上述罗列的期限，如澄清、修改期限等，因相对更为清晰明了，故未作单独说明，项目实施时按规定执行即可。

四、采购方式的选择

深圳市政府采购规定的采购方式主要有公开招标、竞争性谈判、单一来源、竞价、跟标等方式，但结合深圳市现行集中采购目录及限额标准规定，采购人常用的采购方式为公开招标、竞争性谈判、单一来源三种，具体细分为以下两种情形：

（一）集中采购限额标准（100万元）以上、公开招标数额标准（400万元）以下的项目

该类项目由采购人根据《深圳经济特区政府采购条例》及其实施细则的有关规定，依法自主选择公开招标、竞争性谈判或者单一来源采购（不包括竞价、跟标等其他采购方式），涉密项目除外；选择采用非公开招标方式（指竞争性谈判或单一来源）采购的，由采购人严格对照法律法规的规定，按照本单位内控制度的有关程序决定，并做好决策记录留档备查。

需提醒注意的是，该类项目适用何种采购方式的前提是依法选择，而不是随意选择，只有当项目满足竞争性谈判或单一来源适用条件时，才可选择竞争性谈判或单一来源进行采购，否则应选择公开招标。

（二）公开招标数额标准（400万元）以上的项目

该类项目采购人必须采用公开招标方式采购，只有符合非公开招标方式的法定情形时才可以采用非公开招标方式采购，且应当报请同级财政部门批准。

根据《深圳经济特区政府采购条例》及其实施细则有关规定，非公开招标方式适用情形如下：

1.竞争性谈判

（1）经政府确定的应急项目或者抢险救灾项目，只能向特定范围内有限供应商采购的；

（2）经保密机关认定的涉密项目，只能向特定范围内有限供应商采购的；

（3）其他具有复杂性、专门性、特殊性的项目，只能向特定范围内有限供应商采购的；

（4）公开招标失败，申请转变采购方式的。

在满足以上条件时才可以选择竞争性谈判，同时，条例也规定了采用竞争性谈判的禁止性情形，即以下情况不得采用竞争性谈判方式：

①市场货源充足，竞争充分的；

②公开招标的采购项目，因采购人过错造成延误的；

③适用竞争性谈判采购方式的采购项目，经公示有异议且异议成立的；

④法律、法规规定的其他情形。

2.单一来源

（1）经政府确定的应急项目或者抢险救灾项目，且只有唯一供应商的；

（2）经保密机关认定的涉密项目，且只有唯一供应商的；

（3）为保证与原有政府采购项目的一致性或者服务配套的要求，需要向原供应商添购的；

（4）其他具有复杂性、专门性、特殊性的项目，且只有唯一供应商的；

（5）公开招标失败，仅有一家供应商能对采购文件作出实质性响应。

只有在满足以上条件时才可以选择单一来源，同时，条例也规定了采用单一来源的禁止性情形，即以下情况不得采用单一来源方式：

①市场货源充足，竞争充分的；

②公开招标的采购项目，因采购人过错造成延误的；

③适用单一来源采购方式的采购项目，经公示有异议且异议成立的。

（三）评定标方法的确定

1.评标方法

《深圳经济特区政府采购条例》及其实施细则规定的评标方法有以下几种：

（1）综合评分法。在最大限度地满足招标文件实质性要求的前提下，按照招标文件中规定的各项因素进行综合评审，评标总得分排名前列的投标人，作为推荐的候选中标供应商。

（2）定性评审法。按照招标文件规定的各项因素进行技术商务定性评审，对各投标文件是否满足招标文件实质性要求提出意见，指出投标文件的优点、缺陷、问题以及签订合同前应注意和澄清的事项，并形成评审报告。所有递交的投标文件不被判定为废标或者无效标的投标人，均推荐为候选中标供应商。

该评标方法更多针对的是评定分离的采购项目，但按照深圳市目前评定分离有关管理规定，采用评定分离的项目应当采用的是综合评分法，因此定性评审法较为少用。

（3）最低价法。完全满足招标文件的实质性要求，按照报价由低到高的顺序，依据招标文件中规定的数量或者比例推荐候选中标供应商。

（4）法律、法规规定的其他评审方法。

2.定标方法

定标方法实际上等同于确定中标人的原则或方法，按照《深圳经济特区政府采购条例》及其实施细则规定的执行。

五、政府采购政策

政府采购法律法规规定的政府采购活动中应执行的采购政策主要有节能产品采购、环境标识产品采购、扶持不发达地区和少数民族地区、促进中小企业发展等，因节能、环保等政策在实践操作中比较简单，以下重点说明中小企业政策，尤其是预留采购份额项目如何采购是实操中的难点和重点。

政府采购促进中小企业发展政策的实现方式

1.评审价格扣除

该种方式针对的是未预留份额专门面向中小企业采购的采购项目，以及预留份额项目中的非预留部分采购包，简单点说，就是适用于未专门面向中小企业采购的项目，小微企业价格扣除比例一般为20%[深财购〔2021〕31号，《深圳市财政局关于进一步优化政府采购营商环境的通知》中“六、进一步加强政府采购执行管理21.切实发挥政策功能，……对于符合《管理办法》规定的小型、微型企业或者大中小企业联合体（小微企业的合同份额须达到《管理办法》规定的下限）的报价，按照相关规定的顶格标准扣除，用扣除后的价格参加评审。”在实际操作中，货物服务类项目的扣除比例均按照20%]。可不专门面向中小企业预留采购份额的情形如下：

（1）法律法规和国家有关政策明确规定优先或者应当面向事业单位、社会组织等非企业主体采购的；

（2）因确需使用不可替代的专利、专有技术，基础设施限制，或者提供特定公共服务等原因，只能从中小企业之外的供应商处采购的；

（3）按照《深圳市政府自行采购管理办法》规定预留采购份额无法确保充分供应、充分竞争，或者存在可能影响政府采购目标实现的情形；

（4）框架协议采购项目；

（5）省级以上人民政府财政部门规定的其他情形。

实践中，有较多项目未专门面向中小企业采购，在采购计划及项目申报环节面临选择不适宜由中小企业提供的原因，上述情形（3）是选择频率较高的原因。

2.预留份额

预留份额通过下列措施进行：

（1）将采购项目整体或者设置采购包专门面向中小企业采购；

（2）要求供应商以联合体形式参加采购活动，且联合体中中小企业承担的部分达到一定比例；

（3）要求获得采购合同的供应商将采购项目中的一定比例分包给一家或者多家中小企业。

组成联合体或者接受分包合同的中小企业与联合体内其他企业、分包企业之间不得存在直接控股、管理关系。

六、中小企业预留份额采购

根据《深圳市财政局关于贯彻落实进一步加大政府采购支持中小企业力度有关事宜的通知》（深财购〔2022〕15号，以下简称“深财购〔2022〕15号文件”）要求，集中采购限额标准以上，200万元（含）以下的货物和服务采购项目、400万元（含）以下的工程采购项目，适宜由中小企业提供的，应当专门面向中小企业采购。超过200万元的货物和服务采购项目、超过400万元的工程采购项目中适宜由中小企业提供的，预留该部分采购项目预算总额的40%以上专门面向中小企业采购，其中预留给小微企业的比例不低于70%。

现就上述要求结合其他中小企业相关政策规定，对集中采购限额标准（100万元）以上的政府采购项目，在执行中小企业预留份额政策时应如何操作予以说明。

（一）政策适用前提

根据《政府采购促进中小企业发展管理办法》（财库〔2020〕46号，以下简称“财库〔2020〕46号文件”）及深财购〔2022〕15号文件规定，只有达到集中采购限额标准的项目适宜由中小企业提供的，才需要预留采购份额面向中小企业采购，因此并非所有项目都要专门面向中小企业采购或预留40%以上份额面向中小企业采购，政策适用的前提必须是“适宜由中小企业提供”。这一前提条件的确定，可以对照财库〔2020〕46号文件第六条第二款规定的情形进行判断：

（1）法律法规和国家有关政策明确规定优先或者应当面向事业单位、社会组织等非企业主体采购的；

（2）因确需使用不可替代的专利、专有技术、基础设施限制，或者提供特定公共服务等原因，只能从中小企业之外的供应商处采购的；

（3）按照《深圳市政府自行采购管理办法》规定预留采购份额无法确保充分供应、充分竞争，或者存在可能影响政府采购目标实现的情形；

（4）框架协议采购项目；

（5）省级以上人民政府财政部门规定的其他情形。

因财政部、财政厅暂未明确“其他情形”包括哪些，实际操作中只要项目不满足上述前四种情形（下文简称“例外情形”），则均应定义为“适宜由中小企业提供”，按预留采购份额的相关规定执行。

（二）预留比例及基数的确定

1.预留比例

按政策规定，预留份额的比例根据项目预算金额的不同，分为两个部分，实际相当于“100%”和“40%”两种情形：

（1）100%。预算金额在100万元以上，200万元（含）以下的货物和服务采购项目、400万元（含）以下的工程采购项目，只要不属于例外情形，就必须专门面向中小企业采购，因此，该类型项目预留份额相当于100%。

（2）40%。预算金额超过200万元的货物和服务采购项目、超过400万元的工程采购项目，只要不属于例外情形，预留该部分采购项目预算总额的40%以上专门面向中小企业采购，其中预留给小微企业的比例不低于70%，简单点表述，即该类项目预算总额的40%以上面向中小企业采购，其中预算总额的28%（40%×70%=28%）以上应预留给小微企业。

2.预留份额的计算基数

需要注意的是，政策规定的是按该部分项目预算总额的40%以上进行预留，而不是强制每个项目均预留40%以上份额专门面向中小企业采购。为便于理解，举例说明如下：

某单位超过200万元的货物服务项目共有10个，每个项目预算金额均为300万元，合计金额（预算总额）为3000万元，假设该10个项目均适宜由中小企业提供，则该单位要预留的专门面向中小企业采购的份额，应以预算总额3000万元为基数计算：

预留份额=3000万元×40%=1200万元

其中，面向小微企业的份额=3000万元×40%×70%=840万元，或面向小微企业的份额=3000万元×28%=840万元

如果按照每个项目均预留40%以上份额来进行计算：

单个项目预留份额=300万元×40%=120万元，面向小微企业的份额=300万元×28%=84万元

10个项目的合计金额=120万元×10=1200万元

按上述计算结果，只要该单位的3000万元预算中有1200万元专门面向了中小企业采购，其中840万元预留给小微企业即可，不需要每个项目都预留120万元以上专门面向中小企业采购。也就是说，虽然每个项目都预留120万元以上专门面向中小企业采购

也符合政策要求，但是如果采购人选择了其中4个项目（4×300万元=1200万元）专门面向中小企业采购，因预算总份额已经达到了政策规定的40%以上标准，则其余6个项目可以不再预留份额面向中小企业采购，该6个项目按中小企业价格评审优惠政策执行即可。

（三）预留份额方案的确定

按财库〔2020〕46号文件第六条规定，预留份额方案应在编报政府采购预算时单独列示，就目前深圳市财政局规定来讲，智慧财政预算管理一体化系统中，政府采购预算申报环节和政府采购计划编报环节也增加了相应要求，要求采购人在系统中填报政府采购项目面向中小企业的预留份额比例。因此，确定预留份额方案的最晚时间为采购计划编报环节。

（四）预留份额项目的实施

按照财库〔2020〕46号文件第八条规定，预留份额项目在组织招标采购活动时，可以通过将采购项目整体预留、设置采购包、要求供应商组成联合体、合同分包等四种方式执行政策要求。以下按照货物、服务、工程类别进行具体说明。

1.货物类

（1）中小企业满足的供货条件

在货物类采购项目中，享受政府采购优惠政策的中小企业需满足条件：货物由享受政府采购优惠政策的中小企业制造，且要使用该中小企业商号或者注册商标。另外，在货物类采购项目中，即便投标供应商为大型企业，只要其投标时提供的是享受政府采购优惠政策中小企业产品，仍然满足政策要求。但是，供应商提供的货物既有中小企业制造货物，也有大型企业制造货物的，不享受中小企业扶持政策，即在货物类采购项目中，大型企业可以参与，但不允许出现大型企业制造的产品，所有产品必须由中小企业制造。

（2）政策执行方式可以分为以下几种：

①项目整体预留给中小企业：因为政策规定的40%的标准只是下限，没有规定上限，因此，货物类项目中，不管预算金额有没有超过200万元，都可以通过整体预留的方式来执行政策要求。具体到招标环节，须重点把握以下两点：

首先，招标文件中明确项目所有产品均须为中小企业产品，不得提供大型企业生产或制造的产品，并明确每个产品对应的中小企业行业划分标准。

其次，供应商资格要求中，应增加“本项目属于专门面向中小企业采购的项目，所投产品须由中小企业生产且使用该中小企业商号或者注册商标，投标文件中必须按要求填写《中小企业声明函》（注：大型企业提供的产品均满足本项目产品要求的，可以参与投标）”。

②单独设置采购包：假设项目的预算总额有800万元，可以将其中适宜中小企业提供的产品，按照不低于40%的标准，即将320万元以上的产品单独打包，专门面向中小企业采购，且其中224万元（320万元×70%）专门面向小微企业采购，剩余480万元另行打包招标。具体到招标环节，须重点把握以下三点：

首先，招标文件中明确本包所有产品均须为中小企业产品，不得提供大型企业生产或制造的产品，并明确每个产品对应的中小企业行业划分标准。

其次，招标文件中列明哪些产品应由小微企业提供，且该部分产品的金额不得低于本包预算金额的70%。

最后，供应商资格要求中，应增加“本包专门面向中小企业采购，所投产品须由中小企业生产且使用该中小企业商号或者注册商标，投标文件中必须按要求填写《中小企业声明函》（注：大型企业提供的产品均满足本包产品要求的，可以参与投标）”。

③要求供应商组成联合体参与投标：以联合体形式参加政府采购活动，联合体各方均为中小企业的，联合体视同中小企业。其中，联合体各方均为小微企业的，联合体视同小微企业。本方式从资格要求以及合同金额两个方面来体现政策要求，具体到招标采购环节，主要为以下两点：

其一，供应商资格要求中，应增加“本项目属于预留采购份额面向中小企业采购项目，供应商须与中小企业组成联合体参与本项目投标，且小微企业产品对应的合同金额不得低于合同总金额的28%。投标文件中必须按招标文件要求提供《联合体投标协议》，并按要求填写《中小企业声明函》（注：供应商提供的产品均由中小企业生产且使用该中小企业商号或者注册商标，可以不与其他中小企业组建联合体参与投标；若供应商提供的货物既有中小企业制造货物，也有大型企业制造货物的，则不满足本资格要求）”。

其二，招标文件中《联合体投标协议》应制定好格式，要求投标人填报及汇总中小企业产品金额、小微企业产品金额以及所占比例。

④要求分包：通过要求供应商将合同内容分包给一家或多家中小企业来承担的形式，以落实预留份额政策，执行时参照供应商组成联合体参与投标的要求。

综上，在货物类采购项目中，要求供应商分包或采用联合体方式参与投标这两种方式，因供应商均使用中小企业产品投标也满足资格条件，无需另行组建联合体或分包，且在货物类项目中，所有货物必须均由中小企业制造才能满足资格条件，除非无法实现单独设置采购包或整体预留，否则在同等条件下，这两种方式比较繁琐，也会增加供应商投标成本、合同履约管理成本，不建议使用这两种方式。

2.服务类

（1）中小企业提供服务需满足要求

在服务类采购项目中，享受政府采购优惠政策的中小企业需满足：承接服务的中小企业要符合规定，从业人员要依照《中华人民共和国劳动合同法》订立劳动合同。

（2）政策执行方式包括以下几种方式：

①项目整体预留给中小企业；

②单独设置采购包。

以上两种方式与货物类项目实际操作方式相同，不再展开描述。

③要求供应商组成联合体参与投标，本方式从资格要求以及合同金额两个方面来体现政策要求，具体到招标采购环节，主要为以下两点：

第一，供应商资格要求中，应增加“本项目属于预留采购份额面向中小企业采购项目，供应商须与中小企业组成联合体方满足本项目资格要求，且中小企业承接的内容合同金额占比不得低于合同总金额的40%，其中小微企业承接的内容合同金额占比不得低于合同总金额的28%。投标文件中必须按招标文件要求提供《联合体投标协议》，并按要求填写《中小企业声明函》（注：如供应商提供的服务均由中小企业承接的，可以不与其他中小企业组建联合体参与投标）”。

第二，招标文件中《联合体投标协议》应制定好格式，要求投标人填报及汇总中小企业承接内容合同金额、小微企业承接内容合同金额以及所占比例。

④要求分包：通过要求供应商将合同内容分包给一家或多家中小企业来承担的形式，以落实预留份额政策，执行时应掌握以下两点：

第一供应商资格要求中，应增加“本项目属于预留采购份额面向中小企业采购项目，供应商须将合同金额40%以上的内容分包给一家或多家中小企业承担，且承接的内容合同金额占比不得低于合同总金额的28%。投标文件中必须按招标文件要求提供《分包协议》，并按要求填写《中小企业声明函》（注：如供应商提供的服务均由中小企业承接的，可以不向其他中小企业分包）”。

第二招标文件中《分包协议》应制定好格式，要求投标人填报及汇总中小企业承接内容合同金额、小微企业承接内容合同金额以及所占比例。

七、合同变更

根据《中华人民共和国政府采购法》及《深圳经济特区政府采购条例》等相关要求，政府采购合同双方当事人不得擅自变更、中止或终止政府采购合同。因情况特殊，确需变更的，需遵循以下原则：

（1）合同变更不能改变合同订立目的；

（2）合同变更的原因应归属于双方在合同订立时无法预见的客观因素；

（3）合同变更不能规避政府采购的强制性规定；

（4）合同变更应协商一致，严格限制单方变更；

（5）合同变更应采取书面形式对相应条款予以修订。

按照《深圳市财政局 深圳市政府采购中心关于进一步加强市本级政府采购合同备案管理工作的通知》(深财购〔2019〕43号）要求，可以进行合同变更的情形有以下五点：

(1）因产品停产，需要变更同品牌升级产品的。针对货物类项目存在供货时产品停产的特殊情况，在双方同意情况下，中标供应商可提供不低于原中标产品（已停产）技术参数的同品牌替代产品。

(2）因实际需求发生变化，需要核减采购标的内容的。在双方同意情况下，可以根据实际情况核减合同采购标的内容，但合同金额应依据合同约定的计价标准进行相应核减。

(3）因实际需求发生变化，需要在一定范围内调整采购标的尺寸、规格、数量、付款方式等。针对家具、纺织品、装修类项目存在因招标前测量存在误差等原因导致实际需求发生变化的特殊情况，采购人在制定上述项目采购文件时，应设置“可变更项”和“不可变更项”，且在招标文件中集中列示或明确标记，明确告知投标供应商哪些内容可能发生变化，变化幅度在什么范围，哪些内容是实质性要求，不允许调整。对于未在采购文件中明确的，不属于此款情形。

上述前三款情形的合同变更，实行备案前公示制度，公示时间为五个工作日，公示无异议后由集中采购机构办理合同变更备案手续。若公示期间出现异议，由采购人负责解释，并将异议处理结果予以公示，涉及公示内容修改的，需要重新公示五个工作日，公示无异议方可办理合同备案。

(4）因办理政府采购订单融资业务，需要变更付款账号的。

(5）采购人认为合同继续履行将损害国家利益和社会公共利益，需进行变更合同的，该种情形由采购人依法处理。

八、法律适用效力

政府采购相关的法律法规或政策性文件内容庞大，有关规定呈细化趋势，这就必然会涉及法律法规或政策文件的适用效力问题。

根据《中华人民共和国立法法》第八十一条：自治条例和单行条例依法对法律、行政法规、地方性法规作变通规定的，在本自治地方适用自治条例和单行条例的规定。经济特区法规根据授权对法律、行政法规、地方性法规作变通规定的，在本经济特区适用经济特区法规的规定。因深圳属于经济特区，具有授权，因此，当《深圳经济特区政府采购条例》及其实施细则与《中华人民共和国政府采购法》及其实施条例以及财政部的部门规章的相关规定不一致时，应优先适用深圳规定。

综上，政府采购活动中实际碰到的问题或涉及的具体事项肯定远超出上述范围，以上内容仅为结合招标采购实际情况而对发生频率较高的问题作出的指引性说明，细化到具体项目的招标采购环节时，应具体问题具体分析。

第二节　开办采购招标项目需求的制定

采购需求的编制过程当中应当保持理性，应以产品和服务本身为导向，以市场摸底为基础，以采购结果匹配采购需求为目标，科学合理设定。

一、采购需求的内容

（一）《政府采购货物和服务招标投标管理办法》第十一条规定，采购需求应当完整、明确，包括以下内容：

（1）采购标的需实现的功能或者目标，以及为落实政府采购政策需满足的要求；

（2）采购标的需执行的国家相关标准、行业标准、地方标准或者其他标准、规范；

（3）采购标的需满足的质量、安全、技术规格、物理特性等要求；

（4）采购标的的数量、采购项目交付或者实施的时间和地点；

（5）采购标的需满足的服务标准、期限、效率等要求；

（6）采购标的的验收标准；

（7）采购标的的其他技术、服务等要求。

（二）《深圳经济特区政府采购条例实施细则》第二十六条规定，采购人根据经核准的政府采购计划和实际工作需要编制采购需求。采购需求包括下列内容：

（1）拟设定的供应商资格条件；

（2）预算金额或者预算金额之下的最高限额；

（3）项目的技术标准、技术规格、服务内容和采购数量以及采购人认为必要的其他内容；

（4）合同内容的主要条款；

（5）拟设定的评审方法、评审因素、评审标准和定标方法等。

（三）《深圳市本级采购人政府采购工作责任制管理办法》第十五条规定：

采购人应当根据本单位法定职责、单位运行和提供公共服务等实际需要，以及预算安排、经费或资产配置标准等情况，制定符合法律法规和政府采购政策规定的采购需求，依法、合理选择采购方式，实施采购计划，不得以不合理的条件对供应商实行差别待遇或歧视待遇。对于涉及民生、社会影响较大的项目，采购人在制定采购需求时，还应当进行法律、技术咨询或公开征求意见。采购需求应当完整、明确，具体见一、相关内容。

二、采购需求编制原则

（一）合法性原则

国家设置了行政许可或强制性执行标准的。例如，3C、节能产品、环境标志产品。

（二）公平性原则

至少有3家能够满足实质性要求和条件。

（三）相关性原则

所写技术参数须与项目相关，具有针对性，能够清晰地描述拟采购的产品要求，满足适度竞争需要即可。

（四）全面性原则

符合《政府采购货物和服务招标投标管理办法》（财政部令第87号）第十一条规定，其中功能用途容易被忽略。

（五）严肃性原则

条款描述应简明，不应有夸张性描述或类似广告用语。

三、采购需求编制的方法

（一）法律法规中关于需求编制的原则性规定

（1）《中华人民共和国政府采购法实施条例》第十五条规定：采购需求应当符合法律法规以及政府采购政策规定的技术、服务、安全等要求。政府向社会公众提供的公共服务项目，应当就确定采购需求征求社会公众的意见。除因技术复杂或者性质特殊，不能确定详细规格或者具体要求外，采购需求应当完整、明确。必要时，应当就确定采购需求征求相关供应商、专家的意见。

（2）《政府采购货物和服务招标投标管理办法》（财政部令第87号）第十条规定：采购人应当对采购标的的市场技术或者服务水平、供应、价格等情况进行市场调查，根据调查情况、资产配置标准等科学、合理地确定采购需求，进行价格测算。

（3）《深圳经济特区政府采购条例实施细则》第七十一条规定：政府集中采购机构应当建立政府采购数据信息库，将有关政府采购项目的品牌、型号、规格、价格、数量和供应商履约评价等信息纳入信息库，并按照政府信息公开相关规定予以公开。设定政府采购项目供应商的资质条件、制定采购需求、采购价格评比、采购评审加分等，可参考政府采购数据库的信息。

（二）实践操作中常用的方法

1.市场调查法

（1）网上查阅。

（2）定向询问了解，例如，电话询价、实地考察。

（3）公开征集供应商意见。

2.专家咨询法

通过向采购人内部专家或外部专家询问了解获取信息。

3.经验法

参照单位自身采购的同类项目、向其他单位询问了解同类项目或参照政府采购数据库中的信息。

4.综合法

综合运用上述方法，比较适合于技术相对复杂或疑难项目。

5.外包法

可外包给专业的咨询服务机构完成采购需求的制定工作。

四、技术需求的编制

（一）技术需求编制中应当注意的事项

1.标明实质性条款，但应注意控制数量

《政府采购货物和服务招标投标管理办法》（财政部令第87号）第二十条：对于不允许偏离的实质性要求和条件，采购人或者采购代理机构应当在招标文件中规定，并以醒目的方式标明。

2.注明核心产品

《政府采购货物和服务招标投标管理办法》（财政部令第87号）第三十一条第三款：非单一产品采购项目，采购人应当根据采购项目技术构成、产品价格比重等合理确定核心产品，并在招标文件中载明。多家投标人提供的核心产品品牌相同的，按前两款规定处理。

注明核心产品的作用：《政府采购货物和服务招标投标管理办法》（财政部令第87号）第三十一条第一、二款：采用最低评标价法的采购项目，提供相同品牌产品的不同投标人参加同一合同项下投标的，以其中通过资格审查、符合性审查且报价最低的参加评标；报价相同的，由采购人或者采购人委托评标委员会按照招标文件规定的方式确定一个参加评标的投标人，招标文件未规定的采取随机抽取方式确定，其他投标无效。

使用综合评分法的采购项目，提供相同品牌产品且通过资格审查、符合性审查的不同投标人参加同一合同项下投标的，按一家投标人计算，评审后得分最高的同品牌投标人获得中标人推荐资格；评审得分相同的，由采购人或者采购人委托评标委员会按照招标文件规定的方式确定一个投标人获得中标人推荐资格，招标文件未规定的采取随机抽取方式确定，其他同品牌投标人不作为中标候选人。

3.明确是否接受进口产品

《深圳市政府采购招标文件编制工作指引（2020年版）》（深财购〔2020〕24号）第二条第一点：对允许采购进口产品的项目，招标文件的“货物清单”中，应当以醒目的方式备注进口产品的定义，并注明以“财库〔2007〕119号文”和“财办库〔2008〕248号文”的相关规定为准。

4.不得与项目无关

《中华人民共和国政府采购法实施条例》第二十条第二项：设定的资格、技术、商务条件与采购项目的具体特点和实际需要不相适应或者与合同履行无关。

《深圳经济特区政府采购条例实施细则》第三十条第一项：与项目等级不相适应的资质要求，含有倾向、限制或者排斥潜在投标供应商等有违公平竞争的规格标准或者技术条款。

5.不得特定

不得限定或指定品牌，不得根据特定的一个品牌产品的技术指标编制采购需求，不得限定、指定专利、商标或供应商。

《中华人民共和国政府采购法实施条例》第二十条第三项禁止性规定：采购需求中的技术、服务等要求指向特定供应商、特定产品。

《深圳经济特区政府采购条例实施细则》第三十四条第三项禁止性规定：根据某个企业或者品牌的产品说明书或者技术指标编制采购需求参数。

6.不得要求针对某个项目特定授权

《深圳经济特区政府采购条例实施细则》第三十四条第二项规定：标明特定的供应商或者产品，指定品牌或者原产地，要求制造商对某个项目特定授权。

7.一般不得要求提供样品

《政府采购货物和服务招标投标管理办法》（财政部令第87号）第二十二条规定：采购人、采购代理机构一般不得要求投标人提供样品，仅凭书面方式不能准确描述采购需求或者需要对样品进行主观判断以确认是否满足采购需求等特殊情况除外。

要求投标人提供样品的，应当在招标文件中明确规定样品制作的标准和要求、是否需要随样品提交相关检测报告、样品的评审方法以及评审标准。需要随样品提交检测报告的，还应当规定检测机构的要求、检测内容等。

采购活动结束后，对于未中标人提供的样品，应当及时退还或者经未中标人同意后自行处理；对于中标人提供的样品，应当按照招标文件的规定进行保管、封存，并作为履约验收的参考。

8.不得要求提供赠品、回扣或与采购无关的其他商品、服务

《中华人民共和国政府采购法实施条例》第十一条第二款规定：采购人不得向供应商索要或者接受其给予的赠品、回扣或者与采购无关的其他商品、服务。

9.不得出现广告用语

10.尺寸、重量等一般不建议设置为参数要求

11.参数引用过程中不应出现超链接等情况

12.不能过低、过高、过于模糊或过死，可以用%，+、−、<、>等进行限定

（二）技术需求的基本框架

（1）数量。

（2）功能或性能。

（3）需要执行的标准、规范或政策。

（4）现场条件。

（5）质量、可靠性以及衡量的标准。

（6）质地、颜色、外观等物理特征。

（7）寿命周期。

（8）技术支持资料。

五、商务需求的编制

（一）商务需求编制中应当注意的事项

1.合同期限

《深圳市政府采购招标文件编制工作指引（2020年版）》（深财购〔2020〕24号），招标文件编制要求第七项：如是长期货物、服务采购项目，应当写明“采购人可以根据项目需要和中标供应商的履约情况确定合同期限是否延长，但最长不得超过三十六个月（货物类：二十四个月）”。

《深圳经济特区政府采购条例》第三十八条第一款：长期货物政府采购合同履行期限最长不得超过二十四个月，长期服务政府采购合同履行期限最长不得超过三十六个月；特殊情况需要延长的，经主管部门批准可以适当延长，但延长期限最长不得超过六个月。

2.报价合理性的设置

（1）不得将低于平均报价或低于预算金额的多少比例作为要求供应商作出报价合理性说明的标准。

（2）应当写明“若评审委员会成员对是否须由投标人作出报价合理性说明，以及书面说明是否采纳等判断不一致的，按照‘少数服从多数’的原则确定评审委员会的意见”。

《政府采购货物和服务招标投标管理办法》（财政部令第87号）第六十条：评标委员会认为投标人的报价明显低于其他通过符合性审查投标人的报价，有可能影响产品质量或者不能诚信履约的，应当要求其在评标现场合理的时间内提供书面说明，必要时提交相关证明材料；投标人不能证明其报价合理性的，评标委员会应当将其作为无效投标处理。

《深圳市政府采购招标文件编制工作指引（2020年版）》（深财购〔2020〕24号），招标文件编制要求第八项：投标人的报价明显低于其他通过符合性审查投标人的报价，有可能影响产品质量或者不能诚信履约，若投标人补充的书面说明或提供的证明材料仍不能证明其报价合理性，评标委员会应当作出无效投标认定，不得以扣减得分等方式保留投标人的投标资格。

若评审委员会成员对是否须由投标人作出报价合理性说明，以及书面说明是否采纳等判断不一致的，按照“少数服从多数”的原则确定评审委员会的意见。

3.不得设置评审结束后对供应商进行考察或对样品进行检测改变评审结果

《中华人民共和国政府采购法实施条例》第四十四条第二款：采购人或者采购代理机构不得通过对样品进行检测、对供应商进行考察等方式改变评审结果。

4.付款方式要求

付款方式应明确，不应有按财政相关规定付款、按合同约定付款、按审计部门规定付款等模糊描述。

5.验收标准

要有相应的验收标准，服务类项目应有考核标准。采购中心文件模板中关于验收标准的表述：

（1）投标人货物经过双方检验认可后，签署验收报告，产品保修期自验收合格之日起算，由投标人提供产品保修文件。

（2）当满足以下条件时，采购人向中标人签发货物验收报告：

①中标人已按照合同规定提供了全部产品及完整的技术资料。

②货物符合招标文件技术规格书的要求，性能满足要求。

③货物具备产品合格证。

（二）商务需求的框架

（1）交货期或服务期限。
（2）付款方式。
（3）售后服务。
（4）培训要求。
（5）验收的标准。

六、与供应商的接触

如有必要，可与供应商接触，但接触应遵循一定原则：不唯一、不承诺、不过线。

《中华人民共和国政府采购法实施条例》第十八条规定：除单一来源采购项目外，为采购项目提供整体设计、规范编制或者项目管理、监理、检测等服务的供应商，不得再参加该采购项目的其他采购活动。

财政部办公厅《关于〈中华人民共和国政府采购法实施条例〉第十八条第二款法律适用的函》（财办库〔2015〕295号）规定："其他采购活动"指为采购项目提供整体设计、规范编制和项目管理、监理、检测等服务之外的采购活动。因此，同一供应商可以同时承担项目的整体设计、规范编制和项目管理、监理、检测等服务。

第五章

项目检测验收和评估

第一节　项目验收申报材料的提交

为规范政府投资项目验收管理，有效指导项目单位、建设单位和项目验收单位加快推进项目验收工作，提高项目验收工作的科学化、规范化和标准化水平，根据《深圳经济特区政府投资项目管理条例》(市七届人大常委会公告第二十七号)、《深圳市政府投资项目验收管理暂行办法》(深府办规〔2018〕2号)有关要求，市发展改革委制定了《深圳市政府投资项目验收工作指引(试行)》。对于项目单位和建设单位按照《深圳经济特区政府投资项目管理条例》第五十一条要求提交的项目验收申请，市发展改革部门根据项目总投资以及建设规模、建设内容等具体情况，确定项目验收方式和项目验收单位，并通过印发年度政府投资项目验收计划或其他方式，通知项目验收单位组织开展项目验收工作，通知有关项目单位、建设单位按照以下要求准备项目验收材料：

根据项目类型(房屋建筑工程类、市政工程类、单纯设备购置类、信息化类等)，结合项目实际情况，按照《深圳市政府投资项目验收申报材料清单》(列表)要求，准备《深圳市政府投资项目验收申请报告》等相关材料，在市发展改革部门要求的时限内，提交项目验收单位审核，并对申报材料的真实性、完整性和准确性负责。如表5-1-1所示：

深圳市政府投资项目验收申报材料列表　　**表5-1-1**

项目验收资料			项目类型			
序号	材料名称	材料填报须知	房建类项目		信息化类项目	单纯设备购置项目
			新建、改建、扩建	既有建筑内部改造及修缮		
1	项目单位和建设单位联合申请项目验收的函	须加盖项目单位和建设单位公章	O	O	O	O

续表

<table>
<tr><th colspan="4">项目验收资料</th><th colspan="4">项目类型</th></tr>
<tr><th rowspan="2">序号</th><th rowspan="2" colspan="2">材料名称</th><th rowspan="2">材料填报须知</th><th colspan="2">房建类项目</th><th rowspan="2">信息化类项目</th><th rowspan="2">单纯设备购置项目</th></tr>
<tr><th>新建、改建、扩建</th><th>既有建筑内部改造及修缮</th></tr>
<tr><td>2</td><td colspan="2">深圳市政府投资项目验收申请报告</td><td>按照格式要求撰写报告内容，并确保项目信息的真实性、完整性和准确性</td><td>○</td><td>○</td><td>○</td><td>○</td></tr>
<tr><td>3</td><td colspan="2">项目建议书批复或有关市政府常务会议纪要、可行性研究报告批复、初步设计及概算批复、概算调整的批复或复函，历次政府投资计划下达文件</td><td>若有其他有关项目建设内容或投资调整的复函、会议纪要可补充</td><td>○</td><td>○</td><td>○</td><td>○</td></tr>
<tr><td>4</td><td colspan="2">项目竣工验收报告</td><td>建设单位组织各参建单位进行竣工验收并出具的《工程竣工验收报告》/设备安装验收报告/信息化工程竣工验收报告等</td><td>○</td><td>○</td><td>○</td><td>○</td></tr>
<tr><td>5</td><td colspan="2">项目竣工验收备案表或收文回执</td><td>住房建设、交通运输等行业主管部门出具的工程项目竣工验收备案表或收文回执</td><td>○</td><td>○</td><td>—</td><td>—</td></tr>
<tr><td rowspan="7">6</td><td rowspan="7">环保、消防、规划、安全、卫生、水土保持、节排水、节能（民用建筑）等专项验收情况报告及城建档案管理部门出具的档案移交凭据</td><td>环保验收结果文件</td><td>市、区生态环境部门出具的环境保护设施验收文件等</td><td>▽</td><td>—</td><td>—</td><td>—</td></tr>
<tr><td>消防验收结果文件</td><td>市、区住房和建设部门出具的《特殊建设工程消防验收意见书》/《建设工程消防验收备案抽查结果通知书》等</td><td>○</td><td>○</td><td>—</td><td>—</td></tr>
<tr><td>规划验收结果文件</td><td>规划和自然资源部门出具的《深圳市建设工程规划验收合格证》等</td><td>○</td><td>▽</td><td>—</td><td>—</td></tr>
<tr><td>水土保持验收结果文件</td><td>市、区水务部门出具的《水土保持设施验收备案回执》等</td><td>▽</td><td>—</td><td>—</td><td>—</td></tr>
<tr><td>排水设施验收结果文件</td><td>市、区水务部门出具的《城镇排水与污水处理设施竣工验收备案》等</td><td>▽</td><td>—</td><td>—</td><td>—</td></tr>
<tr><td>民用建筑节能专项验收结果文件</td><td>市、区住房和建设部门出具的《建筑节能专项验收意见书》等</td><td>▽</td><td>▽</td><td>—</td><td>—</td></tr>
<tr><td>雷电防护装置竣工验收结果文件</td><td>气象部门出具的《防雷装置验收意见书》等</td><td>▽</td><td>▽</td><td>—</td><td>—</td></tr>
</table>

续表

序号	项目验收资料			项目类型			
	材料名称		材料填报须知	房建类项目		信息化类项目	单纯设备购置项目
				新建、改建、扩建	既有建筑内部改造及修缮		
6	环保、消防、规划、安全、卫生、水土保持、节排水、节能（民用建筑）等专项验收情况报告及城建档案管理部门出具的档案移交凭据	特种设备安装监督检验结果文件	特种设备安全检测部门出具的相关验收报告	▽	▽	—	—
		燃气验收结果文件	建设单位组织各参建单位进行燃气验收并出具的《深圳市建设工程竣工验收报告》（燃气工程专用）等	▽	▽	—	—
		人防工程验收结果文件	建设单位组织参建各方进行人防工程验收出具的《人防工程竣工验收报告》《深圳市人防工程竣工验收备案回执》等	▽	▽	—	—
		质量安全验收结果文件	质量监督部门出具的质量监督报告	▽	▽	—	—
		通信设施验收结果文件	通信建设管理部门出具的验收备案文件	▽	—	—	—
		海绵设施验收结果文件	《深圳市建设项目海绵设施竣工验收备案表》等	▽	—	—	—
		档案移交凭据	档案管理部门出具的《深圳市城市建设档案接收凭据》等	O	▽	—	—
		联合（现场）验收结果文件	《深圳市建设工程竣工联合（现场）验收意见书》，采用联合（现场）验收的项目，可不用单独提交项目规划、消防、民用建筑节能等属于联合（现场）验收内容的专项验收文件	O	▽	—	—
		其他专项验收结果文件	提交按照国家、省和我市有关规定需要完成的其他专项验收结果	▽	▽	▽	▽
7	工程结算、竣工决算审核报告		深圳市财政投资评审中心/深圳市审计局/列入市预选中介机构库的社会中介机构等出具的项目结算、决算审核/审计/评审报告	O	O	O	O
8	经批准的全部施工合同及施工图纸/全部设备采购合同/全部系统开发及系统采购合同			O	O	O	O

续表

项目验收资料			项目类型			
序号	材料名称	材料填报须知	房建类项目		信息化类项目	单纯设备购置项目
			新建、改建、扩建	既有建筑内部改造及修缮		
9	设计单位和施工单位按国家、省和我市有关规定编制的工程竣工图及编制说明		O	O	▽	—
10	相关项目验收表格	《深圳市政府投资项目建设内容、规模、标准实施情况表》《深圳市政府投资项目投资控制情况表》《深圳市政府投资项目投资计划执行情况表》《深圳市政府投资项目工程验收、结决算执行及整改情况表》(须填报除验收评价意见以外的与项目相关的全部信息)	O	O	O	O

注1.表中“O”为必须提交资料，“▽”为视具体情况提交资料，“—”为不需提交资料。

注2.采用联合（现场）验收的项目，需提交《深圳市建设工程竣工联合（现场）验收意见书》，不用单独提交项目规划、消防、民用建筑节能、竣工验收备案等属于联合（现场）验收并联合申报事项范围内的验收文件。

注3.项目因特殊情况未进行专项验收，或未涉及部分专项验收门类的，应提交相应的解释说明材料。

注4.其他类别的项目参考上述表格相关类型提交验收材料。

注5.全部项目验收材料须同时准备纸质版（A4纸装订）和电子版（光盘）各2套，并在规定时限内提交项目验收单位审核。

第二节　开业前的评估、整改、环境和设备检测、验收

重点描述开办项目验收要点，确保验收后可顺利投入运营，可以根据2023年12月1日起施行的深圳市地方性标准《新建（改扩建）医院建筑运营业主验收评估技术指南》开展相关业务。

一、开业前业主验收评估的总体要求

（一）验收评估的定义

验收评估，是指在新建（改、扩建）医疗卫生机构已竣工验收并在正式开业运营之前，业主（或评估机构）运用规范、科学、系统的评估方法与指标，对其建设管理、项

目效益、设备设施等方面的实际效果进行评估，提出相应结论、对策和建议，形成良性项目运营决策机制。

（二）验收评估适用范围

经市、区发展和改革部门审批的采取直接投资、资本金注入方式投资的政府投资医疗项目。

业主验收评估工作宜由医疗卫生机构运营方自行组织实施或委托第三方实施，工作内容以协议进行约定。参加验收的工作人员应接受过相关的查验评估专业培训，具备相关的专业能力和工作经验。

（三）验收评估对象

验收评估工作根据需要，可以对单个项目或者项目建设、运行的某类问题、某一阶段进行专项评估，也可以对同类型或相互关联的多个项目进行综合评估。包括但不限于建筑和附属设备设施功能和缺陷评估，及相关系统的性能和参数检测。

对分期建设（改、扩建）且每期项目之间存在功能联系、建设内容扩展的，在后期项目审批前，可以对前期项目进行项目评估，为后期项目的决策论证提供参考。

（四）推荐开展验收评估的项目类型

（1）采用新技术、新工艺、新设备、新材料、新型投融资和建设运营模式，以及其他具有特殊示范意义的项目；

（2）工期长、投资大、建设条件复杂，以及项目建设方案、投资概算等发生重大调整，结（决）算严重滞后的项目；

（3）重大社会民生项目；

（4）社会舆论普遍关注的项目；

（5）其他需要进行后评估的项目。

（五）验收评估的前提条件

验收项目建设基础资料，资料清单详见深圳市地方性标准《新建（改扩建）医院建筑业主验收评估技术指南》DB4403/T 387—2023。

建设工程竣工验收合格，取得规划、消防、环保等主管部门出具的认可或者准许使用文件，并经建设行政主管部门备案。

应有系统设计图、施工图、竣工图、设备的操作手册、维修手册、简易说明书。

给水、排水、供电、燃气、供热、通信、公共照明、有线电视、医用气体、物流传输系统等市政公用设施设备按相关规定建成，给水、供电、供气、供热已安装独立计量表具。

道路、绿地和物业服务用房等公共配套设施按相关规定建成，并满足使用功能要求。

电梯、二次供水、高压供电、消防设施、压力容器、电子监控系统等公用设施设备取得使用合格证书。

物业使用、维护和管理的相关技术资料完整齐全。

（六）验收评估的程序

新建（改、扩建）医疗卫生机构建筑工程业主验收评估的程序（图5-2-1）。

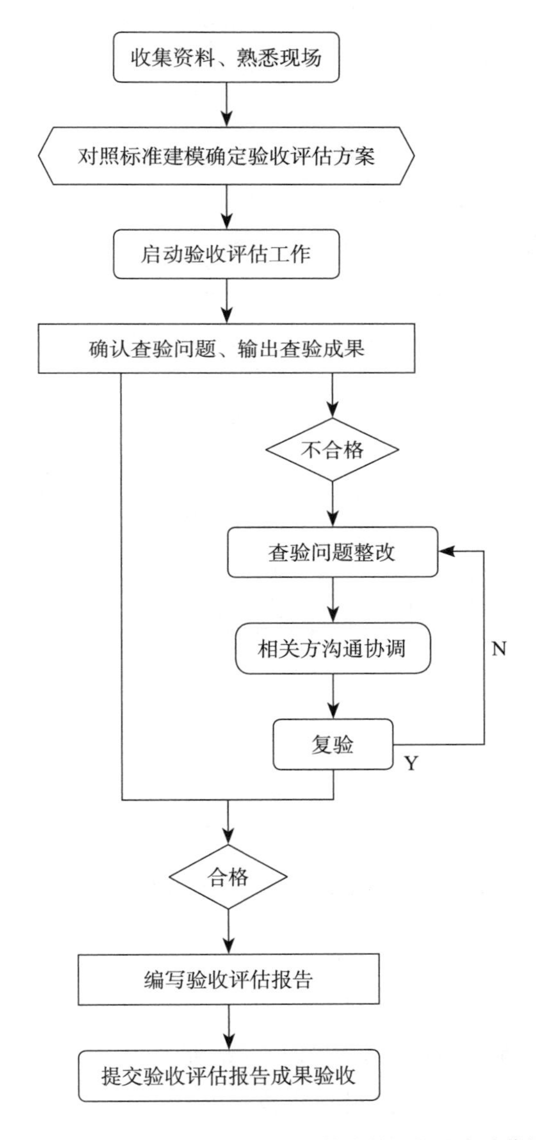

图5-2-1 新建（改、扩建）医疗卫生机构建筑工程业主验收评估程序

查验方法：新建（改、扩建）医疗卫生机构建筑的业主验收评估时，综合应用核对、观察、检测和实验等方法对建筑本体、共用部位、设备设施的配置标准、外观质量、使用功能和检测试验数据进行查验。相关系统性能和参数测试可以委托专业检测公司进行。

（七）验收评估方式

新建（改、扩建）医疗卫生机构建筑的验收评估，可由医疗卫生机构运营方自行组织，也可由医疗卫生机构运营方委托第三方机构组织实施，验收评估后出具专业的验收评价报告，作为医疗卫生机构运营方进行专项整改的参考依据，或作为医疗卫生机构运营方使用工程质量保证金的参考依据。

1.验收评估流程安排

新建（改、扩建）医疗卫生机构建筑项目竣工后由总包提出交接申请，经医疗卫生机构运营方同意，委托第三方专业机构进行查验评估，评估结果双方认可，问题缺陷由相关施工单位进行整改。整体验收评估流程（图5-2-2）。

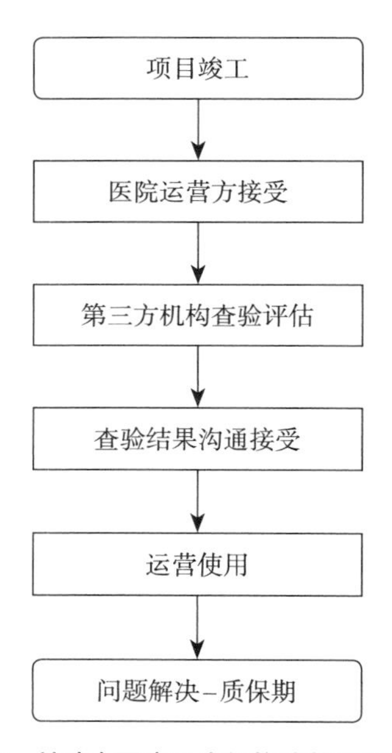

图5-2-2　新建（改、扩建）医疗卫生机构建筑项目整体验收评估流程

2.验收评估资金安排

医疗卫生机构在制定资金安排计划时，可将医疗卫生机构接管验收和评估项目费用列入开办费用中，也可列入医疗卫生机构物业前期费用中，费用标准可按照不超过10元/平方米建筑面积计算，采用信息科技化技术手段进行验收评估，节省人力、时间和成本费用。

（八）评审安排及改进措施

第三方对新建（改、扩建）医疗卫生机构建筑验收评估后，将评估结果反馈代建方和建设方。如对评估结果有异议，可邀请行业内各专业专家对第三方评估公司评估结论进行评审论证。在此基础上，安排施工方进行整改，或使用自有资金进行整改。医疗卫生机构安排自行整改时，相关费用可以从总包和分包的工程质量质保金中扣除。

二、医疗卫生机构建筑业主验收评估的内容和范围

（一）房屋本体和公共设施验收
（二）强电系统验收
（三）医疗卫生机构给水排水系统验收评估
（四）医疗卫生机构污水系统验收要求
1.环境污染控制
2.工程验收
3.主要工艺验收
4.应急措施
（五）医疗卫生机构空调通风系统验收评估
（六）医疗卫生机构洁净工程验收评估内容
1.医疗卫生机构洁净工程
2.系统测试内容
（七）医疗卫生机构医气系统验收评估
（八）医疗卫生机构消防系统验收评估
（九）医疗卫生机构安防设施设备验收评估
（十）医疗卫生机构弱电及楼宇智能化系统验收评估
（十一）电梯设施设备验收评估
（十二）轨道传输物流设备设施验收评估内容
（十三）自动导引运输车（AGV）传输物流设备设施验收评估内容
（十四）垃圾被服收集设施验收评估
（十五）医疗卫生机构防辐射工程验收评估
（十六）医疗卫生机构建筑感染预防与控制验收
（十七）一级医疗工艺流程验收要求
（十八）二级医疗工艺流程验收要求
（十九）三级医疗工艺流程验收要求

（二十）重点科室建筑感控要求

三、开办项目的验收

开办采购合同的履约验收是政府采购的重要环节。采购人在组织进行履约验收时应把握以下要点：

（一）应当依法组织履约验收工作

《中华人民共和国政府采购法》第四十一条规定，采购人或者其委托的采购代理机构应当组织对供应商履约的验收。大型或者复杂的政府采购项目，应当邀请国家认可的质量检测机构参加验收工作。验收方成员应当在验收书上签字，并承担相应的法律责任。

（1）政府采购合同以及相关的法律法规是履约验收的依据。

（2）采购人对履约验收承担主体责任，负责履约验收的组织、人员安排和经费保障工作。委托采购代理机构组织进行履约验收的，应在委托代理协议中载明，并对采购代理机构组织进行履约验收的验收结果进行书面确认。

（3）大型或者复杂的政府采购项目，应当邀请国家认可的质量检测机构参加验收工作。

（二）完整细化编制验收方案

（1）采购人或其委托的采购代理机构应当根据项目特点制定验收方案，明确履约验收的时间、方式、程序等内容。

（2）技术复杂、社会影响较大的货物类项目，可以根据需要设置出厂检验、到货检验、安装调试检验、配套服务检验等多重验收环节。

（3）货物类项目验收包括出厂检验、开箱检验、安装、调试、技术验收。实施主体包括采购人、供应商等。

①出厂检验，根据采购项目特点，可以设置出厂检验。设置出厂检验的，采购人、采购代理机构应在采购合同载明。出厂检验应注意以下事项：

a.出厂验收在设备制造商工厂进行，采购人派人参加出厂验收全过程。

b.出厂验收用检测设备和相关装置由供应商提供。

c.出厂验收内容由采购合同约定。

d.出厂验收合格后需采购人、供应商双方签字确认；采购合同约定由国家认可的质量检测机构检测的出厂验收内容，质量检测机构需出具检测报告，出厂验收合格后需质量检测机构、采购人、供应商三方签字确认。

e.由于供应商或制造商原因，设备未能按时通过出厂验收而需重新组织出厂验收的一切费用由供应商承担。

f. 出厂验收完成后，须经双方代表签署出厂验收报告，确认设备达到发货状态，供应商方可包装、发货；如果出厂验收报告内容包含整改项目，须完成全部整改内容并经采购人确认后才能包装、发货。

② 开箱检验，是指物资交付后检查其外包装是否完好无损，物资数量是否与合同一致，文档资料是否齐全。

a. 物资交付后，采购人和供应商应按合同约定进行开箱检验。

b. 在开箱检验中，如发现物资的短缺、损坏或其他与合同约定不符的情形，供应商应采取补齐、更换及其他补救措施直至开箱检验合格。

c. 如合同条款约定由第三方检测机构对物资进行开箱检验或在开箱检验过程中另行约定由第三方检验的，则第三方检测机构的检验结果对采购人和供应商均具有约束力。

d. 开箱检验结束后，验收双方应共同签署开箱检验验收书，开箱检验验收书应列明合同设备数量、文档资料、外观等开箱检验的验收情况及评价意见。

③ 安装、调试对设备类物资十分重要。

a. 对于设备类物资，开箱检验完成后，供应商应按合同约定对合同设备进行安装、调试，以使其具备技术验收的状态。

b. 采购人和供应商应对合同设备的安装、调试情况共同及时进行记录。

④ 技术验收是指采购人按照采购合同规定的技术、服务、安全标准，对供应商的履约情况进行确认的验收方式。

a. 采购人按照采购合同的约定进行技术验收。

b. 物资在进行技术验收时，不符合采购合同规定的技术、服务、安全标准，供应商应在双方同意的期限内采取措施消除物资中存在的缺陷，并在缺陷消除以后，再次进行技术验收直至符合采购合同规定。

c. 物资不符合采购合同规定，技术验收不合格的，采购人和供应商应就采购合同的后续履行进行协商，协商不成的，采购人有权解除合同。

d. 如采购合同约定由第三方检测机构对物资进行技术验收或在技术验收过程中另行约定由第三方检验的，则第三方检测机构的检验结果对采购人和供应商均具有约束力。

e. 技术验收结束后，验收双方应共同签署技术验收书，技术验收书应列明物资的技术、服务、安全标准等技术验收的验收情况及项目总体评价意见。

(4) 服务类项目验收，可根据项目特点对服务期内的服务实施情况进行分期考核，结合考核情况和服务效果进行验收。

属于提供过程服务的，如物业管理采购项目，应根据采购合同规定的评价考核标准，对供应商服务期内的服务实施情况进行分期考核，结合考核情况和服务效果进行验收；属于交付成果的，如设计、规划采购项目，应根据采购合同规定，对供应商的交付成果按采购文件的验收标准进行验收。

（5）工程类项目验收，工程类项目验收，包括工程施工质量的过程验收和竣工验收。实施主体包括施工单位和监理、设计、建设单位等。

①工程质量的验收程序与组织。

a.施工单位在隐蔽工程隐蔽前通知建设单位（或工程监理单位）进行验收，并按规定形成验收文件；

b.分部分项工程完成，应在施工单位自行验收合格后，通知建设单位（或工程监理单位）验收，重要的分部分项工程应请设计单位参加验收；

c.施工单位应在单位工程完工后，自行组织检查、评定，符合验收标准，向建设单位提交验收申请；

d.建设单位收到验收申请后，应组织施工、勘察、设计、监理单位等方面人员进行单位工程验收，并适时根据有关规定实行全项目（如群体工程）的验收，明确验收结果，并形成验收报告；

e.按国家现行管理制度，房屋建筑工程及市政基础设施工程验收合格后，尚需在规定时间内，将验收文件报政府管理部门备案。

②建设工程施工质量验收的要求。

a.在工程质量验收之前，施工单位应完成自行的检查评定；

b.应安排具有规定资格的人员参加施工质量验收；

c.工程建设项目的施工过程，应符合工程勘察、设计文件的要求；

d.隐蔽工程应在隐蔽前由施工单位通知有关单位进行验收，并形成验收文件；单位工程施工质量应符合相关验收规范的标准；

e.涉及结构安全的材料及施工内容，应有按照规定对材料及施工内容进行见证取样的资料等；

f.对涉及结构安全和使用功能的重要部分工程、专业工程应进行功能性抽样检测；

g.工程外观质量应由验收人员通过现场检查后共同确认结果。

③建设工程施工质量检查评定验收的基本内容及方法。

a.分部分项工程内容的抽样检查；

b.施工质量保证资料的检查，包括施工全过程的技术质量管理资料，其中以原材料、施工检测、测量复核及功能性试验资料为重点检查内容；

c.工程外观质量的检查和确认。

④工程质量不符合要求的处理。

a.勘察、设计成果存在缺陷时，应根据规定及时实施完善；

b.经返工或更换设备的工程，必须重新检查验收；

c.经有资质的检测单位检测鉴定达到设计要求的工程应予以验收；

d.经返修或加固处理的工程，虽局部尺寸等不符合设计要求，但仍然可以满足使用要求的，可按有关规定进行验收；

e.经返修和加固后仍不能满足使用要求的工程严禁通过验收。

（三）完善验收方式

（1）采购人和使用人分离的采购项目，应当邀请实际使用人参与验收。

（2）采购人、采购代理机构可以邀请参加项目的其他供应商或第三方专业机构及专家参与验收，相关验收意见作为验收书的参考资料。

（3）政府向社会公众提供的公共服务项目，验收时应当邀请服务对象参与并出具意见，验收结果应当向社会公告。

（四）严格按照采购合同开展履约验收

（1）采购人或者采购代理机构应当成立验收小组，按照采购合同的约定对供应商履约情况进行验收。

（2）验收时，应当按照采购合同的约定对每一项技术、服务、安全标准的履约情况进行确认。

（3）验收结束后，应当出具验收书，列明各项标准的验收情况及项目总体评价，由验收双方共同签署。

（4）验收结果应当与采购合同约定的资金支付及履约保证金返还条件挂钩。《关于促进政府采购公平竞争优化营商环境的通知》第三条第四款规定，对于满足合同约定支付条件的，采购人应当自收到发票后30日内将资金支付到合同约定的供应商账户，不得以机构变动、人员更替、政策调整等为由延迟付款，不得将采购文件和合同中未规定的义务作为向供应商付款的条件。第三条第三款规定，收取履约保证金的，应当在采购合同中约定履约保证金退还的方式、时间、条件和不予退还的情形，明确逾期退还履约保证金的违约责任。

（5）履约验收的各项资料应当存档备查。

（五）严格落实履约验收责任

（1）验收合格的项目，采购人应当根据采购合同的约定及时向供应商支付采购资金、退还履约保证金。

（2）验收不合格的项目，采购人应当依法及时处理。

（3）采购合同的履行、违约责任和解决争议的方式等适用《中华人民共和国民法典》。供应商在履约过程中有政府采购法律法规规定的违法违规情形的，采购人应当及时报告本级财政部门。

（4）必要时，集团还会根据SZDB/Z 319—2018《政府采购项目合同履约抽检及评价规范》组织专家对项目履约情况进行抽检。

第三节　验收材料的准备

一、验收方式

项目验收分为验收委员会验收、市发展改革部门验收和委托验收三种方式。

（1）验收委员会验收。概算总投资在2亿元以上（含2亿元）的项目，由市发展改革部门组织规划和自然资源、生态环境、消防、档案及其他有关部门成立项目验收委员会（验收委员会人数一般不少于5人）开展项目验收工作。建设、设计、施工、监理、勘察以及接管等单位参加项目验收工作。

（2）市发展改革部门验收。概算总投资在2亿元以下、5000万元以上（含5000万元）的项目，原则上由市发展改革部门成立项目验收组（验收组人数一般不少于3人）开展项目验收工作。根据工作需要，市发展改革部门可以聘请具备相应资质的专业机构提供项目验收咨询服务。

（3）委托验收。概算总投资在5000万元以下的项目，原则上由市发展改革部门委托相应的市行业主管部门或区政府（新区管委会、合作区管委会，以下统称“受委托单位”）开展项目验收工作。受委托单位可参照前述验收方式，成立项目验收委员会或验收组开展项目验收工作。

上述组织开展项目验收工作的市发展改革部门，以及受市发展改革部门委托开展项目验收工作的市行业主管部门或区政府（新区管委会、合作区管委会），统称“项目验收单位”。

二、项目验收申报材料提交

对于项目单位和建设单位按照《深圳经济特区政府投资项目管理条例》第五十一条要求提交的项目验收申请，市发展改革部门根据项目总投资以及建设规模、建设内容等具体情况，确定项目验收方式和项目验收单位，并通过印发年度政府投资项目验收计划或其他方式，通知项目验收单位组织开展项目验收工作，通知有关项目单位、建设单位按照以下要求准备项目验收材料：

根据项目类型（房屋建筑工程类、市政工程类、单纯设备购置类、信息化类等），结合项目实际情况，按照《深圳市政府投资项目验收申报材料清单》要求，准备《深圳市政府投资项目验收申请报告》等相关材料，在市发展改革部门要求的时限内，提交项目验收单位审核，并对申报材料的真实性、完整性和准确性负责。

项目验收单位应在收到验收申报材料后5个工作日内，对照项目验收申报材料清单，核验申报材料。材料齐备的予以受理；材料不齐的，一次性告知应补齐或修改的材料要求，以及材料提交时限。

三、项目验收的主要内容

项目验收单位应当从以下方面对项目进行全面检查审核：

（1）对照项目概算及概算调整批复文件，检查项目的建设内容、建设规模和建设标准实施情况以及投资控制情况，按照规定格式填报并提出评价意见；

（2）根据政府投资计划下达文件等相关材料，分阶段、分年度检查项目投资计划执行情况及资金支付情况，按照规定格式填报并提出评价意见；

（3）根据专项验收情况报告或备案文件、竣工决算审核报告等相关材料，核查项目工程验收及预决算工作执行和整改情况，按照规定格式填报并提出评价意。

第四节　建筑相关设施设备数据检测要求

一、医院建筑业主验收评估的内容和范围

（一）房屋本体和公共设施验收内容

幕墙（玻璃、金属、石材）、房屋结构、墙面、天花抹灰工程、门窗（金属、玻璃、塑料、木质）、轻质隔墙（板材、骨架、玻璃和活动隔墙）、饰面板（砖）、地面铺装、细部（护栏、扶手等）、窗帘盒、窗台板和散热器罩等

（二）强电系统验收内容

变配电房；发电机房；高低压配电柜；干式变压器；楼层强电竖井；成套配电柜；控制柜；动力/照明配电箱；电动机；电气线路；照明；防雷与接地系统；配电工程图纸；资料的移交；设备外观；工作环境检查和设备数量的清点；设备使用功能的测试。

（三）医院给水排水系统验收评估内容

生活冷、热水系统；医疗纯水系统；直饮水设施设备；排水（雨水、污水）系统设

备、设施；医疗污水处理设施设备；系统相关图纸、资料的移交；设备外观、工作环境监察和设备数量的清点；设备使用功能的测试。

（四）医院污水系统验收要求

（1）环境污染控制：污水处理、废气处理、固体废物处理、噪声控制；

（2）工程验收：工程调试及竣工验收、环境保护验收要求；

（3）主要工艺验收：预处理工艺、特殊性质污水预处理、常规预处理工艺、生化处理、消毒、选型要求、性能要求；

（4）应急措施。

（五）医院空调通风系统验收评估内容

（1）医院普通公共区域、办公室、普通病房等区域的中央空调系统；

（2）普通中央空调制冷主机，锅炉系统、冷水系统、冷却水系统；

（3）集中式送排风机、新风机、空调末端风机盘管；

（4）空调通风工程图纸、资料的移交；

（5）设备外观、工作环境检查和设备数量的清点；

（6）设备使用功能的测试。

（六）医院洁净工程验收评估内容

1. 医院洁净工程验收内容

（1）强电系统；

（2）弱电系统；

（3）给水排水系统；

（4）空调系统；

（5）土建装修系统。

2. 系统测试内容

（1）风机过滤机组（FFU）泄漏测试；

（2）风速测试；

（3）气流平行度测试；

（4）洁净度测试；

（5）压力测试；

（6）温湿度测试；

（7）噪声测试；

（8）气密性测试；

(9) 照度测试；
(10) 地板及地板静电测试；
(11) 悬浮微生物测试；
(12) 甲醛浓度测试；
(13) 空气消毒机测试。

（七）医院医气系统验收评估内容

(1) 医疗气体供应源；
(2) 汇流排；
(3) 管道和附件；
(4) 医用气体供应的末端设施设备；
(5) 医用氧舱；
(6) 设备使用功能的测试。

（八）医院消防系统验收评估内容

(1) 消防报警联动控制系统；
(2) 消火栓灭火系统；
(3) 消防水喷淋系统；
(4) 气体灭火系统；
(5) 防排烟系统；
(6) 防火分区系统；
(7) 火灾应急照明；
(8) 疏散指示标识；
(9) 消防配电系统；
(10) 其他消防设施。

（九）医院安防设施设备验收评估内容

(1) 视频监控；
(2) 周界防范；
(3) 电子巡更；
(4) 出入口控制；
(5) 楼宇对讲等各子系统图纸；
(6) 资料的移交；
(7) 设备外观；

（8）工作环境检查和设备数量的清点；

（9）设备使用功能的测试。

（十）医院弱电及楼宇智能化系统验收评估内容

楼宇智能化系统（BAS/IBMS）的中央处理站、网络控制器、中央空调、给水排水、变配电、公共照明、电梯的检测功能；

停车场管理系统的摄像机、读卡器、发卡器、挡车器、信息显示器、寻车器、车位占位器、票据打印机、电源切换、软件分级授权、数据统计和防折返功能验收；

广播会议系统的中央控制、投影显示设备、网络接入和图像显示设备验收；

楼宇智能化、停车场管理和广播会议的竣工系统图纸、资料的移交。

（十一）电梯设施设备验收评估内容

根据相关移交设备清单核点设备数量和各种设备出厂配制的工具、配件；

根据相关移交登记表的技术参数做设备运行的验收调试；

对设备房环境进行对应性确认，包括噪声、温度、湿度测试及防鼠、防洪、防雷击设施等；

资料和技术文件包括开发商应向物业接收方提供买卖合同、安装合同、维护保养协议及其他相关的物业基础资料，安装施工单位应提供产品相关技术文件等，以便物业企业对设备进行正常的运行维护。

（十二）气动物流传输系统设备设施验收评估内容

（1）收发站；

（2）系统转换器；

（3）换向器；

（4）三向阀；

（5）空气压缩机；

（6）上截止端；

（7）下截止端；

（8）中央控制器；

（9）回收站等部件通过管道；

（10）线路连接组成；

（11）气动物流传输系统设备设施验收。

（十三）轨道传输物流设备设施验收评估内容

（1）站点：停车位置、发车、调车等动作符合要求；
（2）小车：动作灵敏、位置码识别准确；
（3）转轨器：动作灵敏到位；
（4）防火窗：动作检查，抽查模拟火灾发生时防火窗动作到位。

（十四）自动导引运输车（AGV）传输物流设备设施验收评估内容

（1）收发站点：定位导轨、读卡器、警示灯等符合要求；
（2）AGV外观完整、激光扫描器符合要求；
（3）充电桩：充电靴及电缆接线符合要求。

（十五）垃圾被服收集设施验收评估技术要求

（1）投递口；
（2）过滤系统；
（3）管道系统；
（4）中央收集总站；
（5）节能一体柜；
（6）垃圾压实机；
（7）垃圾集装箱；
（8）垃圾分离器和旋转屏；
（9）空气压缩机组；
（10）抽风机和止回阀；
（11）投放门信号；
（12）水平感应器；
（13）排放阀DV和进气阀AV；
（14）垃圾管道。

（十六）医院防辐射工程验收评估技术要求

（1）放射科机房；
（2）防辐射手术室；
（3）介入（DSA）手术室；
（4）杂交手术室；
（5）核医学科；

（6）放射治疗科等；

（7）部分综合医院的其他科室也会有防辐射的施工工程，例如，体检科DR机房、口腔科牙科机房、泌尿科碎石定位机房等；

（8）验收前放射诊疗设备应安装调试完成、核医学应有符合要求的放射性药物，验收过程应符合卫生健康和生态环境部门的要求。

（十七）医院建筑感染预防与控制验收技术要求

1.一级医疗工艺流程验收要求

医疗建筑综合体、医疗建筑单体、门急诊功能、医技功能、临床功能等总平面及分区设计，动线设计宜符合建筑隔离要求；地理位置设置宜方便患者转运、检查和治疗。

2.二级医疗工艺流程验收要求

科内部应洁、污分区清晰，功能流线符合感控要求，污物暂存位置宜靠近污物电梯附近。

3.三级医疗工艺流程验收要求

功能用房地面、墙面、天花等装饰装修以及给水排水设施配置宜合理，且符合感控要求；对已配置家具的空间，其家具材料、平面设计及摆放位置宜符合感控要求。

4.重点科室建筑感控要求

（1）急诊部、门诊部；

（2）产房；

（3）新生儿病房及新生儿重症监护病房（NICU）；

（4）重症监护病房（ICU）；

（5）血液净化室；

（6）手术室；

（7）消毒供应室；

（8）口腔科；

（9）内窥镜室；

（10）医学检验科；

（11）骨髓移植病区；

（12）感染性门诊；

（13）病理科；

（14）介入中心；

（15）输血科；

（16）内镜中心；

（17）静脉配置中心；

（18）医疗垃圾暂存/生活垃圾暂存。

二、医院建筑相关设施设备数据检测要求

（一）医用气体检测内容

（1）检测验收的范围（依据标准）：《医用气体工程技术规范》GB 50751—2012。

（2）检测内容（项目）。

①所有医用气体管道系统完工后的文件检查，包括设计图纸与修改核定文件、竣工图、施工单位文件与检验记录、监理报告、气源设备与末端设施原理图、使用说明与维护手册、材料证明报告、压力表及安全阀合格证；

②医用气体管道系统中的所有管道进行保压（泄漏性）测试；

③所有医用气体管道交叉错接测试；

④所有医用气体管道外表面标识正确性检查；

⑤气源站内所有设备及管道和附件标识的正确性检查；

⑥所有阀门标识与控制区域标识正确性检查；

⑦所有阀门进行关闭及打开测试；

⑧气源减压装置静态性能测试；

⑨各专用气体插头逐一检测气口终端；

⑩每个医用气体管道子系统报警功能逐一进行检测（包括就地报警、主管道气源报警、各病区区域报警、手术室报警、重症病床报警、特殊病房报警）；

⑪不同医用气体的报警装置之间交叉错接检测；

⑫各报警装置的标识与检测的气体、检测区域一致性检查；

⑬正压医用气体管道内颗粒物及杂质检测（抽检每个病区内25%气口终端）；

⑭正压医用气体管道内洁净度检测（每个病区最远末端气口终端处），包括CO、CO_2、碳氢化合物、卤代烃等含量、露点温度；

⑮医用气源检测（包括医用空气压缩机组、负压真空泵机组、液氧气站、各专用气体汇流排、备用气源、应急备用气源）；

⑯备用气源、应急备用气源储量或压力低于规定值的报警检测；

⑰运行中的所有气体终端各医用气体管道正压流量及压力测试；

⑱运行中的所有气体终端负压真空管道流量及压力测试；

⑲气口终端处的气体浓度及气味测试（只适用正压气体所有气口终端）。

（3）检测费用按医院床位数量、手术室间数量、重症病床数量、检测人员数量、检测设备套数、检测完成时间、报告出具时间进行收取。

（二）洁净工程检测

（1）依据标准：主要包括《医院洁净手术部建筑技术规范》GB 50333—2013、《洁净室施工及验收规范》GB 50591—2010。

（2）检测项目见表5-4-1。

检测项目及费用表　　表5-4-1

序号	检测项目	测试点数								
		手术室			其他功能性用房					层流单向流
		Ⅰ级	Ⅱ级	Ⅲ级	Ⅳ级	≤10平方米	≤30平方米	≤100平方米	＞100平方米	
1	风机过滤机组（FFU）泄漏（高效过滤器检漏）	8	4	4	2	1	2	4	10	4
2	风速	81	63	54	54	/	/	/	/	/
3	气流平行度	/	/	/	/	/	/	/	/	1
4	洁净度	13	9	9	6	3	6	10	14	5
5	压力（静压差）	2	2	2	2	1	1	1	1	2
6	温湿度	1	1	1	1	1	1	1	1	1
7	噪声	5	5	5	5	1	1	3	5	3
8	气密性	1	1	1	1	1	1	1	1	1
9	照度	20	16	12	12	4	9	36	64	6
10	地板及地板静电	1	1	1	1	1	1	1	1	1
11	悬浮微生物	13	9	9	6	3	6	10	14	5
12	甲醛	1	1	1	1	1	1	1	1	1
13	空气消毒机	/								

注：以上为常规测试点数，根据房间设计、系统设备尺寸等不同有所不同。

（三）其他检测

1.概述

根据《医疗器械监督管理条例》（国务院令第276号）、《医疗器械使用质量监督管理办法》（国家食品药品监督管理总局令第18号）、《医疗器械临床使用管理办法》（国家卫生健康委员会令第8号）、《大型医用设备配置与使用管理办法（试行）》（国卫规划发〔2018〕12号）等国家法律法规、行业主管部门规章制度的要求，医疗卫生机构尤其针对生命急救类、医学影像类、大型医用设备等医疗设备应保其功能、性能、配置经验收验证合格后使用。

2.验收性能检测内容

医疗设备验收性能检测内容见表5-4-2所示。

医疗设备验收性能检测表　　表5-4-2

序号	类别	设备名称	检测依据	检测项目
1	生命支持及相关	呼吸机	《呼吸机安全管理》WS/T 655—2019、《呼吸机校准规范》JJF 1234—2018	报警检查、危险输出检查、潮气量、通气频率、压力、氧浓度、气体温度
2		麻醉机	《麻醉机安全管理》WS/T 656—2019	安全报警功能检查、APL阀检查、氧笑联动装置检查、气体混合器检测、蒸发器检查、共同气体出口检查、快速供氧检查、麻醉呼吸机检查
3		多参数监护仪	《多参数监护仪安全管理》WS/T 659—2019	保护接地阻抗、对地漏电流、外壳漏电流、患者漏电流、患者辅助漏电流、心率、无创血压、血氧饱和度、呼吸频率
4		婴儿培养箱	《婴儿培养箱安全管理》WS/T 658—2019	报警功能检查、电气安全检测、温度、湿度、噪声
5		高频电刀	《高频电刀安全管理》WS/T 602—2018	保护接地阻抗、对地漏电流、外壳漏电流、患者漏电流、患者辅助电流、高频漏电流、额定输出功率
6		输液泵和注射泵	《医用输液泵和医用注射泵安全管理》WS/T 657—2019、《医用注射泵和输液泵校准规范》JJF 1259—2018	接地电阻、机壳漏电流、患者漏电流、患者辅助漏电流、流量、阻塞报警压力、报警功能检查
7		心脏除颤器	《心脏除颤器安全管理》WS/T 603—2018、《心脏除颤器校准规范》JJF 1149—2014	电气安全检测、释放能量、充电或内部放电过程中心电监视器信号描记幅度的波动、脉冲频率、脉冲宽度、脉冲电流幅度、电压、扫描速度、幅频特性、心率
8	放射类	医用磁共振成像(MRI)设备	《医用磁共振成像(MRI)设备影像质量检测与评价规范》WS/T 263—2006	共振频率、信噪比SNR、几何畸变率、高对比空间分辨力、影像均匀性、层厚、层厚非均匀性、纵横比、静磁场均匀度、静磁场非稳定性、影像伪影、制冷剂挥发率
9		CT	《X射线计算机体层摄影装置质量控制检测规范》WS 519—2019	诊断床定位精度、定位光精度、扫描架倾角精度、重建层厚偏差、CTDIw、CT值(水)、噪声、均匀性、高对比分辨力、低对比可探测能力、CT值线性
10		直接荧光屏透视设备	《医用X射线诊断设备质量控制检测规范》WS 76—2020	透视受检者入射体表空气比释动能率典型值、透视受检者入射体表空气比释动能率最大值、高对比度分辨力、低对比度分辨力、入射屏前空气比释动能率、自动亮度控制、透视防护区检测平面上周围剂量当量率

续表

序号	类别	设备名称	检测依据	检测项目
11	放射类	影像增强器透视设备、平板透视设备	《医用X射线诊断设备质量控制检测规范》WS 76—2020	透视受检者入射体表空气比释动能率典型值、透视受检者入射体表空气比释动能率最大值、高对比度分辨力、低对比度分辨力、入射屏前空气比释动能率、自动亮度控制、透视防护区检测平面上周围剂量当量率、直接荧光屏透视的灵敏度、最大照射野与直接荧光屏尺寸相同时的台屏距
12		DSA	《医用X射线诊断设备质量控制检测规范》WS 76—2020	透视受检者入射体表空气比释动能率典型值、透视受检者入射体表空气比释动能率最大值、高对比度分辨力、低对比度分辨力、入射屏前空气比释动能率、自动亮度控制、透视防护区检测平面上周围剂量当量率、DSA动态范围、DSA对比灵敏度、伪影
13		屏片X射线摄影设备	《医用X射线诊断设备质量控制检测规范》WS 76—2020	管电压指示的偏离、辐射输出量重复性、输出量线性、有用线束半值层、曝光时间指示的偏离、AEC重复性、AEC响应、AEC电离室之间一致性、有用线束垂直度偏离、光野与照射野四边的偏离、聚焦滤线栅与有用线束中心对准
14		DR	《医用X射线诊断设备质量控制检测规范》WS 76—2020	管电压指示的偏离、辐射输出量重复性、输出量线性、有用线束半值层、曝光时间指示的偏离、AEC重复性、AEC响应、AEC电离室之间一致性、有用线束垂直度偏离、光野与照射野四边的偏离、探测器剂量指示（DDI）、信号传递特性（STP）、响应均匀性、测距误差、残影、伪影、高对比度分辨力、低对比度分辨力
15		CR	《医用X射线诊断设备质量控制检测规范》WS 76—2020	管电压指示的偏离、辐射输出量重复性、输出量线性、有用线束半值层、曝光时间指示的偏离、AEC重复性、AEC响应、AEC电离室之间一致性、有用线束垂直度偏离、光野与照射野四边的偏离、IP暗噪声、探测器剂量指示（DDI）、IP响应均匀性、IP响应一致性、IP响应线性、测距误差、IP擦除完全性、高对比度分辨力、低对比度分辨力
16		牙科口内机、牙科全景机	《医用X射线诊断设备质量控制检测规范》WS 76—2020	管电压指示的偏离、辐射输出量重复性、曝光时间指示的偏离、有用线束半值层、高对比度分辨力、低对比度分辨力
17		乳腺屏片X射线摄影设备	《医用X射线诊断设备质量控制检测规范》WS 76—2020	胸壁侧射野与影像接收器一致性、光野与照射野一致性、管电压指示的偏离、半值层、输出量重复性、特定辐射输出量、自动曝光控制重复性、乳腺平均剂量、标准照片密度、AEC响应、高对比度分辨力
18		乳腺DR设备、线扫描式乳腺DR	《医用X射线诊断设备质量控制检测规范》WS 76—2020	胸壁侧射野与影像接收器一致性、光野与照射野一致性、管电压指示的偏离、半值层、输出量重复性、特定辐射输出量、自动曝光控制重复性、乳腺平均剂量、影像接收器响应、影像接收器均匀性、伪影、高对比度分辨力、低对比度细节

续表

序号	类别	设备名称	检测依据	检测项目
19	放射类	乳腺CR设备	《医用X射线诊断设备质量控制检测规范》WS 76—2020	胸壁侧射野与影像接收器一致性、光野与照射野一致性、管电压指示的偏离、半值层、输出量重复性、特定辐射输出量、自动曝光控制重复性、乳腺平均剂量、IP暗噪声、IP响应线性、IP响应均匀性、IP响应一致性、IP擦除完全性、伪影、高对比度分辨力、低对比度细节
20		胃肠机（含点片功能）	《医用X射线诊断设备质量控制检测规范》WS 76—2020	透视受检者入射体表空气比释动能率典型值、透视受检者入射体表空气比释动能率最大值、高对比度分辨力、低对比度分辨力、入射屏前空气比释动能率、自动亮度控制、透视防护区检测平面上周围剂量当量率、管电压指示的偏离、辐射输出量重复性、输出量线性、有用线束半值层、曝光时间指示的偏离、AEC重复性、AEC响应、AEC电离室之间一致性、有用线束垂直度偏离、光野与照射野四边的偏离
21		移动X射线摄影机	《医用X射线诊断设备质量控制检测规范》WS 76—2020	管电压指示的偏离、辐射输出量重复性、输出量线性、有用线束半值层、曝光时间指示的偏离、AEC重复性、AEC响应、AEC电离室之间一致性、有用线束垂直度偏离、光野与照射野四边的偏离
22		C形臂透视机、碎石机、X射线模拟机	《医用X射线诊断设备质量控制检测规范》WS 76—2020	透视受检者入射体表空气比释动能率典型值、透视受检者入射体表空气比释动能率最大值、高对比度分辨力、低对比度分辨力、入射屏前空气比释动能率、自动亮度控制、透视防护区检测平面上周围剂量当量率
23		动态DR设备	《医用X射线诊断设备质量控制检测规范》WS 76—2020	透视受检者入射体表空气比释动能率典型值、透视受检者入射体表空气比释动能率最大值、高对比度分辨力、低对比度分辨力、入射屏前空气比释动能率、自动亮度控制、透视防护区检测平面上周围剂量当量率、管电压指示的偏离、辐射输出量重复性、输出量线性、有用线束半值层、曝光时间指示的偏离、AEC重复性、AEC响应、AEC电离室之间一致性、有用线束垂直度偏离、光野与照射野四边的偏离、探测器剂量指示（DDI）、信号传递特性（STP）、响应均匀性、测距误差、残影、伪影、高对比度分辨力、低对比度分辨力
24	大型医用设备类	重离子质子放射治疗系统	《医用质子重离子放射治疗设备质量控制检测标准》WS 816—2023	穿过限束装置的质子重离子散漏光子辐射、照射野外的散漏光子辐射、照射野外的散漏中子辐射、机头的散漏光子辐射、感生放射性导致的光子辐射、输出剂量偏差、剂量重复性、剂量线性、射程准确性、束斑位置偏差、束斑大小偏差、束斑形状的一致性、射野均整度和对称性、横向半影宽度偏差、SOBP展宽宽度偏差、虚拟源轴距偏差、辐射束等中心偏差、影像等中心偏差、床旋转中心偏差、床位移和旋转精度偏差、图像引导校正偏差

续表

序号	类别	设备名称	检测依据	检测项目
25	大型医用设备类	X射线立体定向放射外科治疗系统	《X、r射线立体定向放射治疗系统质量控制检测规范》WS 582—2017	等中心偏差、治疗定位偏差、照射野尺寸与标称值最大偏差、焦平面上照射野半影宽度、等中心处计划剂量与实测剂量相对偏差
26		正电子发射型磁共振成像系统（英文简称PET/MR）	《正电子发射断层成像（PET）设备质量控制检测标准》WS 817—2023	空间分辨力、灵敏度、散射分数和噪声等效计数率、准确性：计数丢失和随机符合校正、飞行时间分辨力
27		X线正电子发射断层扫描仪（英文简称PET/CT）	《伽玛照相机、单光子发射断层成像设备（SPETCT）质量控制检测规范》WS 523—2019	固有均匀性、固有空间分辨力、固有空间线性、系统平面灵敏度、固有最大计数率、系统空间分辨力、断层空间分辨力、全身成像系统空间分辨力
28		医用直线加速器	《医用电子直线加速器质量控制检测规范》WS 674—2020	剂量偏差、重复性（剂量）、线性、日稳定性（剂量）、X射线深度吸收剂量特性、电子线深度吸收剂量特性、X射线方形照射野的均整度、X射线方形照射野的对称性、电子线照射野的均整度、电子线照射野的对称性、照射野的半影、照射野的数字指示（单元限束）、照射野的数字指示（多元限束）、辐射束轴在患者入射表面上的位置指示、辐射束轴相对于等中心点的偏移、等中心的指示（激光灯）、旋转运动标尺的零刻度位置、治疗床的运动精度、治疗床的刚度、治疗床的等中心旋转
29		螺旋断层放射治疗系统	《螺旋断层治疗装置质量控制检测规范》WS 531—2017	静态输出剂量、旋转输出剂量、射线质（百分深度剂量，PDD）、射野横向截面剂量分布、射野纵向截面剂量分布、多叶准直器（MLC）横向偏移、绿激光灯指示虚拟等中心的准确性、红激光灯指示准确性、治疗床的移动准确性、床移动和机架旋转同步性
30		伽马射线立体定向放射治疗系统	《X、r射线立体定向放射治疗系统质量控制检测规范》WS 582—2017	定位参考点与照射野中心的距离、焦点剂量率、焦点计划剂量与实测剂量的相对偏差、照射野尺寸偏差、照射野半影宽度

收费说明：

按设备购买价格的0.4%～0.8%计，价格高的设备取低值，价格低的设备取高值。费用包含专家评估费用、设备配置/资料核查费用、性能检测费用等。

第六章

典型空间（标准单元）开办物资配置参考模型

第一节　典型空间（标准单元）解析

一、典型空间（标准单元）参考模型作用

开办工作的核心是在满足开展业务基本要求前提下，保证每个使用空间有充分的物资、设备设施。

本篇为典型空间物资、设备设施配置与分类，通过医疗卫生机构典型空间图文数据的细化分析，界定不同投资渠道的设备设施，验证开办物品充分必要性，是编制工作的必要基础；借此使得在医疗卫生机构与咨询单位工作过程中有一定的参考作用。

通过典型空间找到项目相应房间单元并将每一单元赋予唯一编码，所有物资进行编码时加上前缀房间编制，可以进行统计、分类避免物资重复或遗漏。

二、完整统计与分解

典型房间的物资完整统计是房间达到基本使用需求的前提，在此基础上，根据基建、设备、信息化统计后的结果进行分解，梳理出基础建设过程中未统计内容，便于整理形成保障开业运营的开办需求清单。

第二节　规范典型空间配置参考

本章节典型空间参考国家发行《医疗机构内通用医疗服务场所的命名》WS/T 527—2016文件，对其中涉及的18个通用医疗场所进行功能示意与配置梳理。

一、服务台

（1）服务台是医疗卫生机构工作人员为患者、家属等提供咨询服务的场所，服务台平面示意（图6-2-1）。

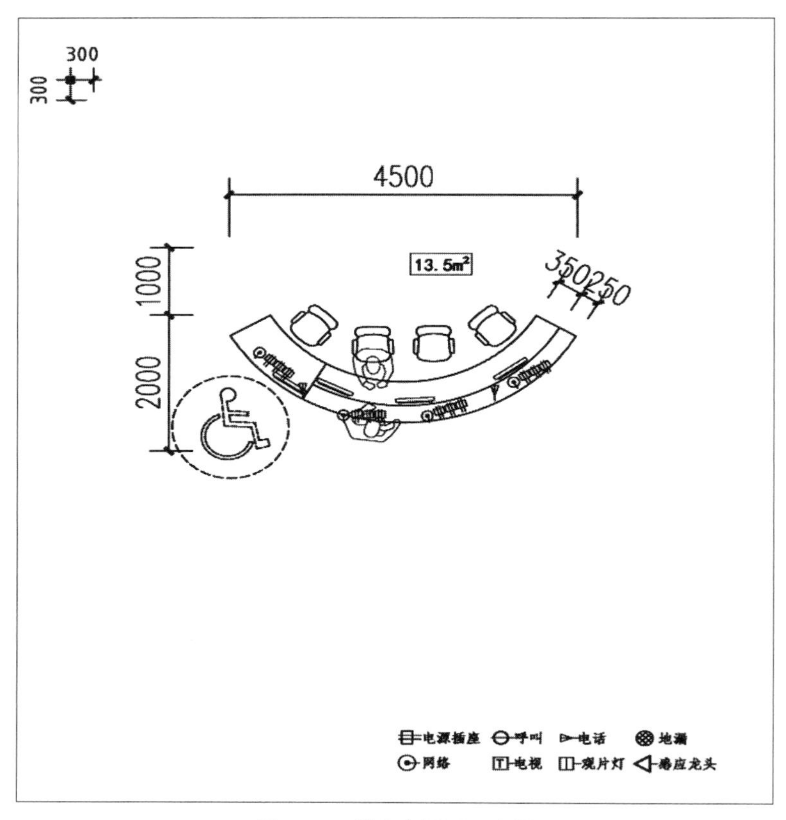

图6-2-1　服务台平面示意图

（2）家具设备清单与分类（表6-2-1）。

服务台家具清单与分类　　表6-2-1

序号	家具/设备类别	家具/设备数量	基建	设备	信息	开办
1	电脑（显示器+主机）	4			√	
2	打印机	1			√	
3	地柜	若干				√
4	座椅（带靠背）	4				√
5	咨询台	1				√

（3）物品物料清单与分类（表6-2-2）。

服务台物品物料清单与分类　　**表6-2-2**

序号	物品物料名称	物品物料数量	基建	设备	信息	开办
1	体温计	10				√
2	一次性帽子	10				√
3	一次性口罩	10				√
4	手消剂	1				√
5	分诊登记本	1				√
6	圆珠笔	少许				√
7	电话	2			√	

（4）开办费范围分类（表6-2-3）。

服务台物品开办费范围分类　　**表6-2-3**

序号	名称	数量	开办	KB2 信息	KB3 设备	KB4 站房	KB5 物业	KB6 家具	KB7 布品	KB8 文化	KB9 耗材
1	座椅（带靠背）	4	√					√			
2	咨询台	1	√					√			
3	体温计	10	√								√
4	一次性帽子	10	√								√
5	一次性口罩	10	√								√
6	手消剂	1	√								√
7	分诊登记本	1	√								√
8	圆珠笔	少许	√								√

二、分诊台/护士站

（1）分诊台/护士站的作用：对门（急）诊患者进行疾病的分诊、预检分诊，候诊患者管理与服务、突发情况紧急处理，分诊台/护士站平面示意图见图6-2-2。

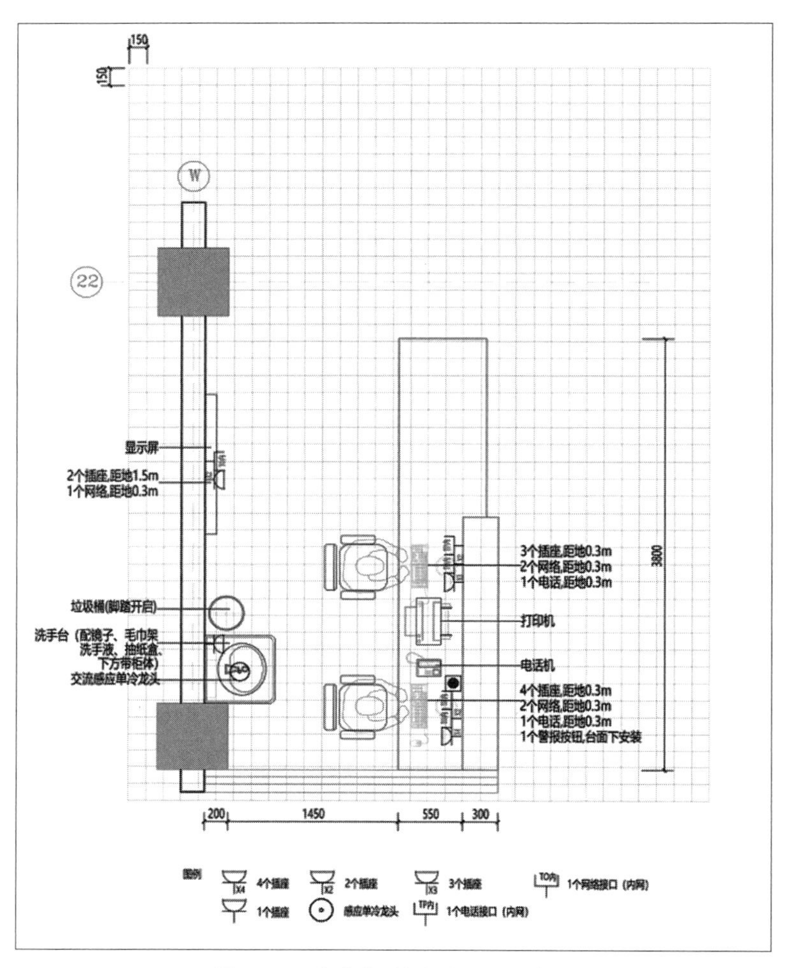

图6-2-2　分诊台/护士站平面示意图

（2）家具设备清单与分类（表6-2-4）。

分诊台/护士站家具设备清单与分类　　表6-2-4

序号	家具/设备类别	家具/设备数量	基建	设备	信息	开办
1	电脑（显示器+主机）	2			√	
2	座椅（带靠背）	2				√
3	咨询台	1				√

（3）物品物料清单与分类（表6-2-5）。

分诊台/护士站物品物料清单与分类　　表6-2-5

序号	物品物料名称	物品物料数量	基建	设备	信息	开办
1	体温计	10				√
2	一次性帽子	10				√
3	一次性口罩	10				√
4	手消剂	1				√
5	分诊登记本	1				√
6	圆珠笔	少许				√
7	电话	1			√	

（4）开办费范围分类（表6-2-6）。

分诊台/护士站开办费范围分类　　表6-2-6

序号	名称	数量	开办	KB2 信息	KB3 设备	KB4 站房	KB5 物业	KB6 家具	KB7 布品	KB8 文化	KB9 耗材
1	座椅（带靠背）	2	√					√			
2	咨询台	1	√					√			
3	体温计	10	√								√
4	一次性帽子	10	√								√
5	一次性口罩	10	√								√
6	手消剂	1	√								√
7	分诊登记本	1	√								√
8	圆珠笔	少许	√								√

三、候诊区

（1）候诊区为容纳患者和家属就诊等候空间，一般与护士站相邻，便于观察者和处理突发事件，方便患者家属等候，候诊区平面示意图（图6-2-3）。

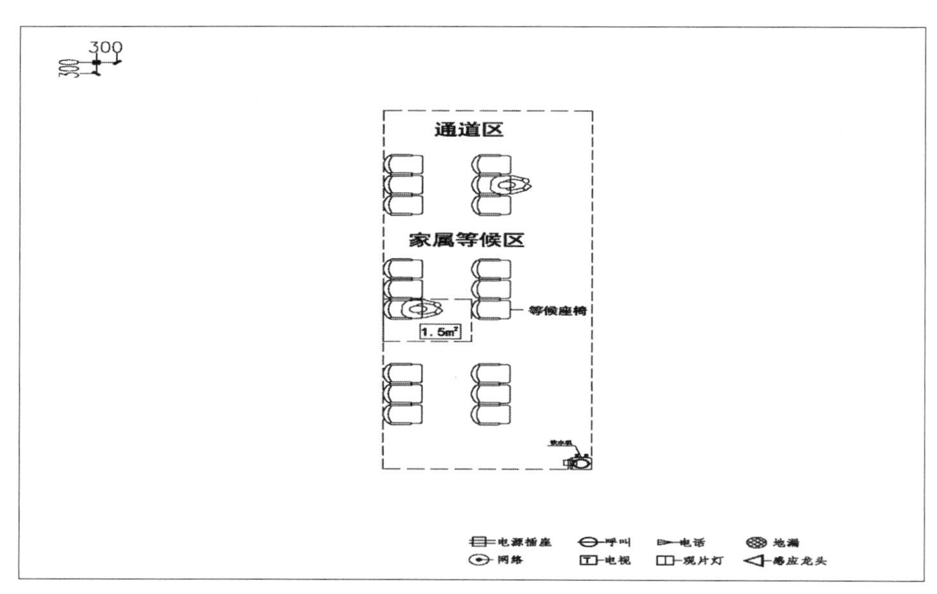

图6-2-3　候诊区平面示意图

（2）家具设备清单与分类（表6-2-7）。

候诊区家具设备清单　　表6-2-7

序号	家具/设备类别	家具/设备数量	基建	设备	信息	开办
1	候诊椅	若干				√
2	饮水机	1				√
3	多功能自助机	2				√
4	叫号屏	1			√	

（3）物品物料清单与分类（表6-2-8）。

候诊区物品物料清单　　表6-2-8

序号	物品物料名称	物品物料数量	基建	设备	信息	开办
1	宣传资料	若干				√

（4）开办费范围分类（表6-2-9）。

候诊区物品开办费范围分类　　表6-2-9

序号	名称	数量	开办	KB2 信息	KB3 设备	KB4 站房	KB5 物业	KB6 家具	KB7 布品	KB8 文化	KB9 耗材
1	候诊椅	若干	√					√			
2	饮水机	1	√					√			

续表

序号	名称	数量	开办	KB2 信息	KB3 设备	KB4 站房	KB5 物业	KB6 家具	KB7 布品	KB8 文化	KB9 耗材
3	多功能自助机	2	√		√						
4	宣传资料	若干	√							√	

四、标准诊室

（1）诊室是医生与患者直接交流、初步检查、初步诊断以及下检查单和医嘱等，并完成诊查记录的场所。在诊室完成的医疗行为是医生和患者共同参与的一般医疗活动，借助简单医疗设备和操作型器具，一般为一医一患，需要一定的活动空间，需要一定的隔声、隔视的隐私要求。此为医患共用入口方式，标准诊室平面示意图见图6-2-4。

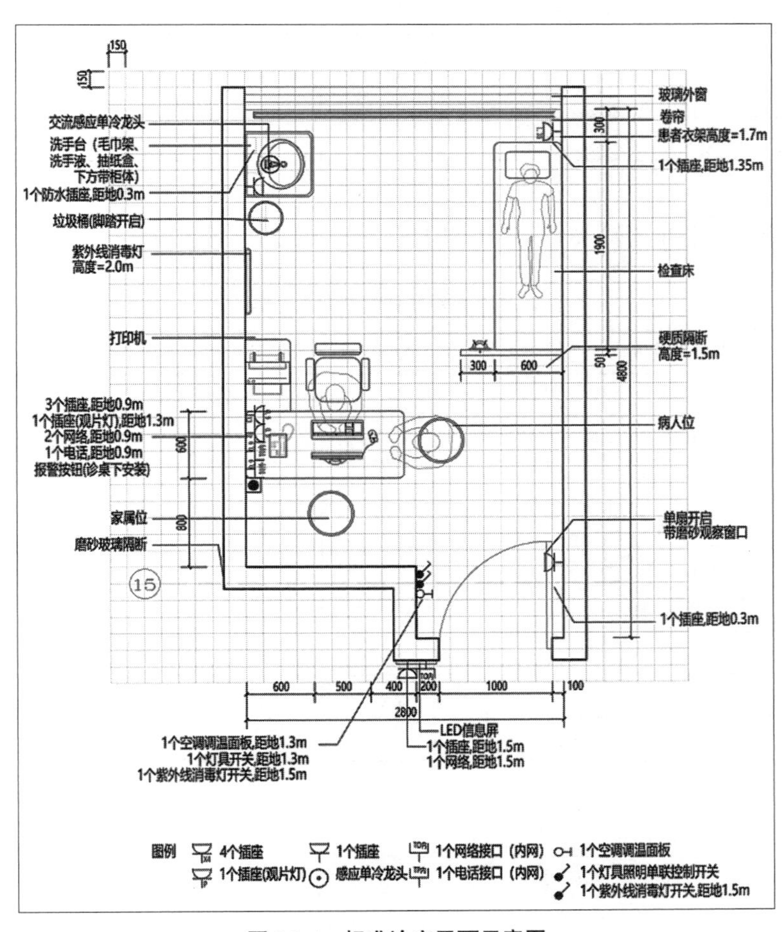

图6-2-4　标准诊室平面示意图

（2）家具设备清单与分类（表6-2-10）。

标准诊室家具设备清单与分类 **表6-2-10**

序号	家具/设备类别	家具/设备数量	基建	设备	信息	开办
1	洗手盆	1	√			
2	帘轨	1				√
3	圆凳	2				√
4	医用诊桌	1				√
5	座椅（带靠背）	1				√
6	垃圾桶	1				√
7	衣架	2				√
8	电脑	1			√	
9	打印机	1				√
10	文件柜	1				√
11	诊查床	1		√		√
12	观片灯	1		√		√
13	排队叫号系统	1			√	

（3）物品物料清单与分类（表6-2-11）。

标准诊室物品物料清单与分类 **表6-2-11**

序号	物品物料名称	物品物料数量	基建	设备	信息	开办
1	洗手液	1				√
2	纸巾盒	1				√
3	宣传挂画	1				√
4	手消剂	1				√
5	一次性手套	1				√
6	一次性耗材/物品	若干				√
7	圆珠笔	1				√
8	镜子	1	√			
9	钟表	1				√

（4）开办费范围分类（表6-2-12）。

标准诊室物品开办费范围分类 表6-2-12

序号	名称	数量	开办	KB2 信息	KB3 设备	KB4 站房	KB5 物业	KB6 家具	KB7 布品	KB8 文化	KB9 耗材
1	帘轨	1	√						√		
2	圆凳	2	√					√			
3	医用诊桌	1	√					√			
4	座椅（带靠背）	1	√					√			
5	垃圾桶	1	√					√			
6	衣架	2	√					√			
7	打印机	1	√					√			
8	文件柜	1	√					√			
9	诊查床	1	√		√						
10	观片灯	1	√		√						
11	洗手液	1	√								√
12	纸巾盒	1	√								√
13	宣传挂画	1	√							√	
14	手消剂	1	√								√
15	一次性手套	1	√								√
16	一次性耗材/物品	1	√					√			
17	圆珠笔	1	√								√
18	镜子	1	√				√				
19	钟表	1	√				√				

五、隔离室

（1）隔离室是医生接待疑似传染性疾病和传染性疾病的患者，对患者进行物理检查的场所，隔离室平面示意图如图6-2-5所示。

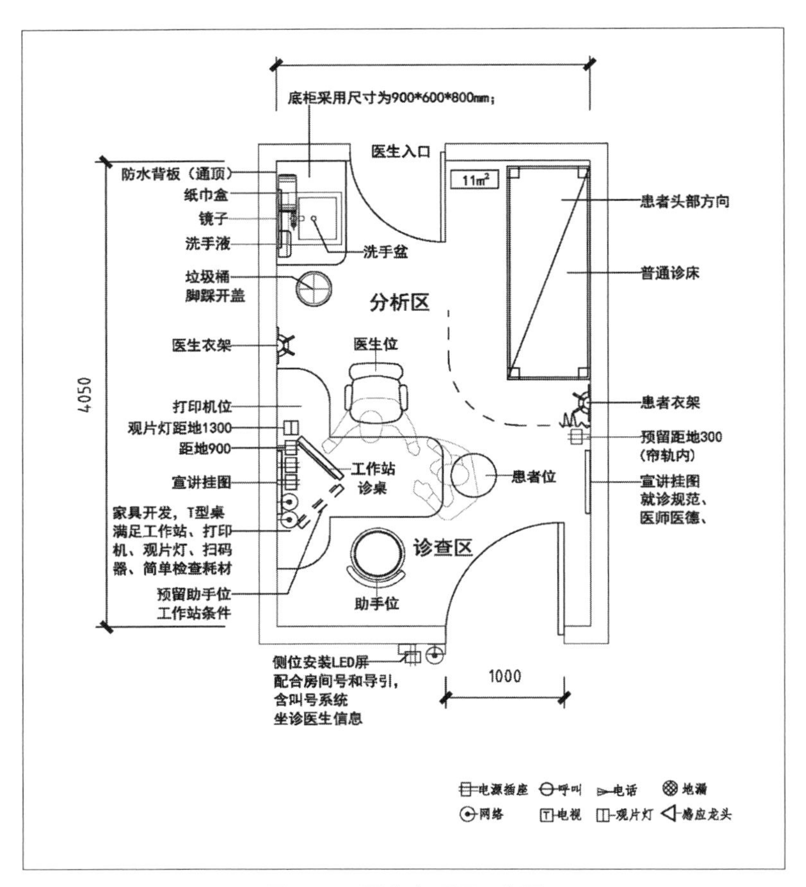

图6-2-5　隔离室平面示意图

（2）家具设备清单与分类（表6-2-13）。

隔离室家具设备清单与分类　　表6-2-13

序号	家具/设备类别	家具/设备数量	基建	设备	信息	开办
1	洗手盆	1	√			
2	帘轨	1				√
3	脚踏凳	1				√
4	医用诊桌	1				√
5	座椅（带靠背）	2				√
6	垃圾桶	1				√
7	衣架	2				√
8	电脑	1			√	
9	打印机	1				√
10	诊查床	1		√		√

续表

序号	家具/设备类别	家具/设备数量	基建	设备	信息	开办
11	观片灯	1		√		√
12	排队叫号系统	1			√	
13	空气消毒机	1	√			

（3）物品物料清单与分类（表6-2-14）。

隔离室物品物料清单与分类　　**表6-2-14**

序号	物品物料名称	物品物料数量	基建	设备	信息	开办
1	洗手液	1				√
2	纸巾盒	1				√
3	宣传挂画	1				√
4	手消剂	1				√
5	一次性口罩	1				√
6	一次性帽子	1				√
7	一次性鞋套	1				√
8	一次性手套	1				√
9	一次性耗材/物品	若干				√
10	护目镜	1				√
11	隔离衣	1				√
12	医疗废物桶	1				√
13	圆珠笔	1				√
14	镜子	1	√			
15	钟表	1				√

（4）开办费范围分类（表6-2-15）。

隔离室物品开办费范围分类　　**表6-2-15**

序号	名称	数量	开办	KB2 信息	KB3 设备	KB4 站房	KB5 物业	KB6 家具	KB7 布品	KB8 文化	KB9 耗材
1	帘轨	1	√						√		
2	脚踏凳	1	√					√			
3	医用诊桌	1	√					√			
4	座椅（带靠背）	2	√					√			
5	垃圾桶	1	√					√			
6	衣架	2	√					√			

续表

序号	名称	数量	开办	KB2 信息	KB3 设备	KB4 站房	KB5 物业	KB6 家具	KB7 布品	KB8 文化	KB9 耗材
7	打印机	1	√					√			
8	诊查床	1	√		√						
9	观片灯	1	√		√						
10	洗手液	1	√								√
11	纸巾盒	1	√								√
12	宣传挂画	1	√							√	
13	手消剂	1	√								√
14	一次性口罩	1	√								√
15	一次性帽子	1	√								√
16	一次性鞋套	1	√								√
17	一次性手套	1	√								√
18	一次性耗材	若干									
18	护目镜	1	√		√						
19	隔离衣	1	√		√						
20	医疗废物桶	1	√					√			
21	圆珠笔	1	√								√
22	镜子	1	√				√				
23	钟表	1	√				√				

六、输液室

（1）输液室是用于急诊及门诊输液的治疗单元，输液室需与护士站及输液配剂室邻近，需要满足治疗车通过，输液室平面示意图如图6-2-6所示。

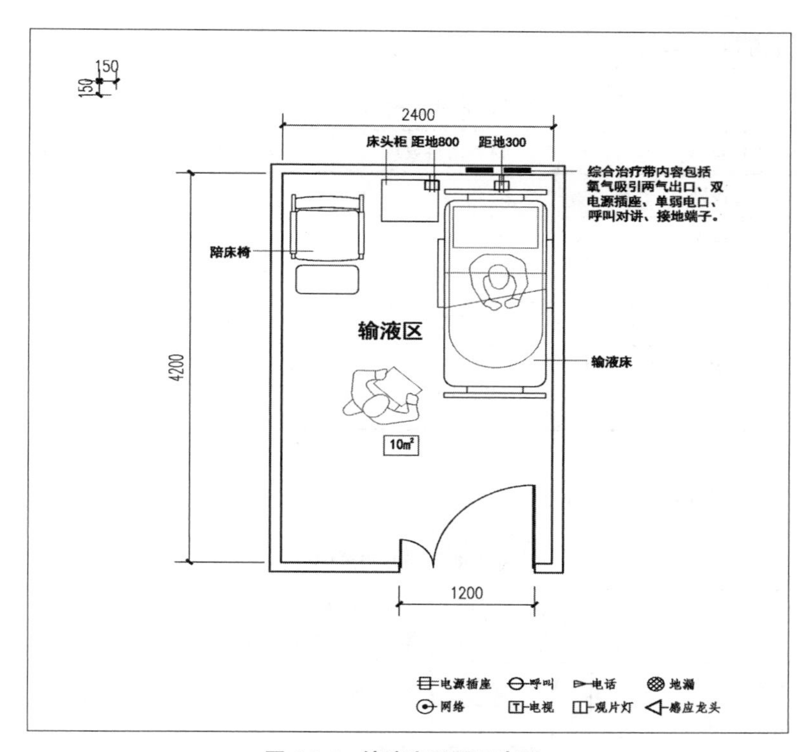

图6-2-6　输液室平面示意图

（2）家具设备清单与分类（表6-2-16）。

输液室家具设备清单与分类　表6-2-16

序号	家具/设备类别	家具/设备数量	基建	设备	信息	开办
1	床头柜	1				√
2	陪床椅	1				√
3	垃圾桶	1				√
4	排队叫号系统	1			√	
5	输液床	1		√		
6	治疗车	1				√
7	抢救车	1				√
8	医疗带	1		√		
9	空气消毒剂	1	√			

（3）物品物料清单与分类（表6-2-17）。

输液室物品物料清单与分类　　表6-2-17

序号	物品物料名称	物品物料数量	基建	设备	信息	开办
1	锐器盒	1				√
2	输液架	1				√
3	手消剂	1				√
4	医疗废物桶	1				√
5	一次性手套	1				√
6	钟表	1				√

（4）开办费范围分类（表6-2-18）。

输液室物品开办费范围分类　　表6-2-18

序号	名称	数量	开办	KB2 信息	KB3 设备	KB4 站房	KB5 物业	KB6 家具	KB7 布品	KB8 文化	KB9 耗材
1	床头柜	1	√						√		
2	陪床椅	1	√					√			
3	垃圾桶	1	√					√			
4	输液床	1	√					√			
5	治疗车	1	√					√			
6	抢救车	1	√					√			
7	医疗带	1	√		√						
8	锐器盒	1	√								√
9	输液架	1	√					√			
10	手消剂	1	√								√
11	医疗废物桶	1	√					√			
12	一次性手套	1	√								√
13	钟表	1	√				√				

七、注射室

（1）患者自己或在其他人帮助下进入注射室。护士根据医嘱，根据不同的注射部位，让患者坐位或卧位或取特殊体位，护士按照诊疗常规要求对患者进行药品注射治疗。本室应备有抢救车，注射室平面示意图如图6-2-7所示。

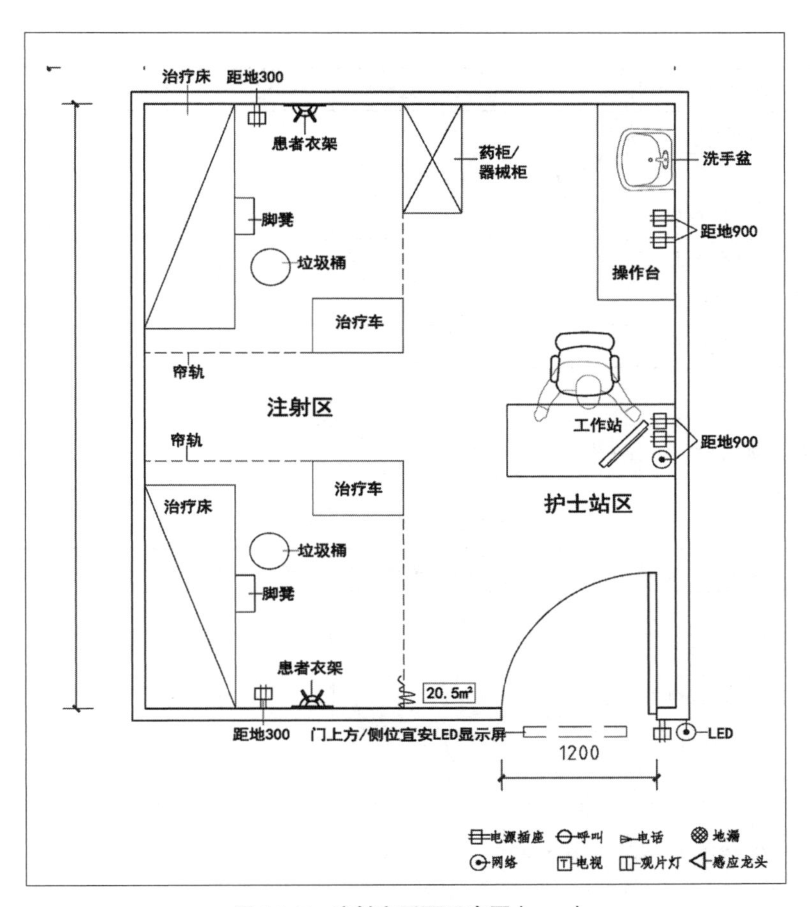

图6-2-7　注射室平面示意图（mm）

（2）家具设备清单与分类（表6-2-19）。

注射室家具设备清单与分类　　表6-2-19

序号	家具/设备类别	家具/设备数量	基建	设备	信息	开办
1	洗手盆	1				√
2	座椅（带靠背）	1				√
3	边台吊柜	1				√
4	垃圾桶	2				√
5	治疗车	2				√
6	器械柜	1				√
7	电脑（显示器+主机）	1			√	
8	脚踏凳	2				√
9	治疗床	2		√		

续表

序号	家具/设备类别	家具/设备数量	基建	设备	信息	开办
10	排队叫号系统	1			√	
11	医疗带	2		√		
12	抢救车	1				√
13	空气消毒剂	1	√			
14	冰箱	1		√		
15	注射台	1				√

（3）物品物料清单与分类（表6-2-20）。

注射室物品物料清单与分类 **表6-2-20**

序号	物品物料名称	物品物料数量	基建	设备	信息	开办
1	锐器盒	1				√
2	手消剂	1				√
3	医疗废物桶	1				√
4	钟表	1				√
5	一次性耗材	若干				√

（4）开办费范围分类（表6-2-21）。

注射室物品开办费范围分类 **表6-2-21**

序号	名称	数量	开办	KB2 信息	KB3 设备	KB4 站房	KB5 物业	KB6 家具	KB7 布品	KB8 文化	KB9 耗材
1	洗手盆	1	√					√			
2	座椅（带靠背）	1	√					√			
3	边台吊柜	1	√					√			
4	垃圾桶	2	√					√			
5	治疗车	2	√					√			
6	器械柜	1	√					√			
7	脚踏凳	2	√					√			
8	治疗床	2	√		√						
9	医疗带	2	√		√						
10	抢救车	1	√					√			
11	锐器盒	1	√								√
12	手消剂	1	√								√

续表

序号	名称	数量	开办	KB2 信息	KB3 设备	KB4 站房	KB5 物业	KB6 家具	KB7 布品	KB8 文化	KB9 耗材
13	医疗废物桶	1	√					√			
14	一次性耗材	若干									
15	钟表	1	√				√				

八、采血室

（1）采血室是采集病人血液以用于检查化验的场所。此空间应控制相对清洁，需注意候诊区域人流的控制。通常设计为柜台模式，抽血患者需设置座位，采血室平面示意图如图6-2-8所示。

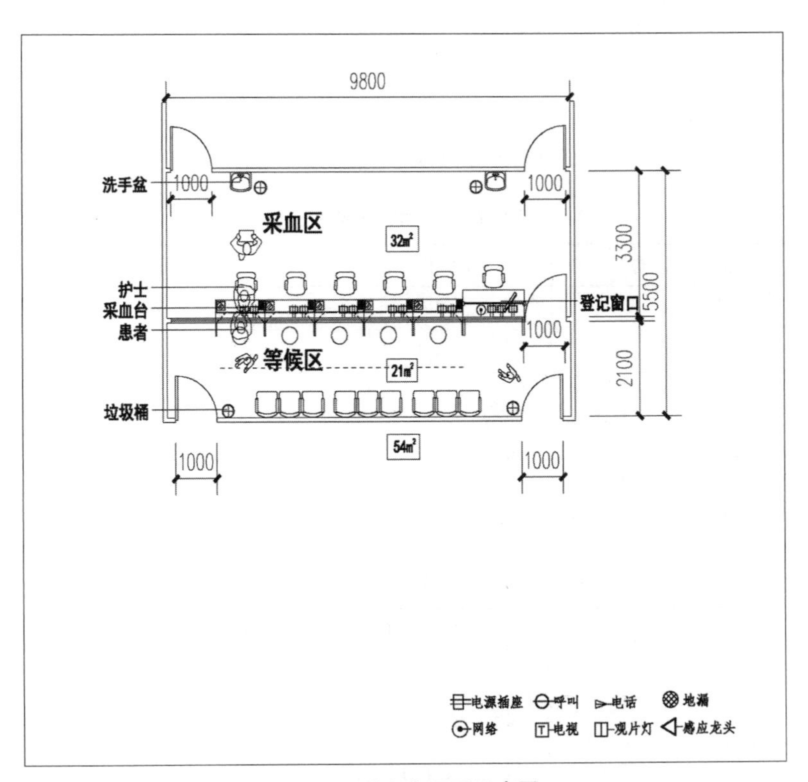

图6-2-8　采血室平面示意图

（2）家具设备清单与分类（表6-2-22）。

采血室家具设备清单与分类　　表6-2-22

序号	家具/设备类别	家具/设备数量	基建	设备	信息	开办
1	洗手盆	2				√
2	座椅（带靠背）	6				√
3	边台吊柜	5				√
4	垃圾桶	4				√
5	电脑（显示器+主机）	1			√	
6	圆凳	5				√
7	候诊椅	9				√
8	试管架	按需采购				√
9	空气消毒剂	1	√			
10	标签机	1		√		
11	叫号屏	1		√		

（3）物品物料清单与分类（表6-2-23）。

采血室物品物料清单与分类　　表6-2-23

序号	物品物料名称	物品物料数量	基建	设备	信息	开办
1	锐器盒	1				√
2	手消剂	1				√
3	医疗废物桶	1				√
4	一次性耗材	若干				√

（4）开办费范围分类（表6-2-24）。

采血室物品开办费范围分类　　表6-2-24

序号	名称	数量	开办	KB2 信息	KB3 设备	KB4 站房	KB5 物业	KB6 家具	KB7 布品	KB8 文化	KB9 耗材
1	洗手盆	2	√					√			
2	座椅（带靠背）	6	√					√			
3	边台吊柜	5	√					√			
4	垃圾桶	4	√					√			
5	圆凳	5	√					√			
6	候诊椅	9	√					√			

续表

序号	名称	数量	开办	KB2 信息	KB3 设备	KB4 站房	KB5 物业	KB6 家具	KB7 布品	KB8 文化	KB9 耗材
7	试管架	按需采购	√		√						
8	锐器盒	1	√								√
9	手消剂	1	√								√
10	医疗废物桶	1	√					√			
11	一次性耗材	若干									

九、抢救室

（1）抢救室用于紧急状态下，重症抢救。例如，心律失常、心绞痛、急性心肌梗塞等症状，抢救室平面示意图如图6-2-9所示。

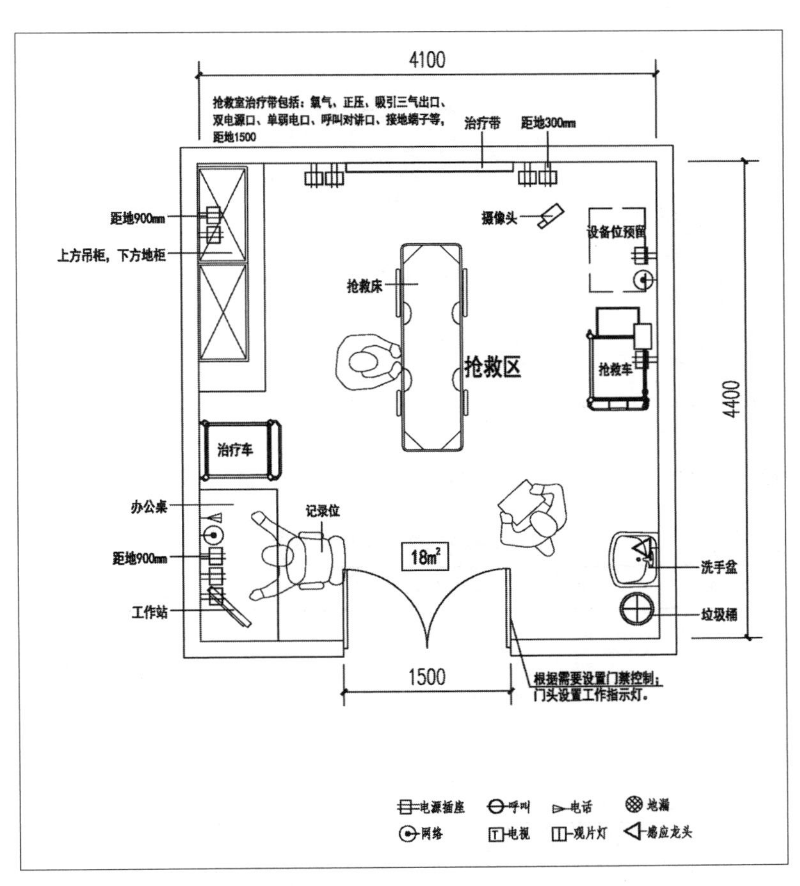

图6-2-9　抢救室平面示意图

（2）家具设备清单与分类（表6-2-25）。

抢救室家具设备清单与分类 **表6-2-25**

序号	家具/设备类别	家具/设备数量	基建	设备	信息	开办
1	洗手盆	1				√
2	座椅（带靠背）	1				√
3	边台吊柜	1				√
4	垃圾桶	1				√
5	电脑（显示器+主机）	1			√	
6	医用诊桌	1				√
7	摄像头	1				√
8	抢救车	1				√
9	抢救床	1		√		
10	气动呼吸机	1		√		
11	心脏除颤器	1		√		
12	心电监护仪	1		√		
13	医疗带	1		√		
14	观片灯	1		√		
15	帘轨	1				√
16	心电图机	1		√		
17	微量泵	1		√		
18	输液泵	1		√		
19	空气消毒剂	1	√			
20	治疗车	1				√

（3）物品物料清单与分类（表6-2-26）。

抢救室物品物料清单与分类 **表6-2-26**

序号	物品物料名称	物品物料数量	基建	设备	信息	开办
1	输液架	1				√
2	钟表	1				√
3	医疗废物桶	1				√
4	电话	1			√	
5	一次性耗材	若干				√
6	器械柜	1				√

（4）开办费范围分类（表6-2-27）。

抢救室物品开办费范围分类　　**表6-2-27**

序号	名称	数量	开办	KB2 信息	KB3 设备	KB4 站房	KB5 物业	KB6 家具	KB7 布品	KB8 文化	KB9 耗材
1	洗手盆	1	√					√			
2	座椅（带靠背）	1	√					√			
3	边台吊柜	1	√					√			
4	垃圾桶	1	√					√			
5	医用诊桌	1	√					√			
6	摄像头	1	√					√			
7	抢救车	1	√					√			
8	抢救床	1	√		√						
9	气动呼吸机	1	√		√						
10	心脏除颤器	1	√		√						
11	心电监护仪	1	√		√						
12	医疗带	1	√		√						
13	观片灯	1	√		√						
14	帘轨	1	√					√			
15	心电图机	1	√		√						
16	微量泵	1	√		√						
17	输液泵	1	√		√						
18	输液架	1	√					√			
19	钟表	1	√				√				
20	医疗废物桶	1	√					√			

十、留观室

（1）留观，即留院观察，通常指病人在病情未稳定时医生采取的观察病人身体情况的措施。本房间用于急诊患者临时留院观察，留观室平面示意图如图6-2-10所示。

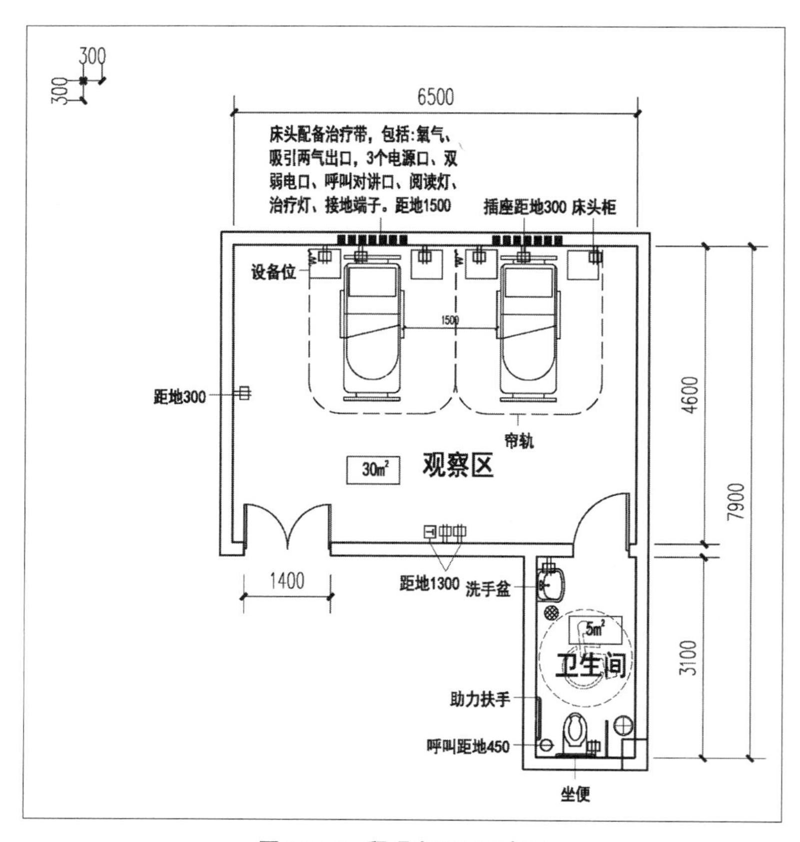

图6-2-10 留观室平面示意图

（2）家具设备清单与分类（表6-2-28）。

留观室家具设备清单与分类 表6-2-28

序号	家具/设备类别	家具/设备数量	基建	设备	信息	开办
1	洗手盆	1				√
2	垃圾桶	1				√
3	帘轨	2				√
4	床头柜	4				√
5	电视	1				√
6	呼叫对讲机	2			√	
7	心脏除颤器	2		√		
8	电动多功能病床	2		√		
9	医疗带	2		√		
10	坐便器	1				√
11	助力扶手	1	√			

（3）物品物料清单与分类（表6-2-29）。

留观室物品物料清单与分类 **表6-2-29**

序号	物品物料名称	物品物料数量	基建	设备	信息	开办
1	输液架	1				√

（4）开办费范围分类（表6-2-30）。

留观室物品开办费范围分类 **表6-2-30**

序号	名称	数量	开办	KB2 信息	KB3 设备	KB4 站房	KB5 物业	KB6 家具	KB7 布品	KB8 文化	KB9 耗材
1	洗手盆	1	√					√			
2	垃圾桶	1	√					√			
3	帘轨	2	√					√			
4	床头柜	4	√					√			
5	电视	1	√					√			
6	心脏除颤器	2	√		√						
7	电动多功能病床	2	√		√						
8	医疗带	2	√		√						
9	坐便器	1	√					√			
10	输液架	1	√					√			

十一、病房

（1）病房内分为医疗工作区和医疗辅助区。病房内均设置独立的卫浴，要求无障碍设计，洗浴盥洗间和卫生间彼此隔离。基本的配套家具应包括壁橱（储物盒悬挂衣物）、床头柜、陪床椅。吊顶净高不宜低于2.8米。

①双人间病房（图6-2-11）。

②三人间病房平面示意图（图6-2-12）。

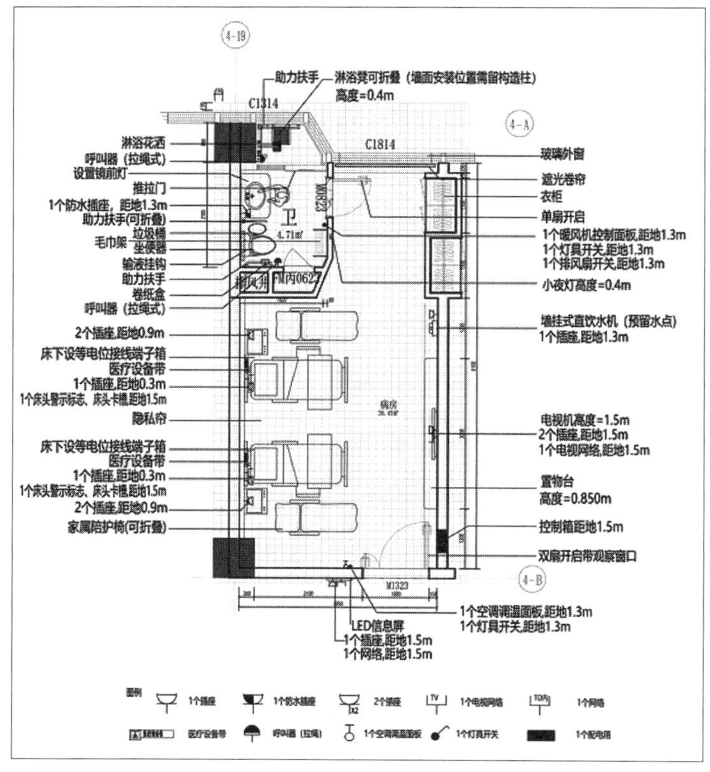

图6-2-11　双人间病房示意图

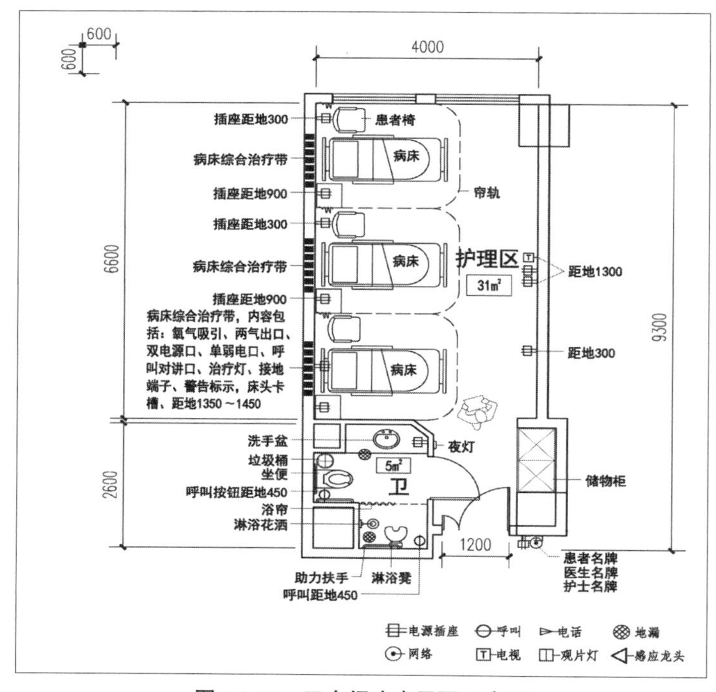

图6-2-12　三人间病房平面示意图

（2）家具设备清单与分类（表6-2-31）。

三人间病房家具设备清单与分类　表6-2-31

序号	家具/设备类别	家具/设备数量	基建	设备	信息	开办
1	护理升降台	3				√
2	坐便器	1	√			
3	洗手盆	1	√			
4	淋浴房	1	√			
5	垃圾桶	1				√
6	陪床椅（可展开为床）	3				√
7	病人储物柜	3				√
8	电视	1				√
9	帘轨	3				√
10	床头柜	3				√
11	电动多功能病床（带输液架）	3		√		
12	患者椅	3				√
13	医疗带（每病床正负、氧气、强电 ×3）	3	√			
14	呼叫对讲	1			√	
15	医护用四色门灯	1			√	
16	拉绳按钮	1			√	
17	病房门口机	1			√	
18	病床分机	3			√	
19	床旁交互屏	3			√	
20	医护手柄	3			√	
21	床尾墨水屏	3			√	
22	智能输液器	3			√	
23	跌倒检测雷达	1			√	
24	夜灯	1	√			

（3）物品物料清单与分类（表6-2-32）。

三人间病房物品物料清单与分类　表6-2-32

序号	物品物料名称	物品物料数量	基建	设备	信息	开办
1	责任护士插牌	1				√
2	床号标识（病床自带）	3				√
3	警示牌盒子	1				√

续表

序号	物品物料名称	物品物料数量	基建	设备	信息	开办
4	床垫	3				√
5	隔帘	3				√
6	开水瓶	3				√
7	厚被子	3				√
8	薄被子	3				√
9	床单	3				√
10	被套	3				√
11	枕芯	3				√
12	枕套	3				√
13	患衣	3				√
14	患裤	3				√
15	卫浴盒	1				√
16	毛巾架	1				√
17	卫浴隔帘	1				√
18	防滑垫	1				√
19	防滑扶手（横+竖）	若干	√			
20	夜灯	1	√			
21	阅读灯	3	√			
22	镜子	1	√			

（4）开办费范围分类（表6-2-33）。

三人间病房物品开办费范围分类 **表6-2-33**

序号	名称	数量	开办	KB2 信息	KB3 设备	KB4 站房	KB5 物业	KB6 家具	KB7 布品	KB8 文化	KB9 耗材
1	护理升降台	3	√					√			
2	垃圾桶	1	√					√			
3	陪床椅（可展开为床）	3	√					√			
4	病人储物柜	3	√					√			
5	电视	1	√					√			
6	帘轨	3	√						√		
7	床头柜	3	√					√			
8	电动多功能病床（带输液架）	3	√					√			

续表

序号	名称	数量	开办	KB2 信息	KB3 设备	KB4 站房	KB5 物业	KB6 家具	KB7 布品	KB8 文化	KB9 耗材
9	患者椅	3	√					√			
10	责任护士插牌	1	√							√	
11	床号标识（病床自带）	3	√							√	
12	警示牌盒子	1	√							√	
13	床垫	3	√						√		
14	隔帘	3	√						√		
15	开水瓶	3	√								√
16	厚被子	3	√						√		
17	薄被子	3	√						√		
18	床单	3	√						√		
19	被套	3	√						√		
20	枕芯	3	√						√		
21	枕套	3	√						√		
22	患衣	3	√						√		
23	患裤	3	√						√		
24	卫浴盒	1	√								√
25	毛巾架	1	√						√		
26	卫浴隔帘	1	√						√		
27	防滑垫	1	√						√		

十二、医生办公室

（1）医生办公室为医生在此交接班、办公、学习的功能房间。根据医师和办公空间的数量预置电话、网络、HIS/PACS端口等，医生办公室平面示意图如图6-2-13所示。

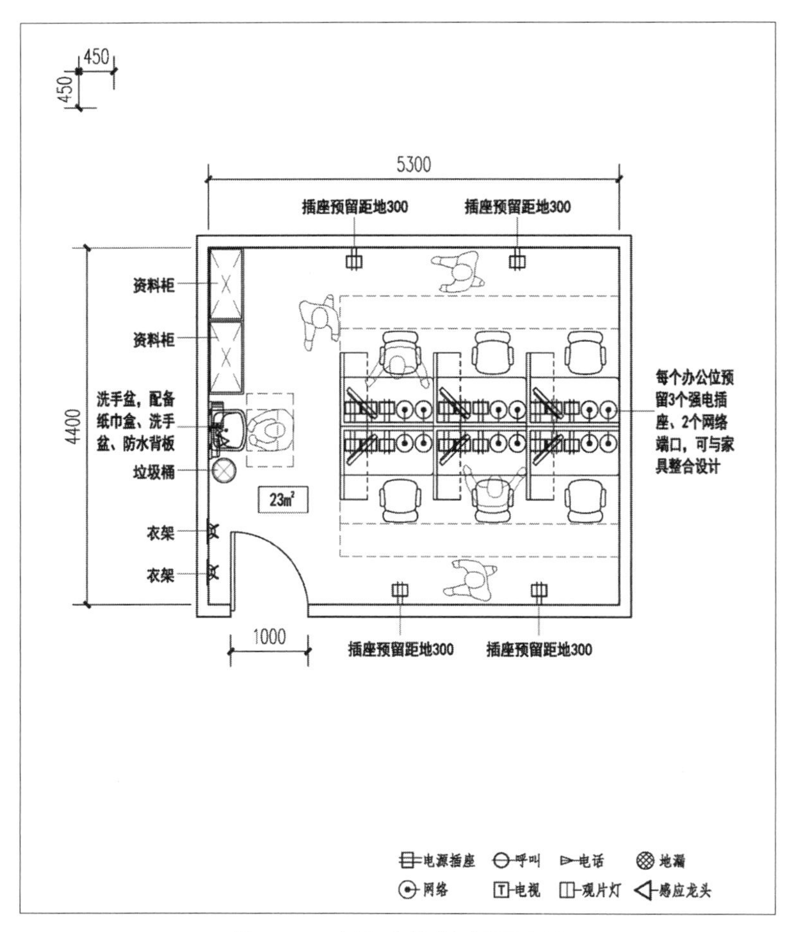

图6-2-13　医生办公室平面示意图

（2）家具设备清单与分类（表6-2-34）。

医生办公室家具设备清单与分类　表6-2-34

序号	家具/设备类别	家具/设备数量	基建	设备	信息	开办
1	座椅（带靠背）	6				√
2	洗手盆	1	√			
3	垃圾桶	1				√
4	医用诊桌	6				√
5	电脑	6			√	
6	资料柜	2				√
7	衣架	2				√
8	人脸门禁一体机	1			√	

续表

序号	家具/设备类别	家具/设备数量	基建	设备	信息	开办
9	医生办呼叫分机	1			√	
10	医生办门口机	1			√	
11	壁挂显示器	1			√	
12	叫号器	1			√	
13	自助签到机	1			√	
14	天花板音箱	1			√	
15	一键报警盒	1				
16	功放	1			√	

（3）物品物料清单与分类（表6-2-35）。

医生办公室物品物料清单与分类　　**表6-2-35**

序号	物品物料名称	物品物料数量	基建	设备	信息	开办
1	刷卡器	2				√
2	阅片灯	2				√
3	挂钟	1				√
4	子母电话机	1			√	
5	听诊器	2		√		
6	叩诊锤	2		√		
7	眼底镜	2		√		
8	检查器具收纳盒	2				√
9	纸张托架	8				√
10	抽屉式纸张盒	4				√
11	办公桌垫	8				√
12	浆糊	2				√
13	长尾夹	10				√
14	六步洗手法标识	1				√
15	手消剂	1				√
16	手消剂架	1				√
17	手消剂标识	1				√
18	擦手纸	1				√
19	纸巾盒	1				√
20	洗手液	1				√

续表

序号	物品物料名称	物品物料数量	基建	设备	信息	开办
21	A4打印纸	2				√
22	门诊处方打印纸	2				√
23	门诊病人缴费通知单	2				√
24	记账小票	2				√
25	杂项单	2				√
26	医生交班记录本	1				√
27	疑难病例讨论本	1				√
28	死亡病例讨论本	1				√
29	医疗质量控制本	1				√
30	住院证	100				√
31	住院部领药单	2				√
32	麻醉处方	1				√
33	信息蓝板	2				√
34	图钉	少许				√
35	信息白板	2				√
36	白板擦	2				√
37	白板笔	2				√
38	文件夹	6				√
39	书立	8				√
40	文件夹架	8				√
41	订书机	2				√
42	订书针	2				√

（4）开办费范围分类（表6-2-36）。

医生办公室物品开办费范围分类 **表6-2-36**

序号	名称	数量	开办	KB2 信息	KB3 设备	KB4 站房	KB5 物业	KB6 家具	KB7 布品	KB8 文化	KB9 耗材
1	座椅（带靠背）	6	√					√			
2	垃圾桶	1	√					√			
3	医用诊桌	6	√					√			
4	资料柜	2	√					√			
5	衣架	2	√					√			
6	刷卡器	2	√					√			

续表

序号	名称	数量	开办	KB2 信息	KB3 设备	KB4 站房	KB5 物业	KB6 家具	KB7 布品	KB8 文化	KB9 耗材
7	阅片灯	2	√					√			
8	挂钟	1	√							√	
9	检查器具收纳盒	2	√								√
10	纸张托架	8	√								√
11	抽屉式纸张盒	4	√								√
12	办公桌垫	8	√								√
13	浆糊	2	√								√
14	长尾夹	10	√								√
15	六步洗手法标识	1	√							√	
16	手消剂	1	√								√
17	手消剂架	1	√								√
18	手消剂标识	1	√								√
19	擦手纸	1	√								√
20	纸巾盒	1	√								√
21	洗手液	1	√								√
22	A4打印纸	2	√								√
23	门诊处方打印纸	2	√								√
24	门诊病人缴费通知单	2	√								√
25	记账小票	2	√								√
26	杂项单	2	√								√
27	医生交班记录本	1	√								√
28	疑难病例讨论本	1	√								√
29	死亡病例讨论本	1	√								√
30	医疗质量控制本	1	√								√
31	住院证	100	√								√
32	住院部领药单	2	√								√
33	麻醉处方	1	√								√
34	信息蓝板	2	√							√	
35	图钉	少许	√								√
36	信息白板	2	√							√	
37	白板擦	2	√								√
38	白板笔	2	√								√

续表

序号	名称	数量	开办	KB2 信息	KB3 设备	KB4 站房	KB5 物业	KB6 家具	KB7 布品	KB8 文化	KB9 耗材
39	文件夹	6	√								√
40	书立	8	√								√
41	文件夹架	8	√								√
42	订书机	2	√								√
43	订书针	2	√								√

十三、病区护士站

（1）病区护士站是护士的工作基地，包括接待病人和探视人员、编写存放病例、接收病人和医生的呼叫信号等。护士站宜看见病室和单元主入口，在此能看到走廊及病人活动室的情况，站内设桌椅、病历柜、电话、洗手盆等，护士站平面示意图如图6-2-14所示。

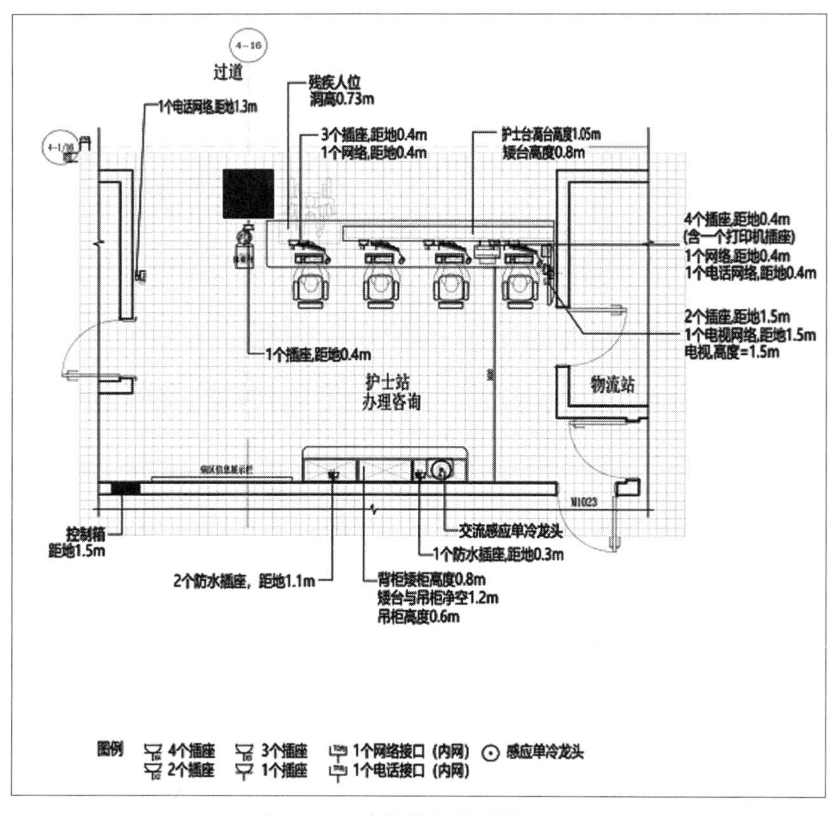

图6-2-14　病区护士站平面示意图

（2）家具设备清单与分类（表6-2-37）。

病区护士站家具设备清单与分类　　表6-2-37

序号	家具/设备类别	家具/设备数量	基建	设备	信息	开办
1	洗手盆（跟边台一体）	1	√			√
2	病历车	2				√
3	治疗车	3				√
4	边台吊柜	1				√
5	摄像头	1			√	
6	电脑（显示器+主机）	4			√	
7	护士站	1				√
8	座椅（带靠背）	4				√
9	圆凳	1				√
10	垃圾桶	1				√
11	打印机	1			√	
12	气动物流传输系统	1	√			
13	身高体重秤	1		√		
14	腕带打印机	1				
15	标签打印机	1				
16	医护对讲主机	1			√	
17	护士站护理大屏	1			√	
18	认证核验终端	1			√	
19	投屏器	1			√	
20	发卡器	1			√	
21	移动护理终端	10			√	
22	人脸识别终端	1			√	
23	输液充电设备	1			√	
24	移动支架	1			√	
26	人脸检测摄像机	1			√	
26	护士分诊显示器	1			√	
27	一键报警盒	1			√	
28	探视管理系统	1			√	

（3）物品物料清单与分类（表6-2-38）。

病区护士站物品物料清单与分类 **表6-2-38**

序号	物品物料名称	物品物料数量	基建	设备	信息	开办
1	无菌手套	少许				√
2	扫描枪	2			√	
3	挂钟	1				√
4	子母电话机	1			√	
5	院感盒	1				√
6	手电筒	2				√
7	血压计	2		√		
8	体温表	1		√		
9	排钩	1				√
10	订书机	1				√
11	订书钉	少许				√
12	回形针	少许				√
13	长尾夹	10				√
14	固体胶	1				√
15	听诊器	1		√		
16	红笔	少许				√
17	圆珠笔	少许				√
18	书立	3				√
19	文件夹架	2				√
20	六步洗手法标识	1				√
21	手消剂	2				√
22	手消剂架	1				√
23	手消剂标识	1				√
24	检查器具收纳盒	1				√
25	纸巾盒	1				√
26	洗手液	1				√
27	黑笔	1				√
28	钥匙盒/应急箱	1				√
29	应急钥匙扣	1				√
30	灭火器	若干				√
31	防毒面具、应急灯	1				√
32	消防红桶	1				√

续表

序号	物品物料名称	物品物料数量	基建	设备	信息	开办
33	仪器登记本	1				√
34	12h制交接班本	1				√
35	疑难病例讨论登记本	1				√
36	出院病人登记本	1				√
37	出院电话随访登记本	1				√
38	死亡证	1				√
39	擦手纸	1				√
40	钥匙盘（小）	1				√
41	待消毒暂存桶	1				√
42	治疗盘	1				√
43	输液敷贴	1				√
44	头皮针	2				√
45	5号电池	2				√
46	钝头剪刀	1				√
47	棉签	少许				√
48	止血带	1				√
49	纸胶布	1				√
50	启瓶器	1				√
51	弯盘	1				√
52	电极片	4				√
53	压舌板	2				√
54	牙垫	2		√		
55	舌钳	1		√		
56	心内注射针	2				√
57	空针	少许				√
58	输血器	2		√		
59	输液器	2		√		
60	连接管	2				√
61	留置针	2				√
62	留置针透明贴	2				√
63	吸痰管	3				√
64	无菌纱布	2				√
65	中心氧气装置	1	√			

续表

序号	物品物料名称	物品物料数量	基建	设备	信息	开办
66	灭菌湿化水500ml	1				√
67	中心吸引器	1	√			
68	吸引器管	1				√
69	中心吸引器架	1				√
70	开口器	1		√		
71	呼吸气囊盒	1				√
72	口头医嘱记录本	1				√
73	计算器	1				√
74	入院联系卡	200				√
75	出院联系卡	200				√
76	一次性水杯	少许				√
77	一次性筷子	少许				√
78	一次性碗	少许				√
79	接线板	1				√

（4）开办费范围分类（表6-2-39）。

病区护士站物品开办费范围分类 **表6-2-39**

序号	名称	数量	开办	KB2 信息	KB3 设备	KB4 站房	KB5 物业	KB6 家具	KB7 布品	KB8 文化	KB9 耗材
1	病历车	2	√					√			
2	治疗车	3	√					√			
3	边台吊柜	1	√					√			
4	护士站	1	√					√			
5	座椅（带靠背）	4	√					√			
6	圆凳	1	√					√			
7	垃圾桶	1	√					√			
8	无菌手套	少许	√								√
9	挂钟	1	√							√	
10	院感盒	1	√								√
11	手电筒	2	√								√
12	排钩	1	√								√
13	订书机	1	√								√
14	订书钉	少许	√								√

续表

序号	名称	数量	开办	KB2 信息	KB3 设备	KB4 站房	KB5 物业	KB6 家具	KB7 布品	KB8 文化	KB9 耗材
15	回形针	少许	√								√
16	长尾夹	10	√								√
17	固体胶	1	√								√
18	红笔	少许	√								√
19	圆珠笔	少许	√								√
20	书立	3	√								√
21	文件夹架	2	√								√
22	六步洗手法标识	1	√							√	
23	手消剂	2	√								√
24	手消剂架	1	√								√
25	手消剂标识	1	√							√	
26	检查器具收纳盒	1	√								√
27	纸巾盒	1	√								√
28	洗手液	1	√								√
29	黑笔	1	√								√
30	钥匙盒/应急箱	1	√								√
31	应急钥匙扣	1	√								√
32	灭火器	若干套	√								√
33	防毒面具、应急灯	1	√								√
34	消防红桶	1	√								√
35	仪器登记本	1	√								√
36	12h制交接班本	1	√								√
37	疑难病例讨论登记本	1	√								√
38	出院病人登记本	1	√								√
39	出院电话随访登记本	1	√								√
40	死亡证	1	√								√
41	擦手纸	1	√								√
42	钥匙盘（小）	1	√								√
43	待消毒暂存桶	1	√					√			
44	治疗盘	1	√								√
45	输液敷贴	1	√								√
46	头皮针	2	√								√

续表

序号	名称	数量	开办	KB2 信息	KB3 设备	KB4 站房	KB5 物业	KB6 家具	KB7 布品	KB8 文化	KB9 耗材
47	5号电池	2	√								√
48	钝头剪刀	1	√								√
49	棉签	少许	√								√
50	止血带	1	√								√
51	纸胶布	1	√								√
52	启瓶器	1	√								√
53	弯盘	1	√								√
54	电极片	4	√								√
55	压舌板	2	√								√
56	心内注射针	2	√								√
57	空针	少许	√								√
58	连接管	2	√								√
59	留置针	2	√								√
60	留置针透明贴	2	√								√
61	吸痰管	3	√								√
62	无菌纱布	2	√								√
63	灭菌湿化水500ml	1	√								√
64	吸引器管	1	√								√
65	中心吸引器架	1	√					√			
66	呼吸气囊盒	1	√								√
67	口头医嘱记录本	1	√								√
68	计算器	1	√								√
69	入院联系卡	200	√								√
70	出院联系卡	200	√								√
71	一次性水杯	少许	√								√
72	一次性筷子	少许	√								√
73	一次性碗	少许	√								√
74	接线板	1	√								√

十四、医护值班室

（1）医生值班室是医生的休息区，室内最好放两张床，可考虑双层床，应设置存放被褥衣物的衣柜，方便医护人员存放专有寝具，医生值班室平面示意图如图6-2-15所示。

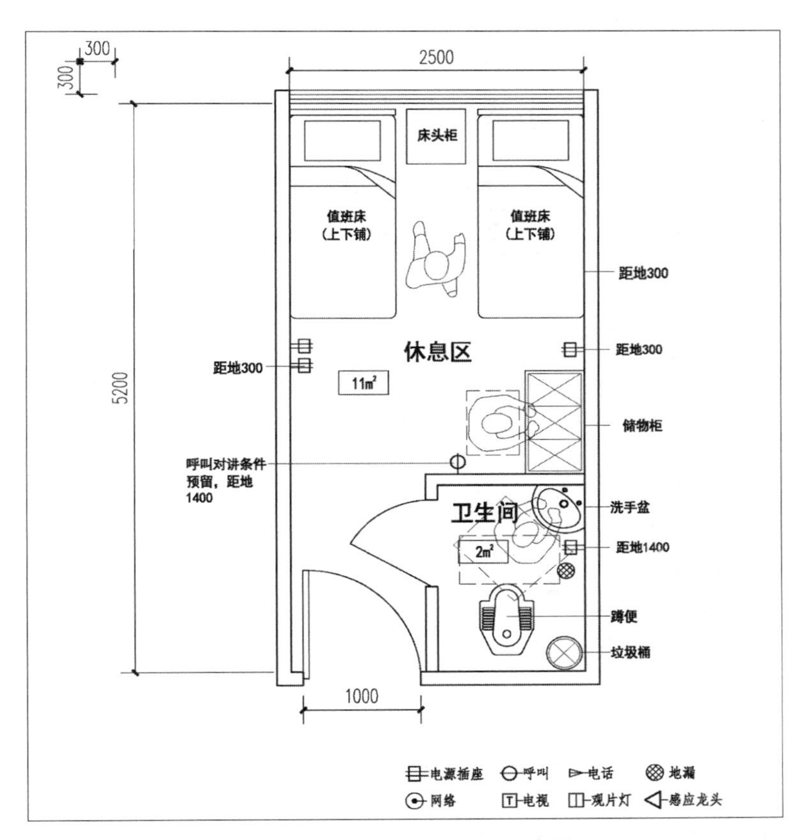

图6-2-15　医生值班室平面示意图

（2）家具设备清单与分类（表6-2-40）。

医生值班室家具设备清单与分类　表6-2-40

序号	家具/设备类别	家具/设备数量	基建	设备	信息	开办
1	洗手盆	1	√			
2	垃圾桶	1				√
3	床头柜	1				√
4	更衣柜	1				√

续表

序号	家具/设备类别	家具/设备数量	基建	设备	信息	开办
5	双层值班床	2				√
6	蹲便器	1	√			
7	人脸门禁一体机	1			√	
8	一键报警盒	1			√	
9	呼叫对讲	1			√	

（3）物品物料清单与分类（表6-2-41）。

医生值班室物品物料清单与分类 **表6-2-41**

序号	物品物料名称	物品物料数量	基建	设备	信息	开办
1	六步洗手法标识	1				√
2	洗手液	1				√
3	薄被子	4				√
4	灭蚊器	1				√
5	床垫	4				√
6	卫浴盒	1				√
7	毛巾架	1	√			
8	厚被子	4				√
9	枕头	4				√
10	彩条床单	8				√
11	防滑垫	1				√
12	镜子	1	√			

（4）开办费范围分类（表6-2-42）。

医生值班室物品开办费范围分类 **表6-2-42**

序号	名称	数量	开办	KB1 人力	KB2 信息	KB3 设备	KB4 站房	KB5 物业	KB6 家具	KB7 布品	KB8 文化	KB9 耗材
1	垃圾桶	1	√						√			
2	床头柜	1	√						√			
3	更衣柜	1	√						√			
4	双层值班床	2	√						√			
5	六步洗手法标识	1	√								√	

续表

序号	名称	数量	开办	KB1 人力	K B 2 信息	KB3 设备	KB4 站房	KB5 物业	KB6 家具	KB7 布品	KB8 文化	KB9 耗材
6	洗手液	1	√									√
7	薄被子	4	√							√		
8	灭蚊器	1	√									√
9	床垫	4	√							√		
10	卫浴盒	1	√									√
11	毛巾架	1	√									√
12	厚被子	4	√							√		
13	枕头	4	√							√		
14	彩条床单	8	√							√		
15	防滑垫	1	√									√

十五、治疗准备室

（1）治疗准备室是用于护理单元的输液配剂、输液前准备的功能房间，宜邻近护士站设置，能够便于护士操作，减少行走距离。室内有洁净度要求，输液车使用后通过前室消毒后，进入治疗室。房间内可利用紫外线消毒或其他消毒方式。可选配智慧医疗卫生机构物联网药品柜含药品柜、耗材柜、器械柜、洁净物品等，需相应增加房间面积，以保证所有设备可以有足够的面积放置，治疗准备室平面示意图如图6-2-16所示。

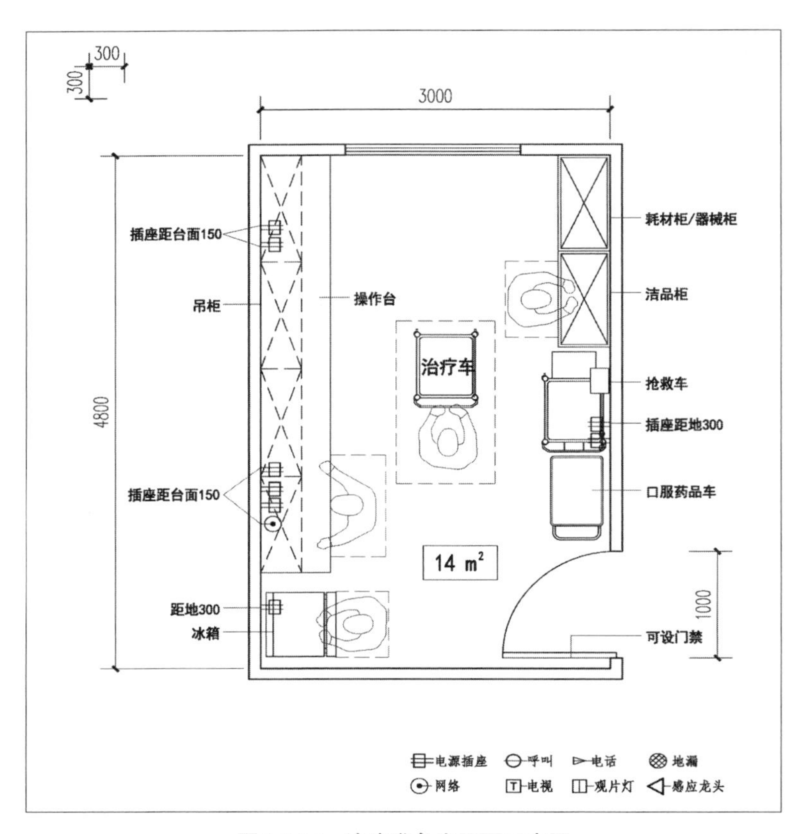

图6-2-16　治疗准备室平面示意图

（2）家具设备清单与分类（表6-2-43）。

治疗准备室家具设备清单与分类　　　　表6-2-43

序号	家具/设备类别	家具/设备数量	基建	设备	信息	开办
1	边台吊柜（含毒麻药柜）	1				√
2	治疗车	2				√
3	口服药品车	1				√
4	耗材柜/器械柜	2				√
5	2～10℃医用冷藏箱	1				√
6	空气消毒剂	1	√			
7	抢救车	1				√

（3）物品物料清单与分类（表6-2-44）。

治疗准备室物品物料清单与分类 **表6-2-44**

序号	物品物料名称	物品物料数量	基建	设备	信息	开办
1	穿刺包	少许				√
2	拆线包	少许				√
3	注射用水	少许				√
4	治疗盘	少许				√
5	采血管	少许				√
6	皮肤消毒剂	少许				√
7	导尿包	少许				√
8	吸痰包	少许				√
9	灌肠袋	少许				√
10	湿化瓶	10				√
11	防护盒	少许				√
12	口服药发放盒	少许				√
13	口护包	少许				√
14	口咽通气管	少许				√
15	利器盒	少许				√
16	灌肠液	少许				√
17	取药筐	少许				√
18	摆药筐	少许				√
19	棉签	少许				√
20	输液器	少许		√		
21	一次性口罩、帽子	少许				√
22	头皮针	少许				
23	采血针	少许				
24	换药盒	少许				√
25	无菌纱布	少许				√
26	一次性胃管	少许				√
27	引流袋	少许				√
28	无菌手套	少许				√
29	石蜡油棉球	少许				√
30	一次性橡胶手套	少许				√
31	一次性连接导管	少许				√
32	一次性吸氧面罩	少许				√

续表

序号	物品物料名称	物品物料数量	基建	设备	信息	开办
33	流量表	2	√			
34	穿刺针	少许				√
35	电极片	少许				√

（4）开办费范围分类（表6-2-45）。

治疗准备室物品开办费范围分类 **表6-2-45**

序号	名称	数量	开办	KB2 信息	KB3 设备	KB4 站房	KB5 物业	KB6 家具	KB7 布品	KB8 文化	KB9 耗材
1	边台吊柜（含毒麻药柜）	1	√					√			
2	治疗车	2	√					√			
3	口服药品车	1	√					√			
4	器械柜	2	√					√			
5	2～10℃医用冷藏箱	1	√					√			
6	抢救车	1	√					√			
7	穿刺包	少许	√						√		
8	拆线包	少许	√						√		
9	注射用水	少许	√								√
10	治疗盘	少许	√								√
11	采血管	少许	√								√
12	皮肤消毒剂	少许	√								√
13	导尿包	少许	√						√		
14	吸痰包	少许	√						√		
15	灌肠袋	少许	√								√
16	湿化瓶	10	√								√
17	防护盒	少许	√								√
18	口服药发放盒	少许	√								√
19	口护包	少许	√						√		
20	口咽通气管	少许	√								√
21	利器盒	少许	√								√
22	灌肠液	少许	√								√
23	取药筐	少许	√					√			
24	摆药筐	少许	√					√			
25	棉签	少许	√								√

续表

序号	名称	数量	开办	KB2 信息	KB3 设备	KB4 站房	KB5 物业	KB6 家具	KB7 布品	KB8 文化	KB9 耗材
26	一次性口罩、帽子	少许	√						√		
27	换药盒	少许	√								√
28	无菌纱布	少许	√						√		
29	一次性胃管	少许	√								√
30	引流袋	少许	√								√
31	无菌手套	少许	√						√		
32	石蜡油棉球	少许	√								√
33	一次性橡胶手套	少许	√						√		
34	一次性连接导管	少许	√								√
35	一次性吸氧面罩	少许	√								√
36	穿刺针	少许	√								√
37	电极片	少许	√								√

十六、治疗室

（1）治疗室用于医疗处置操作，例如，换药、消炎、包扎等，治疗室平面示意图如图6-2-17所示。

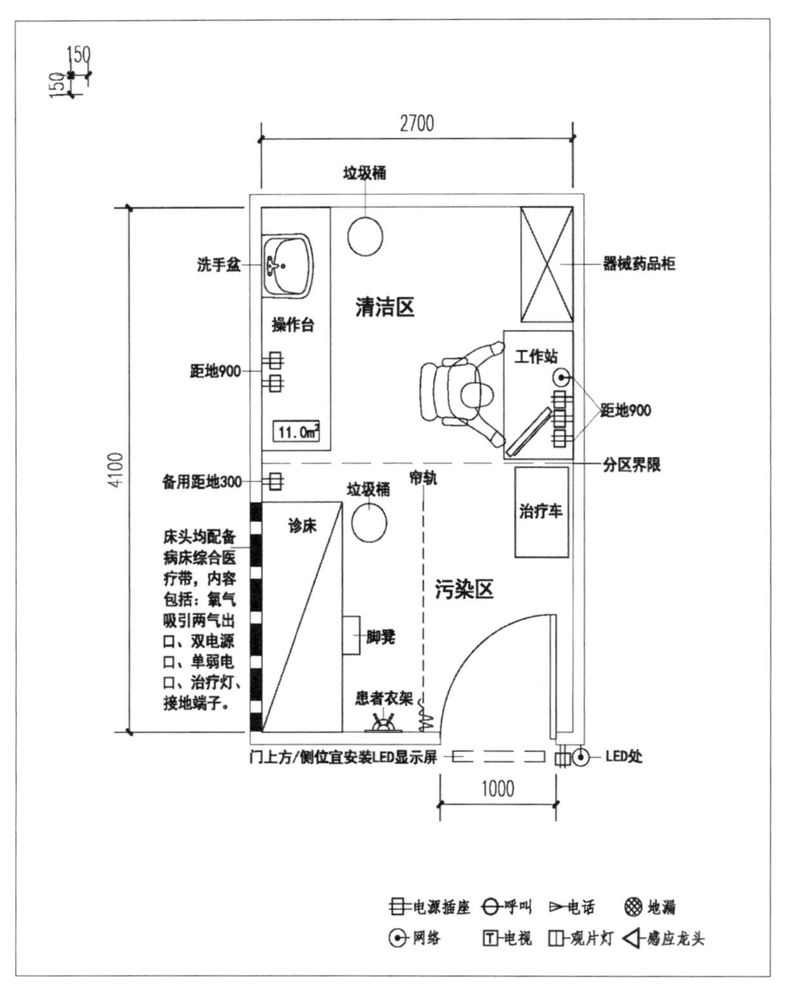

图6-2-17　治疗室平面示意图

（2）家具设备清单与分类（表6-2-46）。

治疗室家具设备清单与分类　　表6-2-46

序号	家具/设备类别	家具/设备数量	基建	设备	信息	开办
1	洗手盆	1				√
2	座椅（带靠背）	1				√
3	边台吊柜	1				√
4	垃圾桶	2				√
5	电脑（显示器+主机）	1			√	
6	工作站	1				√

续表

序号	家具/设备类别	家具/设备数量	基建	设备	信息	开办
7	脚凳	1				√
8	治疗车	1				√
9	器械药品柜	1				√
10	衣架	1				√
11	诊床	1		√		
12	排队叫号系统	1			√	
13	呼叫对讲	1			√	
14	空气消毒机	1	√			
15	帘轨	1				√

（3）物品物料清单与分类（表6-2-47）。

治疗室物品物料清单与分类　　表6-2-47

序号	物品物料名称	物品物料数量	基建	设备	信息	开办
1	锐器盒	1				√
2	医疗废物桶	1				√
3	手消剂	1				√
4	一次性耗材	若干				√

（4）开办费范围分类（表6-2-48）。

治疗室物品开办费范围分类　　表6-2-48

序号	名称	数量	开办	KB2 信息	KB3 设备	KB4 站房	KB5 物业	KB6 家具	KB7 布品	KB8 文化	KB9 耗材
1	洗手盆	1	√					√			
2	座椅（带靠背）	1	√					√			
3	边台吊柜	1	√					√			
4	垃圾桶	2	√					√			
5	工作站	1	√					√			
6	脚凳	1	√					√			
7	治疗车	1	√					√			
8	器械药品柜	1	√					√			
9	衣架	1	√					√			
10	诊床	1	√		√						
11	锐器盒	1	√								√

续表

序号	名称	数量	开办	KB2 信息	KB3 设备	KB4 站房	KB5 物业	KB6 家具	KB7 布品	KB8 文化	KB9 耗材
12	医疗废物桶	1	√					√			
13	手消剂	1	√								√

十七、处置室

（1）处置室是一般简单的医疗换药处置等操作的场所。内设分类垃圾桶（区分医疗和生活垃圾）、储物架、污洗池等，地面、台面耐擦洗、耐消毒剂。利用紫外线消毒或其他消毒方式（图6-2-18）。

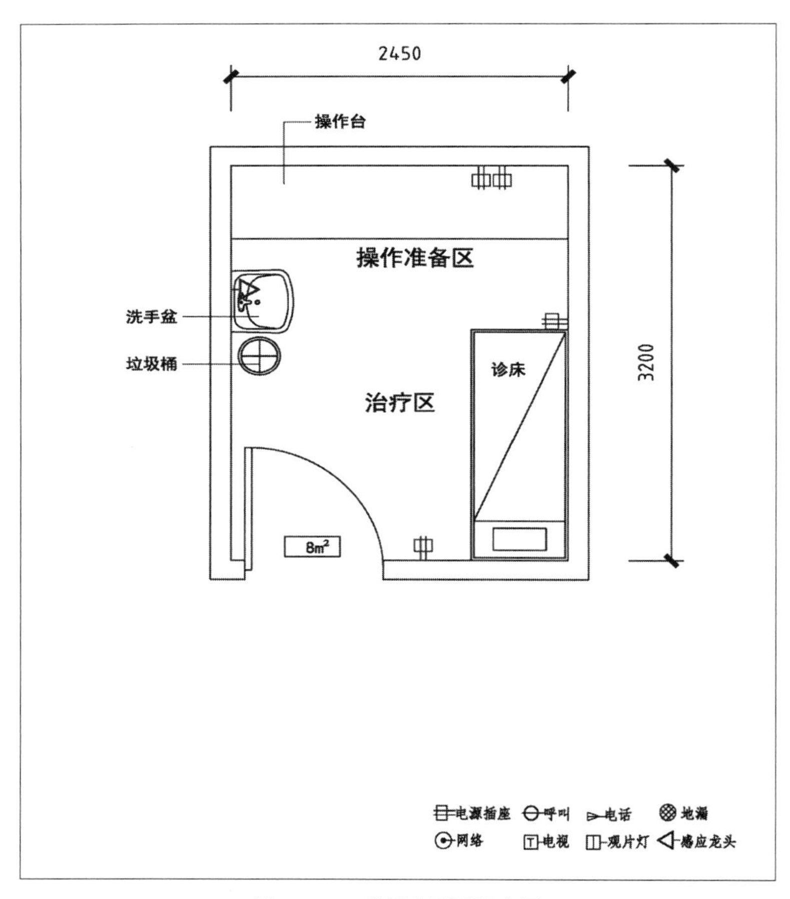

图6-2-18　处置室平面示意图

（2）家具设备清单与分类（表6-2-49）。

处置室家具设备清单与分类　　表6-2-49

序号	家具/设备类别	家具/设备数量	基建	设备	信息	开办
1	洗手盆	1				√
2	边台吊柜	1				√
3	垃圾桶	1				√
4	紫外线消毒灯	1	√			
5	诊床	1				√
6	操作台	1				√

（3）物品物料清单与分类（表6-2-50）。

处置室物品物料清单与分类　　表6-2-50

序号	物品物料名称	物品物料数量	基建	设备	信息	开办
1	医疗废物桶	1				√
2	手消剂	1				√
3	锐器盒	1				√

（4）开办费范围分类（表6-2-51）。

处置室物品开办费范围分类　　表6-2-51

序号	名称	数量	开办	KB2 信息	KB3 设备	KB4 站房	KB5 物业	KB6 家具	KB7 布品	KB8 文化	KB9 耗材
1	洗手盆	1	√					√			
2	边台吊柜	1	√					√			
3	垃圾桶	1	√					√			
4	诊床	1	√		√						
5	医疗废物桶	1	√					√			
6	手消剂	1	√								√
7	诊床	1	√					√			
8	操作台	1	√					√			

十八、污物室

（1）污物室主要用于暂时存放垃圾废弃物，内设分类垃圾桶、开放式储物柜等，地面、台面耐擦洗耐消毒剂，污物室平面示意图如图6-2-19所示。

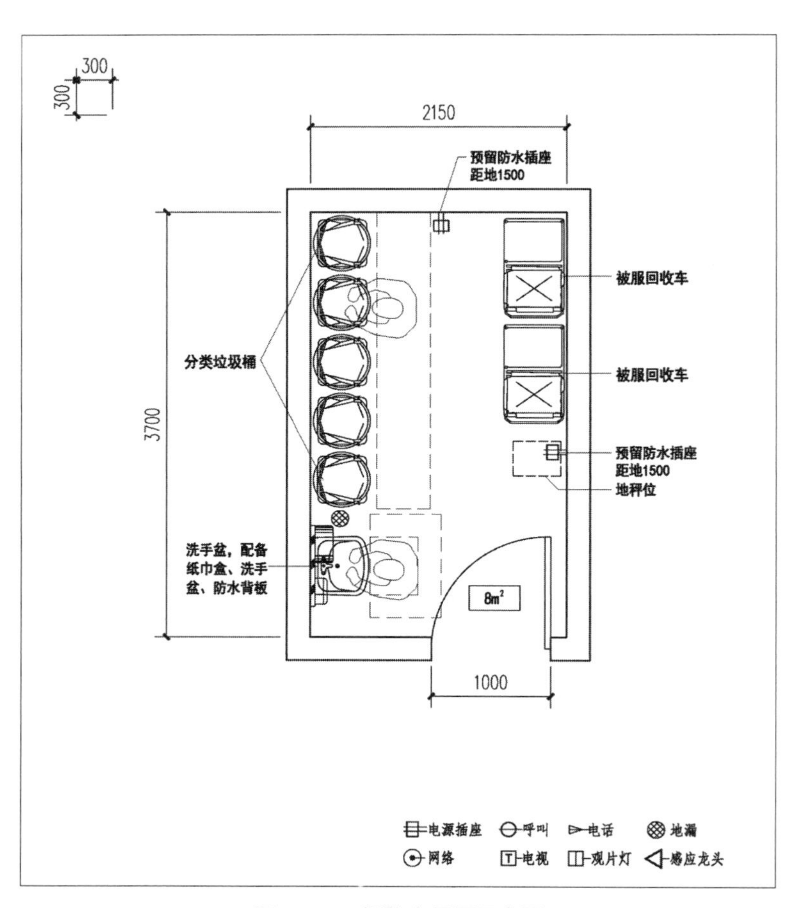

图6-2-19　污物室平面示意图

（2）家具设备清单与分类（表6-2-52）。

污物室家具设备清单与分类　　表6-2-52

序号	家具/设备类别	家具/设备数量	基建	设备	信息	开办
1	垃圾桶	5				√
2	洗手盆（不锈钢水槽）	1	√			√

（3）物品物料清单与分类（表6-2-53）。

污物室物品物料清单与分类　表6-2-53

序号	物品物料名称	物品物料数量	基建	设备	信息	开办
1	被服回收车	2				√
2	擦手纸	1				√
3	纸巾盒	1				√
4	洗手液	1				√
5	消毒剂	许				√

（4）开办费范围分类（表6-2-54）。

污物室物品开办费范围分类　表6-2-54

序号	名称	数量	开办	KB2 信息	KB3 设备	KB4 站房	KB5 物业	KB6 家具	KB7 布品	KB8 文化	KB9 耗材
1	垃圾桶	5	√					√			
2	被服回收车	2	√					√			
3	擦手纸	1	√								√
4	纸巾盒	1	√								√
5	洗手液	1	√								√
6	消毒剂	少许	√								√

第三节　医院专科使用空间配置参考

一、CT机房及控制室

（1）CT是利用X射线源围绕病人迅速旋转产生数字图像的检查方法。考虑到设备的尺寸，在病人通过门的位置时应尽可能让担架少掉头，同时应能够通过控制室清晰地观察到正在接受检查的病人，设备主机较重，需考虑楼板承重，房间的射线防护设计应符合当地卫生主管部门和环保部门的相关规定，并需经国家相关部门审核，满足要求后方可进行施工。参考GE公司64排CT设备技术参数，CT机房及控制室平面示意图如图6-3-1所示。

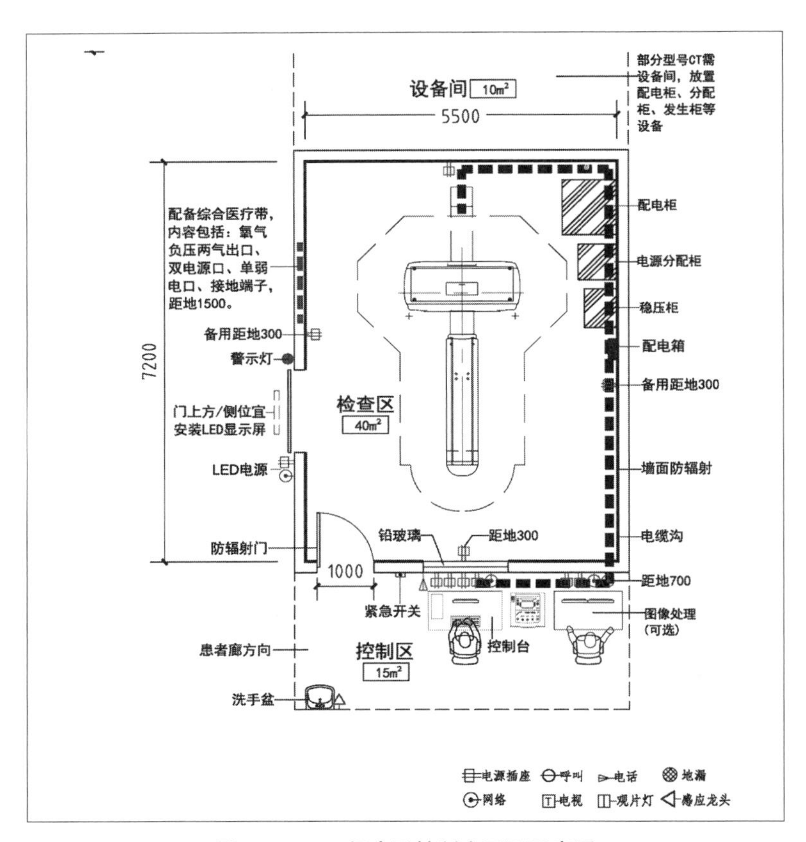

图 6-3-1 CT机房及控制室平面示意图

（2）家具设备清单与分类（表6-3-1）。

CT机房及控制室家具设备清单与分类 表6-3-1

序号	家具/设备类别	家具/设备数量	基建	设备	信息	开办
1	电脑（显示器+主机）	2			√	
2	放射科专用显示屏	1				
3	座椅（带靠背）	2				√
4	洗手盆	1	√			
5	排队叫号系统	1			√	
6	全身CT机	1		√		
7	医疗带	1		√		
8	衣架（含铅衣架）	2				√
9	控制台	1	√			
10	分装边台	1	√			

（3）物品物料清单与分类（表6-3-2）。

CT机房及控制室物品物料清单与分类　　　**表6-3-2**

序号	物品物料名称	物品物料数量	基建	设备	信息	开办
1	洗手液	1				√
2	纸巾盒	1				√
3	手消剂	1				√
4	高压注射器	1		√		
5	针筒	少许				√
6	套管针	少许				√
7	注射器	少许		√		
8	造影剂	少许				√
9	生理盐水	少许				√
10	心脏电极片	少许		√		
11	一次性中单	少许				√
12	鞋套	少许				√
13	钟表	1				√
14	医疗废物垃圾桶	1				√

（4）开办费范围分类（表6-3-3）。

CT机房及控制室物品开办费范围分类　　　**表6-3-3**

序号	名称	数量	开办	KB2 信息	KB3 设备	KB4 站房	KB5 物业	KB6 家具	KB7 布品	KB8 文化	KB9 耗材
1	座椅（带靠背）	2	√					√			
2	衣架（含铅衣架）	2	√					√			
3	控制台	1	√					√			
4	洗手液	1	√								√
5	纸巾盒	1	√								√
6	手消剂	1	√								√
7	针筒	少许	√								√
8	套管针	少许	√								√
9	造影剂	少许	√								√
10	生理盐水	少许	√								√
11	一次性中单	少许	√								√
12	鞋套	少许	√								√
13	钟表	1	√							√	

二、手术室

（1）手术室是用于手术治疗的专用功能房间。室内须严格控制细菌数和麻醉废气气体浓度，提供适宜的温湿度，创造一个洁净手术空间环境，洁净手术室使用层流超净装置对空气进行处理。对房间人流动线、物流动线有严格要求。洁净手术室需要《医院洁净手术部建筑技术规范》GB 50333—2013要求。房间内需设置无影灯、手术台、设备吊塔、麻醉设备、监护等设备，手术室平面示意图如图6-3-2所示。

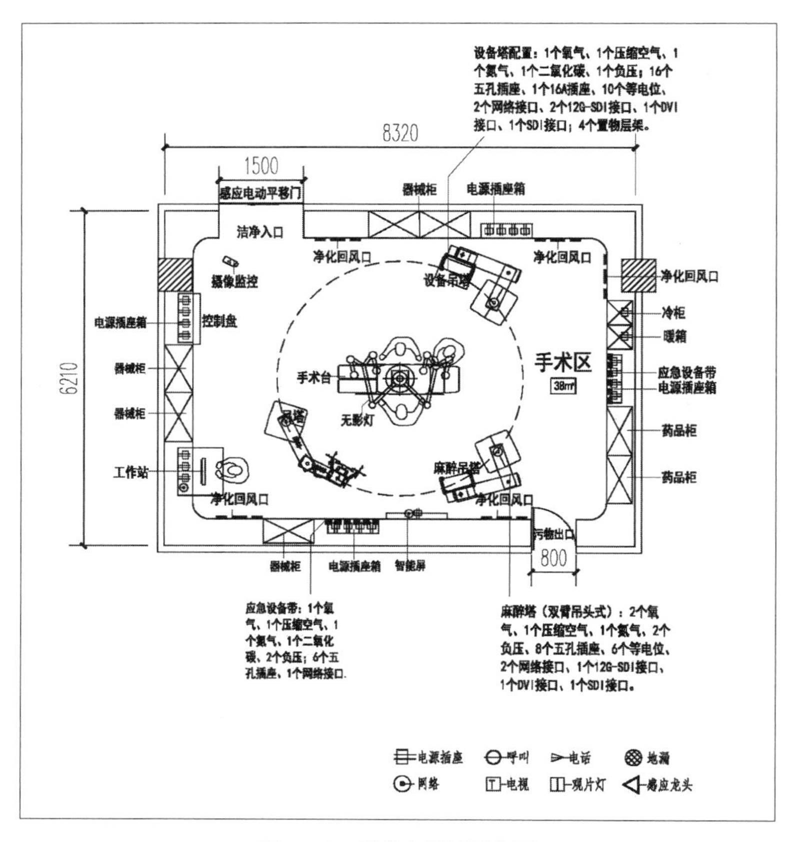

图6-3-2　手术室平面示意图

（2）家具设备清单与分类（表6-3-4）。

手术室家具设备清单与分类　　**表6-3-4**

序号	家具/设备类别	家具/设备数量	基建	设备	信息	开办
1	无影灯	1		√		
2	吊塔	3		√		
3	医疗带	2		√		
4	器械柜	5	√			
5	摄像头	1			√	
6	电脑	1			√	
7	手术台	1		√		
8	心脏除颤器	1		√		
9	气动呼吸机	1		√		
10	四联观片灯	1		√		
11	室内对讲分机	1			√	
12	门口显示器	1			√	
13	人脸门禁一体机	1			√	
14	半球摄像头	1			√	
15	对讲门口机	1			√	
16	一键报警盒	1			√	
17	工作站	1	√			
18	中央控制集成系统	1			√	
19	暖箱	1	√			
20	冷柜	1	√			
21	药品柜	2	√			

（3）物品物料清单与分类（表6-3-5）。

手术室物品物料清单与分类　　**表6-3-5**

序号	物品物料名称	物品物料数量	基建	设备	信息	开办
1	手术包	少许				√
2	组织钳	少许		√		
3	敷料包	少许				√
4	手术刀	少许		√		
5	医用胶布	少许				√

续表

序号	物品物料名称	物品物料数量	基建	设备	信息	开办
6	镇痛泵	1		√		
7	医用试管	少许				√
8	医用手套	少许				√
9	咬骨钳	少许		√		
10	取样钳	少许		√		
11	手术剪	少许		√		
12	止血钳	少许		√		
13	产包	少许				√
14	换药包	少许				√
15	鼻氧管	少许				√
16	试剂盒	少许				√
17	压舌板	少许				√
18	修复体	少许				√
19	缝线	少许				√
20	医用橡胶	少许				√
21	医用胶带	少许				√
22	气体终端箱	少许	√			
23	医用药杯	少许				√
24	乳胶手套	少许				√
25	氧气面罩	少许				√
26	电源终端箱	少许	√			
27	婴儿保育设备	1		√		
28	总蛋白试剂盒	少许		√		
29	淀粉酶试剂盒	少许		√		
30	白蛋白试剂盒	少许		√		
31	胆固醇试剂盒	少许		√		
32	检测试剂盒	少许		√		
33	诊断试剂盒	少许		√		

（4）开办费范围分类（表6-3-6）。

手术室物品开办费范围分类　　表6-3-6

序号	名称	数量	开办	KB2 信息	KB3 设备	KB4 站房	KB5 物业	KB6 家具	KB7 布品	KB8 文化	KB9 耗材
1	手术包	少许	√						√		
2	敷料包	少许	√						√		
3	医用胶布	少许	√								√
4	医用试管	少许	√								√
5	医用手套	少许	√								√
6	产包	少许	√						√		
7	换药包	少许	√						√		
8	鼻氧管	少许	√								√
9	试剂盒	少许	√								√
10	压舌板	少许	√								√
11	修复体	少许	√								√
12	缝线	少许	√								√
13	医用橡胶	少许	√								√
14	医用胶带	少许	√								√
15	医用药杯	少许	√								√
16	乳胶手套	少许	√								√
17	氧气面罩	少许	√								√

三、保洁间

（1）保洁室可用于存放卫生清洗、保洁用品，保洁人员值班、交接、休息的场所。内设水池、储物柜等，台面、地面应耐擦洗、耐消毒剂。房间可采用紫外线消毒或其他消毒方式，保洁间平面示意图如图6-3-3所示。

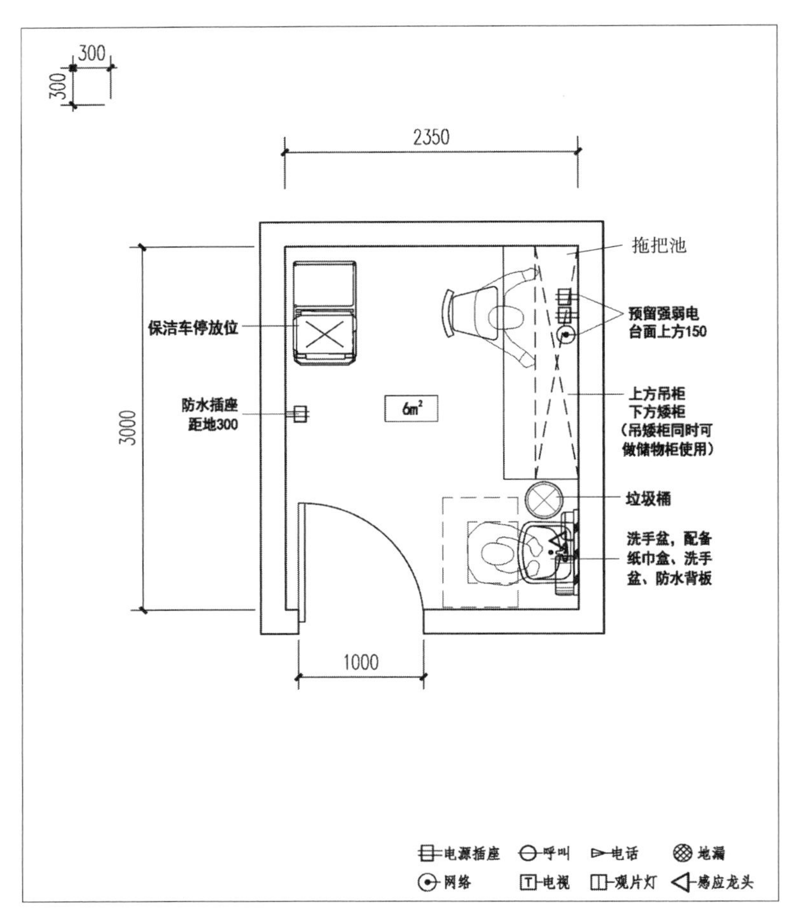

图6-3-3　保洁间平面示意图

（2）家具设备清单与分类（表6-3-7）。

保洁间家具设备清单与分类　表6-3-7

序号	家具/设备类别	家具/设备数量	基建	设备	信息	开办
1	边台吊柜	1				√
2	保洁车	1				√
3	洗手盆	1	√			√
4	垃圾桶	1				√
5	拖把池	1	√			
6	拖把架	少许	√			
7	挂钩	少许	√			

（3）物品物料清单与分类（表6-3-8）。

保洁间物品物料清单与分类　　表6-3-8

序号	物品物料名称	物品物料数量	基建	设备	信息	开办
1	紫外线灯	1	√			
2	擦手纸	1				√
3	纸巾盒	1				√
4	洗手液	1				√
5	消毒剂	少许				√
6	扫帚	1				√
7	拖把	1				√
8	抹布	1				√

（4）开办费范围分类（表6-3-9）。

保洁间物品开办费范围分类　　表6-3-9

序号	名称	数量	开办	KB2 信息	KB3 设备	KB4 站房	KB5 物业	KB6 家具	KB7 布品	KB8 文化	KB9 耗材
1	边台吊柜	1	√					√			
2	保洁车	1	√					√			
3	垃圾桶	1	√					√			
4	擦手纸	1	√								√
5	纸巾盒	1	√								√
6	洗手液	1	√								√
7	消毒剂	少许	√								√
8	扫帚	1	√								√
9	拖把	1	√								√
10	抹布	1	√								√

四、超声检查室

（1）超声波检查室利用超声仪发射超声波，然后接收组织界面的回声而形成的图像，通过对图像分析进行临床检查。超声检查方式为彩色多普勒检查、黑白B超检查等。患者应就近上检查床，医生右手位对病患和超声检查仪。超声设备对电源有特殊要求，建议使用纯净电源。由于病人检查时可能需要脱去衣服，因此需要考虑保护病人隐私的设施或方法，超声检查室平面示意图如图6-3-4所示。

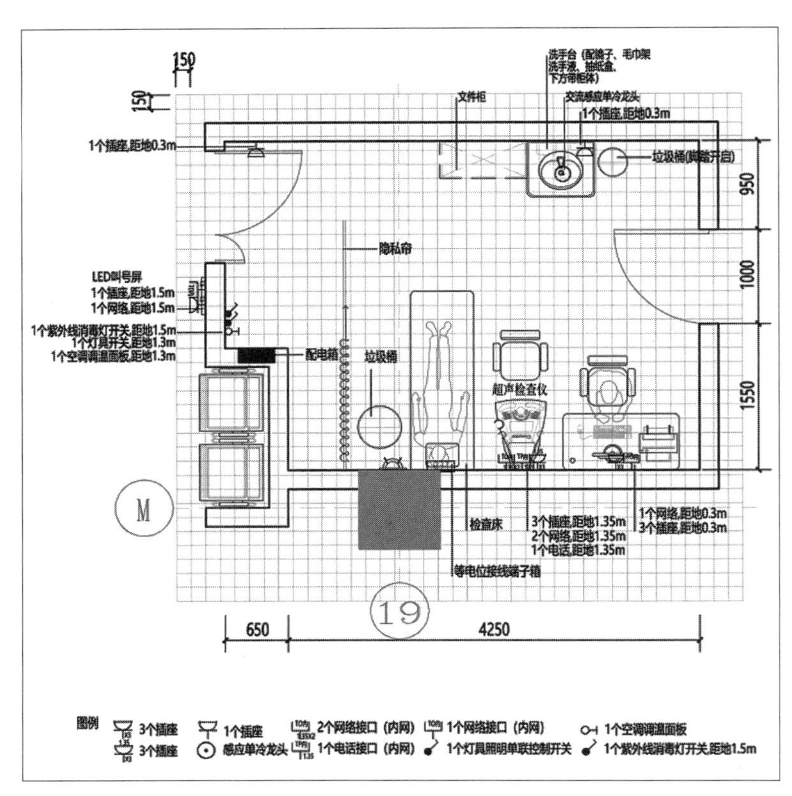

图6-3-4　超声检查室平面示意图

（2）家具设备清单与分类（表6-3-10）。

超声检查室平面示意图　表6-3-10

序号	家具/设备类别	家具/设备数量	基建	设备	信息	开办
1	洗手台	1	√			
2	隐私帘	2				√
3	圆凳	1				√
4	工作站	1				√
5	座椅（带靠背）	2				√
6	垃圾桶	2				√
7	衣架	2				√
8	电脑	1			√	
9	检查床	1		√		√
10	全数字化彩超仪	1		√		√
11	排队叫号系统	1			√	

（3）物品物料清单与分类（表6-3-11）。

超声检查室物品物料清单与分类　表6-3-11

序号	物品物料名称	物品物料数量	基建	设备	信息	开办
1	耦合剂	1				√
2	抽纸	1				√
3	纸巾盒	1				√
4	宣讲挂画	1				√
5	洗手液	1				√
6	手消剂	1				√
7	超声隔离透声膜	少许				√
8	消毒剂	1				√

（4）开办费范围分类（表6-3-12）。

超声检查室物品开办费范围分类　表6-3-12

序号	名称	数量	开办	KB2 信息	KB3 设备	KB4 站房	KB5 物业	KB6 家具	KB7 布品	KB8 文化	KB9 耗材
1	隐私帘	2	√						√		
2	圆凳	1	√					√			
3	医用诊桌	1	√					√			
4	座椅（带靠背）	2	√					√			
5	垃圾桶	2	√					√			
6	衣架	2	√					√			
7	检查床	1	√		√						
8	全数字化彩超仪	1	√		√						
9	耦合剂	1	√								√
10	抽纸	1	√								√
11	纸巾盒	1	√								√
12	宣讲挂画	1	√							√	
13	洗手液	1	√								√
14	手消剂	1	√								√
15	超声隔离透声	少许	√								√
16	消毒剂	1	√								√

五、心电图检查室

（1）心电图检查室的功能主要是利用心电图仪记录患者心脏本身的运动机能，记录心脏或主动脉血液动力学状态的改变以及记录心脏瓣膜的解剖学变化等。每台心电图机配备一张检查床，为一医一患的形式，心电图检查室平面示意图如图6-3-5所示。

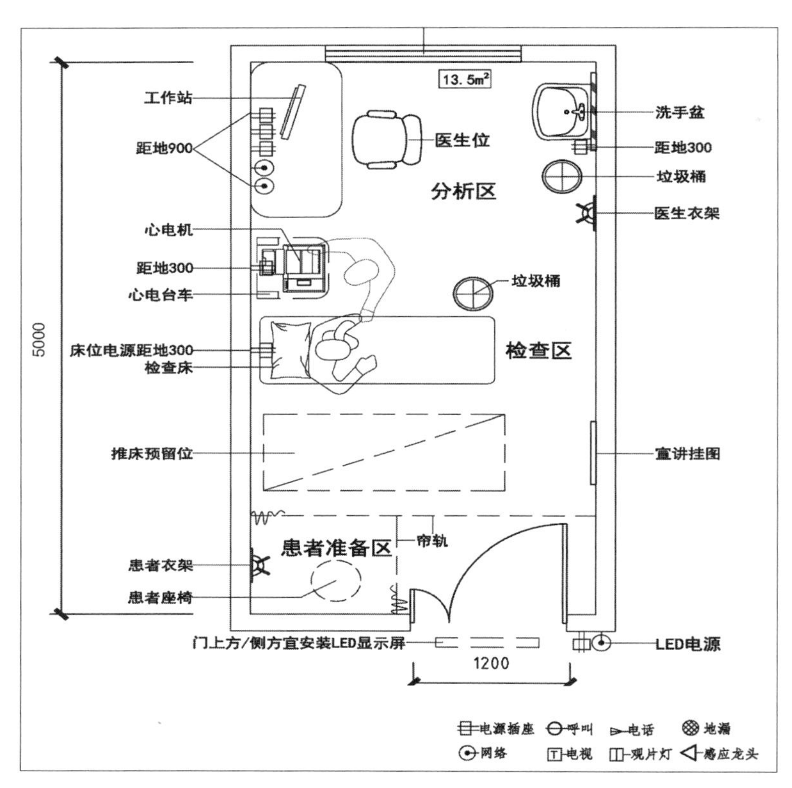

图6-3-5 心电图检查室平面示意图

（2）家具设备清单与分类（表6-3-13）。

心电图检查室家具设备清单与分类 表6-3-13

序号	家具/设备类别	家具/设备数量	基建	设备	信息	开办
1	洗手盆	1	√			
2	帘轨	2				√
3	患者座椅	1				√
4	工作站	1				√
5	座椅（带靠背）	1				√

续表

序号	家具/设备类别	家具/设备数量	基建	设备	信息	开办
6	垃圾桶	2				√
7	衣架（医生、患者）	2				√
8	电脑	1			√	
9	脚踏凳	1				√
10	检查床	1		√		√
11	单导/多导心电图机	1		√		√
12	排队叫号系统	1			√	

（3）物品物料清单与分类（表6-3-14）。

心电图检查室物品物料清单与分类　　表6-3-14

序号	物品物料名称	物品物料数量	基建	设备	信息	开办
1	抽纸	1				√
2	纸巾盒	1				√
3	宣讲挂画	1				√
4	洗手液	1				√
5	手消剂	1				√
6	一次性电极片	许				√
7	消毒剂	1				√

（4）开办费范围分类（表6-3-15）。

心电图检查室物品开办费范围分类　　表6-3-15

序号	名称	数量	开办	KB2 信息	KB3 设备	KB4 站房	KB5 物业	KB6 家具	KB7 布品	KB8 文化	KB9 耗材
1	帘轨	2	√						√		
2	患者座椅	1	√					√			
3	工作站	1	√					√			
4	座椅（带靠背）	1	√					√			
5	垃圾桶	2	√					√			
6	衣架（医生、患者）	2	√					√			
7	脚踏凳	1	√					√			
8	检查床	1	√		√						
9	单导/多导心	1	√		√						

续表

序号	名称	数量	开办	KB2 信息	KB3 设备	KB4 站房	KB5 物业	KB6 家具	KB7 布品	KB8 文化	KB9 耗材
10	抽纸	1	√								√
11	纸巾盒	1	√								√
12	宣讲挂画	1	√							√	
13	洗手液	1	√								√
14	手消剂	1	√								√
15	一次性电极片	少许	√								√
16	消毒剂	1	√								√

六、分诊候诊室

（1）分诊候诊室是对门诊患者进行疾病的预检、分诊、候诊、患者管理与服务、突发情况紧急处理、患者及家属就医过程中等待休息的场所分诊候诊室平面示意图如图6-3-6所示。

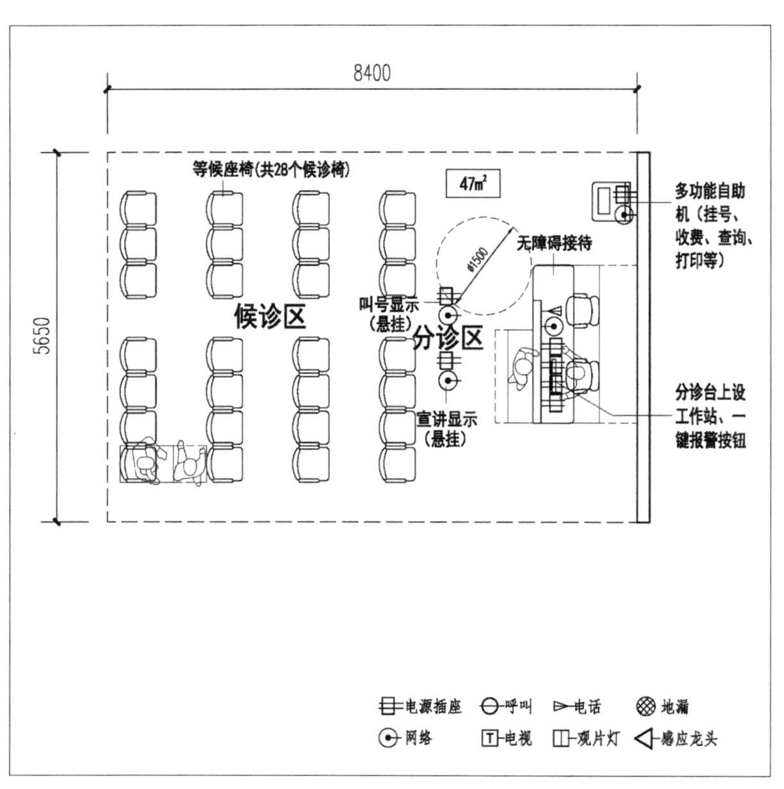

图6-3-6　分诊候诊室平面示意图

（2）家具设备清单与分类（表6-3-16）。

分诊候诊室家具设备清单与分类　　**表6-3-16**

序号	家具/设备类别	家具/设备数量	基建	设备	信息	开办
1	候诊椅	若干				√
2	分诊台	1				√
3	座椅（带靠背）	2				√
4	电脑（显示器+主机）	1			√	
5	排队叫号系统/分诊区域叫号主屏	1			√	
6	多功能自助机	3			√	
7	打印机	2				√
8	身高体重计	2				√
9	血压计	2				√
10	壁挂显示器（55寸）	1			√	
11	天花板喇叭	1			√	
12	功放	1			√	
13	一键报警盒	1			√	
14	立式挂号缴费打印终端	2			√	
15	客流分析摄像机	1			√	
16	智能行为分析摄像机	1			√	

（3）物品物料清单与分类（表6-3-17）。

分诊候诊室物品物料清单与分类　　**表6-3-17**

序号	物品物料名称	物品物料数量	基建	设备	信息	开办
1	体温计	10				√
2	一次性帽子	10				√
3	一次性口罩	10				√
4	手消剂	1				√
5	分诊登记本	1				√
6	圆珠笔	1				√
7	电话机	1			√	

（4）开办费范围分类（表6-3-18）。

分诊候诊室物品开办费范围分类 **表6-3-18**

序号	名称	数量	开办	KB2 信息	KB3 设备	KB4 站房	KB5 物业	KB6 家具	KB7 布品	KB8 文化	KB9 耗材
1	候诊椅	若干	√					√			
2	分诊台	1	√					√			
3	座椅（带靠背）	2	√					√			
4	体温计	10	√								√
5	一次性帽子	10	√								√
6	一次性口罩	10	√								√
7	手消剂	1	√								√
8	分诊登记本	1	√								√
9	圆珠笔	1	√								√

七、眼科诊室

（1）眼科诊室用于对患者情况进行初步检查，房间内设置裂隙灯等基本检查设备。需采取一定手段控制房间内照明，调整房间亮度。诊室应避免强光照射，避免使用红、橙等刺激性色彩，要求光线稍暗、均匀柔和，眼科诊室平面示意图如图6-3-7所示。

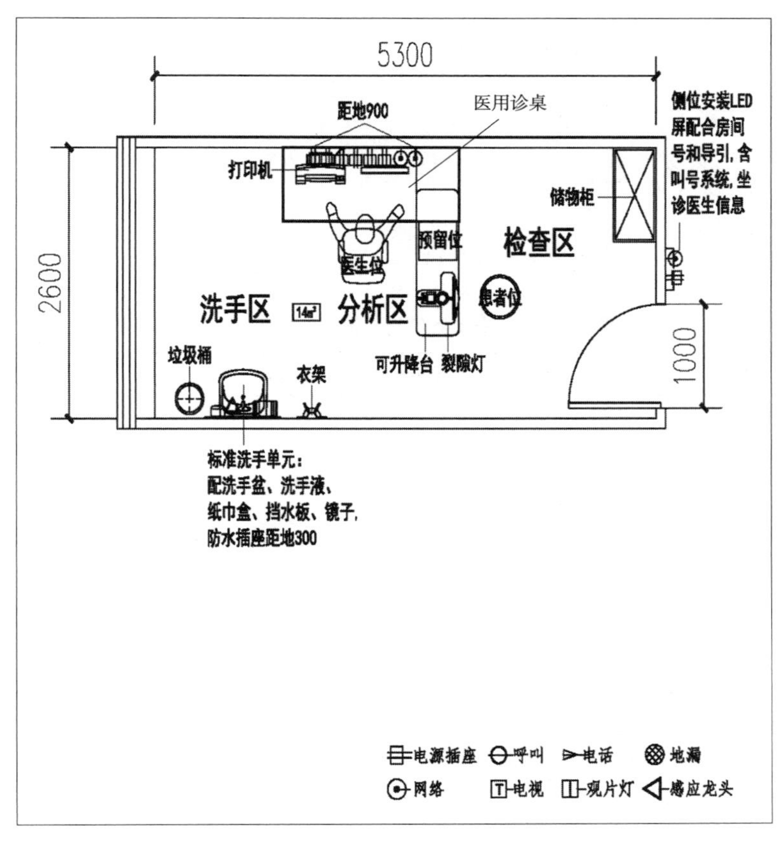

图6-3-7　眼科诊室平面示意图

（2）家具设备清单与分类（表6-3-19）。

眼科诊室家具设备清单与分类　　表6-3-19

序号	家具/设备类别	家具/设备数量	基建	设备	信息	开办
1	患者位	1				√
2	医用诊桌	1				√
3	储物柜	1				√
4	打印机	1			√	
5	电脑（显示器+主机）	1			√	
6	洗手盆	1	√			
7	座椅（带靠背）	1				√
8	垃圾桶	1				√
9	裂隙灯	1		√		
10	排队叫号系统	1			√	

续表

序号	家具/设备类别	家具/设备数量	基建	设备	信息	开办
11	视力灯	1	√			
12	银镜	1	√			

（3）物品物料清单与分类（表6-3-20）。

眼科诊室物品物料清单与分类 **表6-3-20**

序号	物品物料名称	物品物料数量	基建	设备	信息	开办
1	洗手液	1				√
2	纸巾盒	1				√
3	宣传挂画	1				√
4	手消剂	1				√
5	一次性手套	1				√
6	圆珠笔	1				√
7	镜子	1	√			
8	钟表	2				√

（4）开办费范围分类（表6-3-21）。

眼科诊室物品开办费范围分类 **表6-3-21**

序号	名称	数量	开办	KB2 信息	KB3 设备	KB4 站房	KB5 物业	KB6 家具	KB7 布品	KB8 文化	KB9 耗材
1	患者位	1	√					√			
2	医用诊桌	1	√					√			
3	储物柜	1	√					√			
4	座椅（带靠背）	1	√					√			
5	垃圾桶	1	√					√			
6	洗手液	1	√								√
7	纸巾盒	1	√								√
8	宣传挂画	1	√							√	
9	手消剂	1	√								√
10	一次性手套	1	√								√
11	圆珠笔	1	√								√
12	钟表	2	√					√			

第四节　社区健康服务中心典型空间配置参考

一、中医诊室

（1）中医诊室用于中医诊查。房间内需设置助手位或学生位，须基本满足3人以上开展工作的基本办公条件；诊断桌椅、文件柜等家具应体现中式风格、装饰体现中医元素；诊室外悬挂专家个人简介，中医诊室平面示意图如图6-4-1所示。

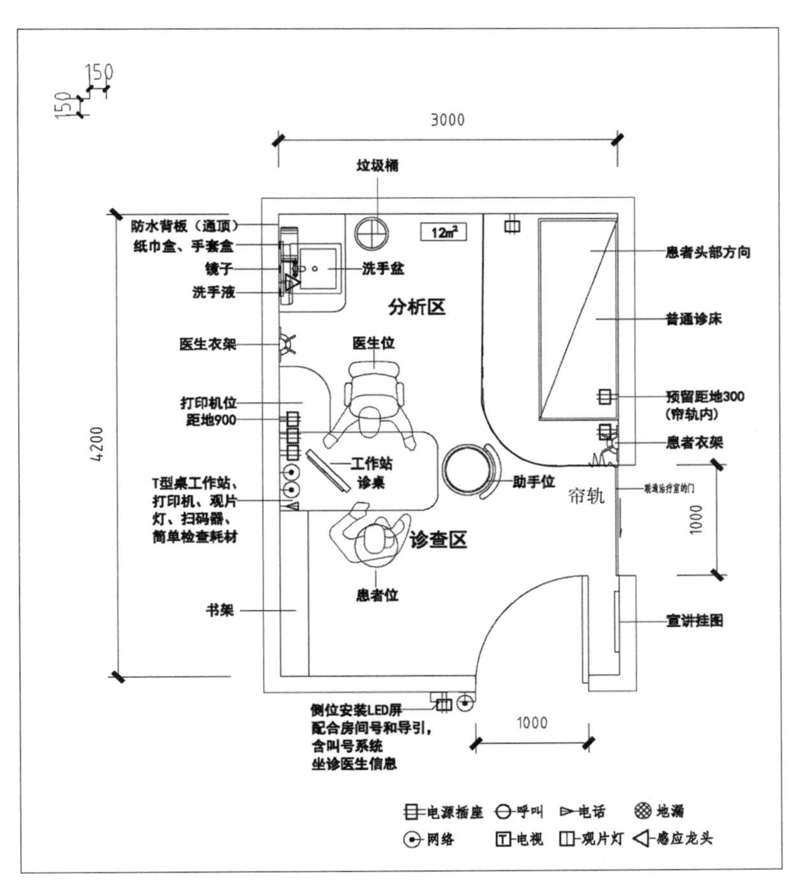

图6-4-1　中医诊室平面示意图

（2）家具设备清单与分类（表6-4-1）。

中医诊室家具设备清单与分类 表6-4-1

序号	家具/设备类别	家具/设备数量	基建	设备	信息	开办
1	圆凳	1				√
2	医用诊桌	1				√
3	储物柜	1				√
4	打印机	1			√	
5	电脑（显示器+主机）	1			√	
6	柱盆	1	√			
7	座椅（带靠背）	1				√
8	垃圾桶	1				√
9	裂隙灯显微镜	1		√		
10	排队叫号系统	1			√	
11	可升降台	1				√
12	衣架	1	√			

（3）物品物料清单与分类（表6-4-2）。

中医诊室物品物料清单与分类 表6-4-2

序号	物品物料名称	物品物料数量	基建	设备	信息	开办
1	洗手液	1				√
2	纸巾盒	1				√
3	宣传挂画	1				√
4	手消剂	1				√
5	一次性手套	1				√
6	圆珠笔	1				√
7	镜子	1	√			
8	钟表	2				√

（4）开办费范围分类（表6-4-3）。

中医诊室物品开办费范围分类 表6-4-3

序号	名称	数量	开办	KB2 信息	KB3 设备	KB4 站房	KB5 物业	KB6 家具	KB7 布品	KB8 文化	KB9 耗材
1	圆凳	1	√					√			

续表

序号	名称	数量	开办	KB2 信息	KB3 设备	KB4 站房	KB5 物业	KB6 家具	KB7 布品	KB8 文化	KB9 耗材
2	医用诊桌	1	√					√			
3	储物柜	1	√					√			
4	座椅（带靠背）	1	√					√			
5	垃圾桶	1	√					√			
6	洗手液	1	√								√
7	纸巾盒	1	√								√
8	宣传挂画	1	√							√	
9	手消剂	1	√								√
10	一次性手套	1	√								√
11	圆珠笔	1	√								√
12	钟表	2	√					√			
13	可升降台	1						√			

二、中医综合治疗室

（1）中医综合治疗室是开展中医传统治疗操作的场所，需根据中医技术开展情况配备诊疗床、普通针具、灸疗器具、罐疗器具、刮痧器具、中药外治器具和相关中医诊疗设备。各诊疗床位需要设置隔帘，保护患者隐私。

①推拿室（图6-4-2）。

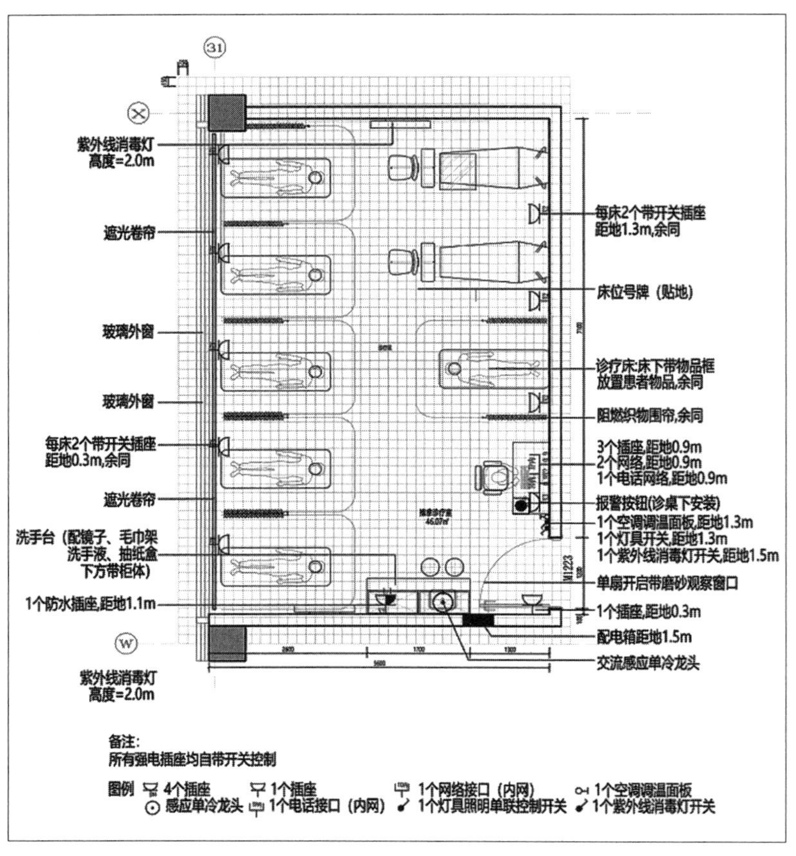

图6-4-2　推拿室平面示意图

②针灸室（图6-4-3）。

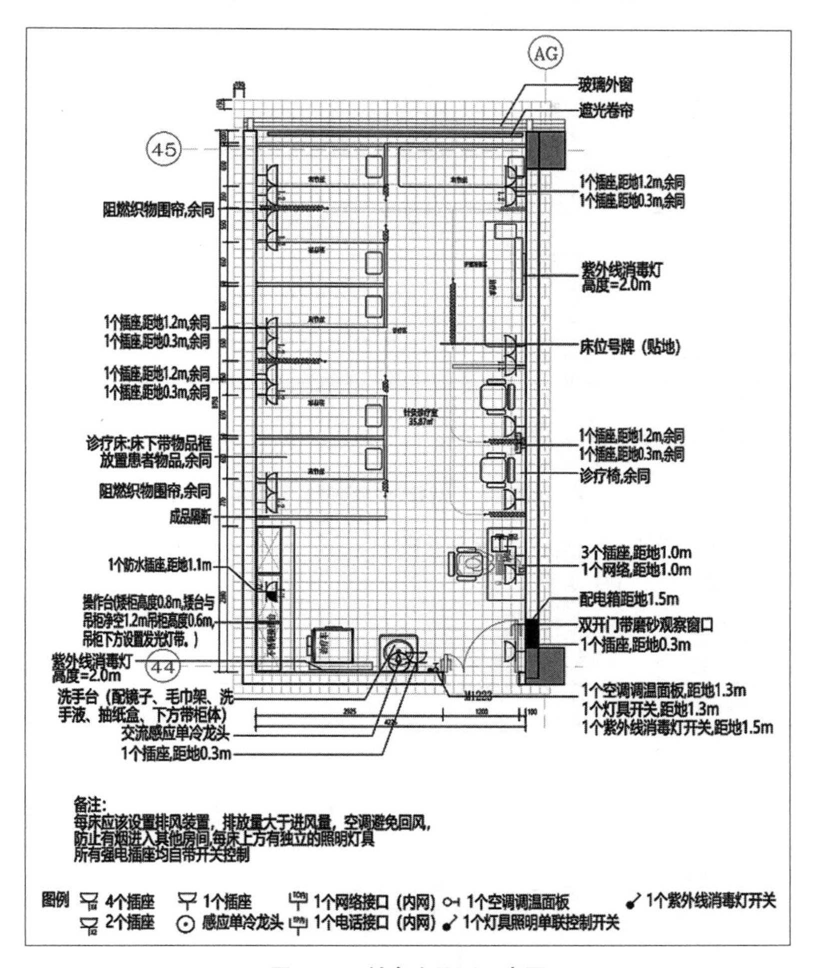

图6-4-3　针灸室平面示意图

（2）家具设备清单与分类（表6-4-4）。

中医综合治疗室家具设备清单与分类　　表6-4-4

序号	家具/设备类别	家具/设备数量	基建	设备	信息	开办
1	器械柜	3				√
2	工作站	1				√
3	衣架	7				√
4	边台吊柜	1				√
5	电脑（显示器+主机）	1			√	
6	洗手盆	1	√			

续表

序号	家具/设备类别	家具/设备数量	基建	设备	信息	开办
7	座椅（带靠背）	1				√
8	垃圾桶	1				√
9	床头柜	6				√
10	治疗车	2				√
11	帘轨	6				√
11	诊查床	6		√		
12	中医综合治疗设备	若干		√		
13	排烟罩	2		√		

（3）物品物料清单与分类（表6-4-5）。

中医综合治疗室物品物料清单与分类　　表6-4-5

序号	物品物料名称	物品物料数量	基建	设备	信息	开办
1	洗手液	1				√
2	纸巾盒	1				√
3	宣传挂画	1				√
4	手消剂	1				√
5	一次性手套	1				√
6	圆珠笔	1				√
7	镜子	1	√			
8	钟表	2				√
9	火罐	若干				√
10	艾灸盒	若干				√
11	银针	若干				√
12	酒精灯	若干				√
13	砭石	若干				√
14	牵引绳	若干				√

（4）开办费范围分类（表6-4-6）。

中医综合治疗室物品开办费范围分类　　表6-4-6

序号	名称	数量	开办	KB2 信息	KB3 设备	KB4 站房	KB5 物业	KB6 家具	KB7 布品	KB8 文化	KB9 耗材
1	器械柜	3	√					√			
2	医用诊桌	1	√					√			

续表

序号	名称	数量	开办	KB2 信息	KB3 设备	KB4 站房	KB5 物业	KB6 家具	KB7 布品	KB8 文化	KB9 耗材
3	衣架	7	√					√			
4	边台吊柜	1	√					√			
5	座椅（带靠背）	1	√					√			
6	垃圾桶	1	√					√			
7	床头柜	6	√					√			
8	治疗车	2	√					√			
9	帘轨	6	√						√		
10	洗手液	1	√								√
11	纸巾盒	1	√								√
12	宣传挂画	1	√							√	
13	手消剂	1	√								√
14	一次性手套	1	√								√
15	圆珠笔	1	√								√
16	钟表	2	√					√			

三、言语吞咽康复室

（1）言语吞咽康复室是通过相关仪器、设备对有吞咽障碍的患者进行检查并进行非手术治疗的场所，言语吞咽康复室平面示意图如图6-4-4所示。

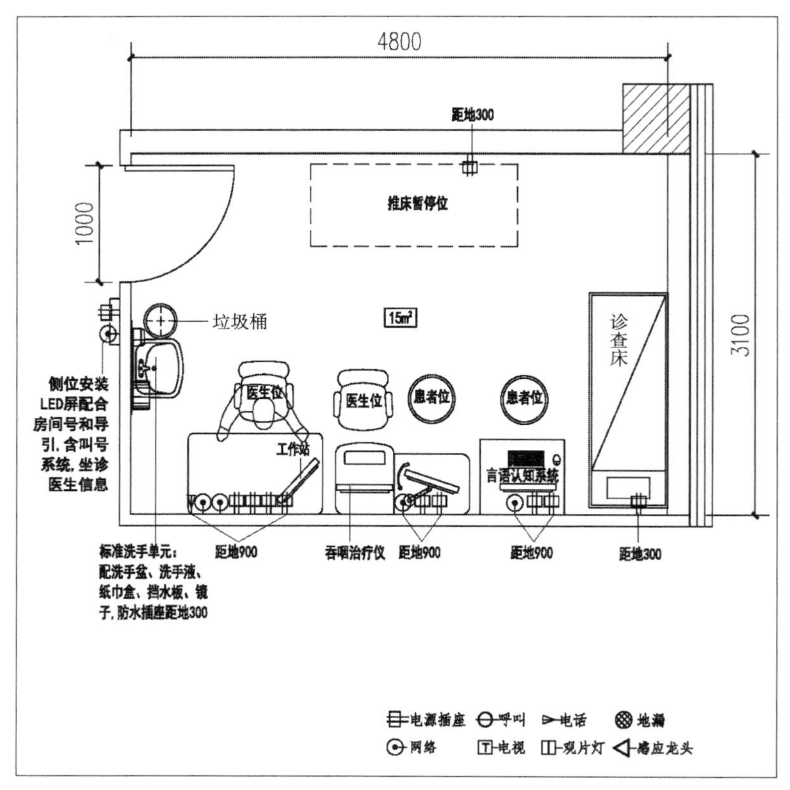

图6-4-4　言语吞咽康复室平面示意图

（2）家具设备清单与分类（表6-4-7）。

言语吞咽康复室家具设备清单与分类　　表6-4-7

序号	家具/设备类别	家具/设备数量	基建	设备	信息	开办
1	圆凳（患者位）	2				√
2	工作站	2				√
3	电脑（显示器+主机）	3			√	
4	洗手盆	1	√			
5	座椅（带靠背）	2				√
6	垃圾桶	1				√
7	打印机	1			√	
8	吞咽治疗仪	1		√		
9	排队叫号系统	1			√	
10	诊查床	1		√		
11	冰箱	1		√		

（3）物品物料清单与分类（表6-4-8）。

言语吞咽康复室物品物料清单与分类　　表6-4-8

序号	物品物料名称	物品物料数量	基建	设备	信息	开办
1	洗手液	1				√
2	纸巾盒	1				√
3	宣传挂画	1				√
4	手消剂	1				√
5	一次性手套	1				√
6	圆珠笔	1				√
7	镜子	1	√			
8	钟表	2				√

（4）开办费范围分类（表6-4-9）。

言语吞咽康复物品开办费范围分类　　表6-4-9

序号	名称	数量	开办	KB2 信息	KB3 设备	KB4 站房	KB5 物业	KB6 家具	KB7 布品	KB8 文化	KB9 耗材
1	圆凳（患者位）	2	√					√			
2	工作站	2	√					√			
3	座椅（带靠背）	2	√					√			
4	垃圾桶	1	√					√			
5	打印机	1						√			
6	吞咽治疗仪	1			√						
7	诊查床	1	√		√						
8	洗手液	1	√								√
9	纸巾盒	1	√								√
10	宣传挂画	1	√							√	
11	手消剂	1	√								√
12	一次性手套	1	√								√
13	圆珠笔	1	√								√
14	钟表	2	√					√			

四、预防接种室

（1）预防接种是疫苗（用人工培育并经过处理的病菌等）接种在健康人的身体内使人在不发病的情况下，产生抗体、获得特异性免疫。例如，接种卡介苗，预防肺结核，种痘预防天花等，预防接种室平面示意图如图6-4-5所示。

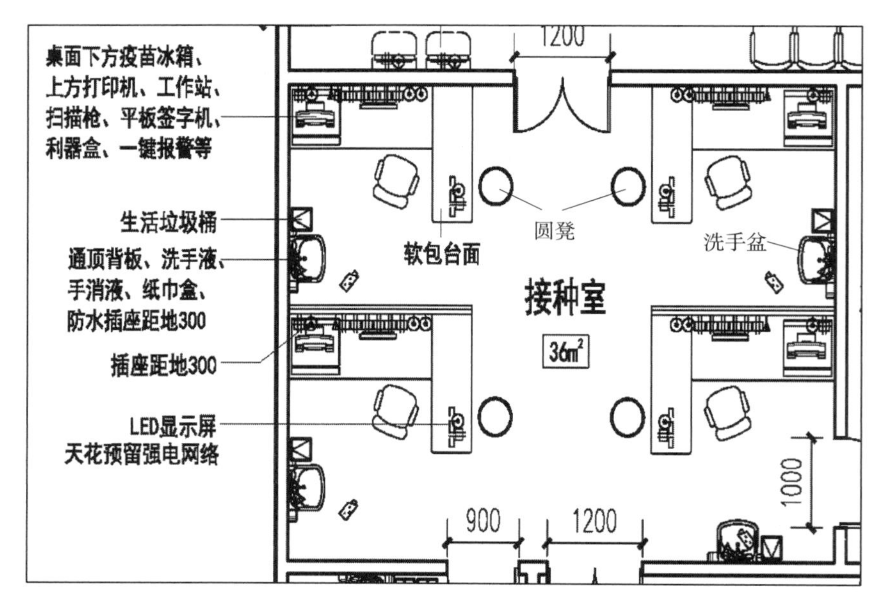

图6-4-5 预防接种室平面示意图

（2）家具设备清单与分类（表6-4-10）。

预防接种室家具设备清单与分类 表6-4-10

序号	家具/设备类别	家具/设备数量	基建	设备	信息	开办
1	圆凳	4				√
2	医用诊桌	4				√
3	打印机	4			√	
4	电脑（显示器+主机）	4			√	
5	洗手盆	4	√			
6	座椅（带靠背）	4				√
7	垃圾桶	4				√
8	摄像头	4			√	
9	2～10℃医用冷藏箱	4		√		

续表

序号	家具/设备类别	家具/设备数量	基建	设备	信息	开办
10	排队叫号系统	4			√	
11	接种台	4	√			

（3）物品物料清单与分类（表6-4-11）。

预防接种室物品物料清单与分类　　表6-4-11

序号	物品物料名称	物品物料数量	基建	设备	信息	开办
1	洗手液	4				√
2	纸巾盒	4				√
3	宣传挂画	4				√
4	手消剂	4				√
5	一次性手套	少许				√
6	圆珠笔	4				√
7	镜子	4	√			
8	钟表	4				√

（4）开办费范围分类（表6-4-12）。

预防接种室物品开办费范围分类　　表6-4-12

序号	名称	数量	开办	KB2 信息	KB3 设备	KB4 站房	KB5 物业	KB6 家具	KB7 布品	KB8 文化	KB9 耗材
1	圆凳	4	√					√			
2	医用诊桌	4	√					√			
3	座椅（带靠背）	4	√					√			
4	垃圾桶	4	√					√			
5	2～10℃医用冷藏箱	4	√		√						
6	洗手液	4	√								√
7	纸巾盒	4	√								√
8	宣传挂画	4	√							√	
9	手消剂	4	√								√
10	一次性手套	少许	√								√
11	圆珠笔	4	√								√
12	钟表	4	√					√			

五、心理咨询室

（1）心理咨询室是医生与患者进行沟通交流的场所，一般无需借助设备，形式一般为一医一患，对隐私要求较高，医生对患者进行问诊，认真听取病人倾诉，也可以对患者进行问卷式的心理测试，心理咨询室平面示意图如图6-4-6所示。

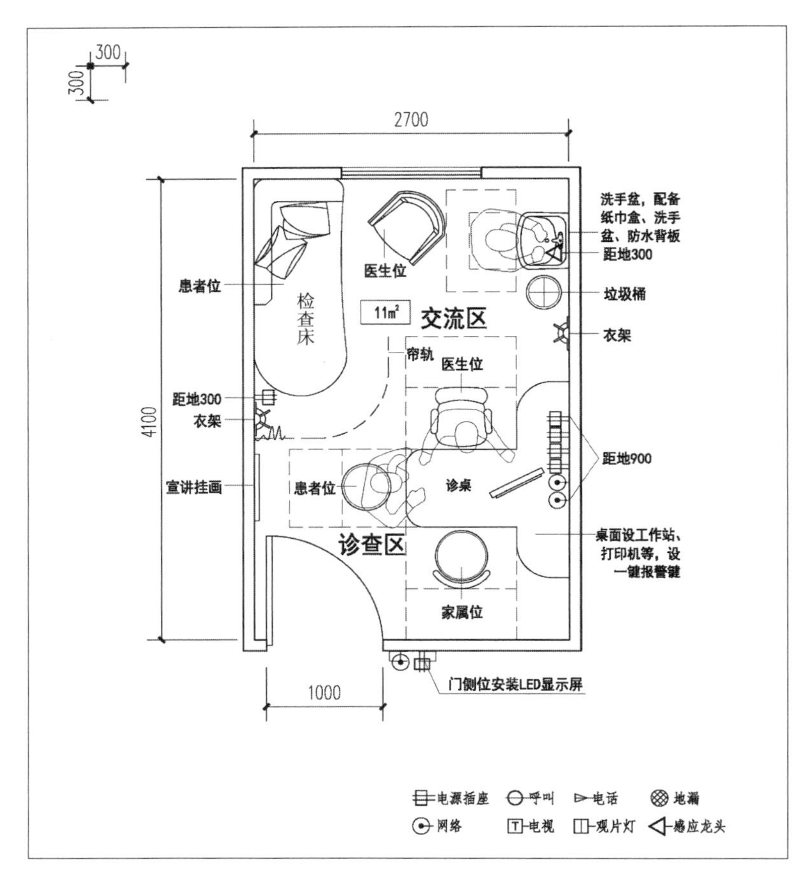

图6-4-6 心理咨询室平面示意图

（2）家具设备清单与分类（表6-4-13）。

心理咨询室家具设备清单与分类　　表6-4-13

序号	家具/设备类别	家具/设备数量	基建	设备	信息	开办
1	洗手盆	1	√			
2	帘轨	1				√
3	圆凳	2				√

续表

序号	家具/设备类别	家具/设备数量	基建	设备	信息	开办
4	诊桌	1				√
5	座椅（带靠背）	1				√
6	垃圾桶	1				√
7	衣架	2				√
8	电脑	1			√	
9	打印机	1				√
10	诊查床	1		√		√
11	排队叫号系统	1			√	

（3）物品物料清单与分类（表6-4-14）。

心理咨询室物品物料清单与分类　　**表6-4-14**

序号	物品物料名称	物品物料数量	基建	设备	信息	开办
1	洗手液	1				√
2	纸巾盒	1				√
3	宣传挂画	1				√
4	手消剂	1				√
5	一次性手套	1				√
6	圆珠笔	1				√
7	镜子	1	√			
8	钟表	1				√

（4）开办费范围分类（表6-4-15）。

心理咨询室物品开办费范围分类　　**表6-4-15**

序号	名称	数量	开办	KB2 信息	KB3 设备	KB4 站房	KB5 物业	KB6 家具	KB7 布品	KB8 文化	KB9 耗材
1	帘轨	1	√						√		
2	圆凳	2	√					√			
3	诊桌	1	√					√			
4	座椅（带靠背）	1	√					√			
5	垃圾桶	1	√					√			
6	衣架	2	√					√			
7	打印机	1	√					√			
8	诊查床	1	√		√						

续表

序号	名称	数量	开办	KB2 信息	KB3 设备	KB4 站房	KB5 物业	KB6 家具	KB7 布品	KB8 文化	KB9 耗材
9	洗手液	1	√								√
10	纸巾盒	1	√								√
11	宣传挂画	1	√							√	
12	手消剂	1	√								√
13	一次性手套	1	√								√
14	圆珠笔	1	√								√
15	镜子	1	√				√				
16	钟表	1	√				√				

六、发热诊室

（1）发热诊室是医生与患者直接交流、初步检查、初步诊断，并完成诊查记录的场所。在诊室完成的医疗行为是医生和患者共同参与的一般医疗活动，借助简单医疗设备和操作型器具，一般为一医一患，需要一定的活动空间，需要一定的隔声、隔视的隐私要求。此为双通道方式，医患入口分离。建议净面积不小于10平方米，发热诊室平面示意图如图6-4-7所示。

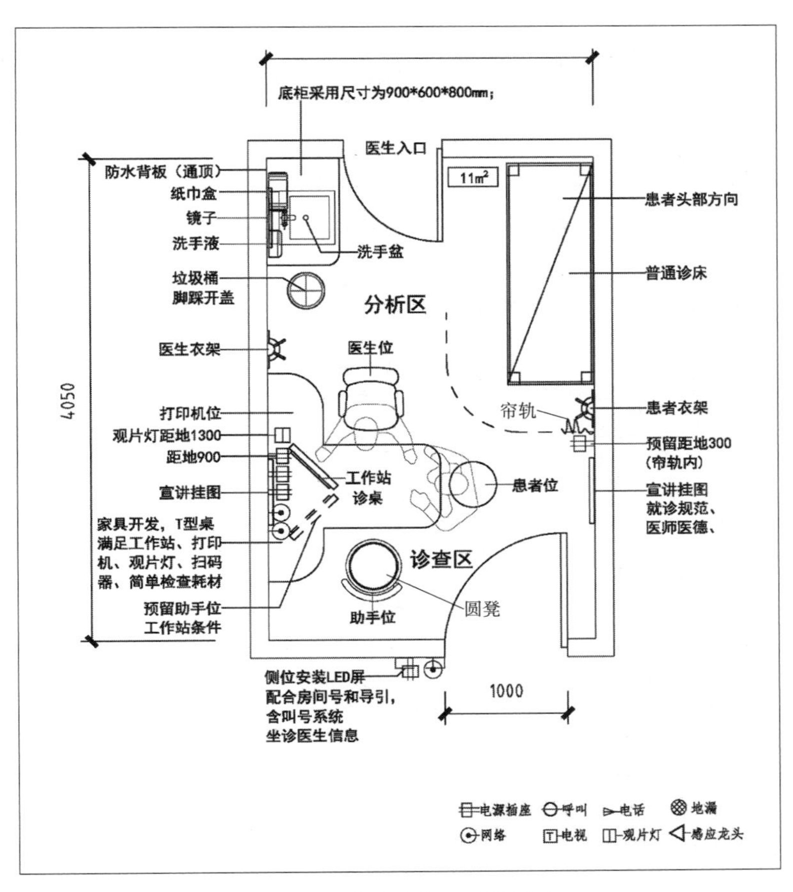

图6-4-7　发热诊室平面示意图

（2）家具设备清单与分类（表6-4-16）。

发热诊室家具设备清单与分类　　表6-4-16

序号	家具/设备类别	家具/设备数量	基建	设备	信息	开办
1	洗手盆	1	√			
2	帘轨	1				√
3	圆凳	2				√
4	工作站诊桌	1				√
5	座椅（带靠背）	1				√
6	垃圾桶	1				√
7	衣架（医生、患者）	2				√
8	电脑	1			√	
9	打印机	1				√
10	诊查床	1		√		√

续表

序号	家具/设备类别	家具/设备数量	基建	设备	信息	开办
11	观片灯	1		√		√
12	排队叫号系统	1			√	
13	空气消毒剂	1	√			

（3）物品物料清单与分类（表6-4-17）。

发热诊室物品物料清单与分类　　表6-4-17

序号	物品物料名称	物品物料数量	基建	设备	信息	开办
1	洗手液	1				√
2	纸巾盒	1				√
3	宣传挂画	1				√
4	手消剂	1				√
5	一次性手套	1				√
6	圆珠笔	1				√
7	镜子	1	√			
8	钟表	1				√

（4）开办费范围分类（表6-4-18）。

发热诊室物品开办费范围分类　　表6-4-18

序号	名称	数量	开办	KB2 信息	KB3 设备	KB4 站房	KB5 物业	KB6 家具	KB7 布品	KB8 文化	KB9 耗材
1	帘轨	1	√						√		
2	圆凳	2	√					√			
3	工作站诊桌	1	√					√			
4	座椅（带靠背）	1	√					√			
5	垃圾桶	1	√					√			
6	衣架（医生、患者）	2	√					√			
7	打印机	1	√					√			
8	诊查床	1	√		√						
9	观片灯	1	√		√						
10	洗手液	1	√								√
11	纸巾盒	1	√								√
12	宣传挂画	1	√							√	

续表

序号	名称	数量	开办	KB2 信息	KB3 设备	KB4 站房	KB5 物业	KB6 家具	KB7 布品	KB8 文化	KB9 耗材
13	手消剂	1	√								√
14	一次性手套	1	√								√
15	圆珠笔	1	√								√
16	镜子	1	√				√				
17	钟表	1	√				√				

第七章

医院和社区健康服务中心筹备开办工作案例参考

第一节　新建综合医院（1500）床开办费编制案例

一、科室分类汇总表（表7-1-1），结合医院科室设置规划由于篇幅所限，案例敬请扫码查看

二、开办费分类汇总表

医院开办费（1500床）分类汇总表

序号	大类名称	开办费金额
1	家具	54,506,056.75
2	信息化设备	19,198,838.84
3	办公自动化设备	26,078,082.70
4	医疗设备、器械	35,104,820.51
5	被服	7,801,050.00
6	窗帘	7,905,354.91
7	标识	8,678,689.40
8	厨房设施	8,689,964.20
9	后勤物资、其他物资及电器设备	16,984,859.82
10	其他专用设备	6,801,224.51
11	家私监理费	1,900,000.00
	合计	193,648,941.64

三、开办费分项：家具类汇总表

开办费分项：家具类汇总表

序号	品名	规格	数量	单价	总价	备注
1	值班床	2000 × 1000 × 1800	702	2796	1962949	市场询价
2	1.0 × 1.2更衣镜		618	116	71754	市场询价
3	职员桌	1400 × 600 × 750	1285	2322	2983928	市场询价
4	职员椅	常规	1675	860	1440500	市场询价
5	文件柜	900 × 420 × 1800	695	968	672448	参考集中采购目录价
6	治疗柜	900 × 450 × 2000	4	4731	18925	市场询价
7	更衣柜（三门）		5	4731	23657	市场询价
8	长条凳		2	484	968	市场询价
9	单人沙发		11	1451	15965	参考集中采购目录价
10	一体化诊查床		308	2129	655613	市场询价
11	输液椅	常规	42	1808	75951	市场询价
12	圆凳		7	194	1355	市场询价
13	更衣镜子		8	116	929	市场询价
14	试剂柜		26	1935	50313	市场询价
15	接待台	1200 × 600 × 750	5	1471	7353	市场询价
16	不锈钢清洗池	3700 × 650 × 1600	1	35703	35703	市场询价
17	治疗柜	1600 × 600 × 2000	1	10943	10943	市场询价
18	不锈钢清洗池	800 × 600 × 1600	1	8930	8930	市场询价
19	药柜	900 × 500 × 2000	663	5492	3641038	市场询价
20	治疗柜	3810/3100 × 420 × 20	1	4828	4828	市场询价
21	诊桌	1400 × 700 × 750	275	2129	585368	市场询价
22	诊椅	常规	1	857	857	市场询价
23	患者椅	常规	170	435	74018	市场询价
24	诊椅	常规	280	832	232986	市场询价
25	肌注台	1200 × 600 × 750	7	1451	10159	市场询价
26	座椅	常规	10	968	9676	市场询价
27	患者椅	常规	14	871	12191	市场询价
28	候诊椅	三人位	699	3193	2231850	市场询价
29	雾化椅	常规	33	774	25543	市场询价
30	圆桌	D800 × 750	107	1567	167715	市场询价

续表

序号	品名	规格	数量	单价	总价	备注
31	休息椅	常规	89	1161	103334	市场询价
32	不锈钢打包台	2200×600×850	1	14997	14997	市场询价
33	会议桌	5400×1800×750	24	17016	408382	参考集中采购目录价
34	会议椅	常规	1486	871	1294003	市场询价
35	折叠椅		310	97	29994	市场询价
36	衣柜	900×450×2000	10	4731	47313	市场询价
37	治疗柜	3500×600×2000	3	24769	74308	市场询价
38	治疗柜	2640×600×2000	1	24769	24769	市场询价
39	治疗柜	3600×600×2000	1	24769	24769	市场询价
40	治疗柜	2600/3500×600×20	1	41276	41276	市场询价
41	主任桌	1600 ×750 ×750	63	2999	188963	市场询价
42	主任椅	常规	63	1161	73147	市场询价
43	班前椅	常规	2	774	1548	市场询价
44	班前椅	常规	199	435	86644	参考集中采购目录价
45	背柜	1950×430×1500	109	5314	579203	市场询价
46	资料柜	800×400×2195	49	1800	88183	市场询价
47	护士长桌	1400 ×750 ×750	4	2516	10063	市场询价
48	护士长椅	常规	49	832	40773	市场询价
49	不锈钢清洗池	4150×600×1600	1	41218	41218	市场询价
50	茶台		5	387	1935	市场询价
51	饮水机		5	387	1935	市场询价
52	母婴护理台		6	1935	11611	市场询价
53	婴儿床		5	484	2419	市场询价
54	处置柜	2500×600×2000	1	14900	14900	市场询价
55	鞋柜	1000×450×2000	23	5612	129071	市场询价
56	不锈钢清洗池	3100×600×1600	1	30478	30478	市场询价
57	沙发	3+1	72	5409	389420	参考集中采购目录价
58	茶几组合	600×600×420	3	851	2553	
59	茶几组合	1200×600×420	36	1742	62697	参考集中采购目录价
60	办公台	1400×750×750	58	3396	196974	市场询价
61	沙发	三人位	169	2903	490548	参考集中采购目录价
62	操作台柜	3200×600×2000	1	24673	24673	市场询价
63	更衣镜子		1	194	194	市场询价

续表

序号	品名	规格	数量	单价	总价	备注
64	货柜（带锁的）	900 × 500 × 2000	4	4731	18925	市场询价
65	护士长桌	1400 × 1400 × 1100	43	2129	91530	市场询价
66	诊桌	1400 × 750 × 750	3	3570	10711	市场询价
67	脚凳		2	145	290	市场询价
68	治疗柜	4500/5200 × 600 × 20	1	65697	65697	市场询价
69	雾化桌	600 × 600420	8	1935	15480	市场询价
70	雾化桌	2000 × 600 × 1600	1	4644	4644	市场询价
71	办公桌		9	2796	25166	参考集中采购目录价
72	办公椅		56	832	46597	参考集中采购目录价
73	更衣柜（三门）		2	4635	9269	市场询价
74	职工桌	1400 × 1400 × 1100	9	2129	19158	市场询价
75	阅览桌	1200 × 600 × 750	29	2032	58924	市场询价
76	阅览椅	常规	29	832	24131	市场询价
77	办公桌		12	2129	25543	参考集中采购目录价
78	注射台	1200 × 600 × 750	5	1451	7257	市场询价
79	不锈钢清洗池	1700/2400/1100 × 600 × 850	1	32510	32510	市场询价
80	不锈钢清洗池	2500 × 600 × 1600	1	24673	24673	市场询价
81	不锈钢清洗池	4100 × 600 × 1600	1	41218	41218	市场询价
82	不锈钢清洗池	1800 × 600 × 1600	1	18674	18674	市场询价
83	治疗柜	6000/4500 × 600 × 20	1	100142	100142	市场询价
84	不锈钢清洗池	3700 × 600 × 1600	1	35703	35703	市场询价
85	不锈钢清洗池	3000 × 600 × 1600	1	30478	30478	市场询价
86	不锈钢清洗池	2250 × 600 × 1600	1	22060	22060	市场询价
87	不锈钢清洗台	6400 × 600 × 850	2	44053	88105	市场询价
88	诊桌	1600 × 1400 × 750	1	2758	2758	市场询价
89	控制台	5000 × 600 × 750	4	32800	131200	市场询价
90	不锈钢打包台	5000 × 600 × 1600	1	34929	34929	市场询价
91	不锈钢清洗池	3500 × 600 × 1600	1	34348	34348	市场询价
92	治疗柜	8700 × 600 × 2000	4	58924	235695	市场询价
93	试验台		5	43540	217699	市场询价
94	治疗及器械柜	4000 × 600 × 2000	3	27188	81565	市场询价
95	不锈钢清洗池	5300 × 600 × 1600	1	52857	52857	市场询价
96	货柜	900 × 450 × 2000	193	4731	913146	市场询价

续表

序号	品名	规格	数量	单价	总价	备注
97	治疗柜	3000 × 600 × 2000	2	20899	41798	市场询价
98	注射高凳		3	194	581	市场询价
99	治疗及器械柜	3000 × 600 × 2000	2	20899	41798	市场询价
100	不锈钢清洗池	2750 × 600 × 1600	1	27865	27865	市场询价
101	不锈钢清洗池	2200 × 600 × 1600	2	23618	47236	市场询价
102	更衣柜	900 × 450 × 2000	867	4635	4018172	市场询价
103	边台	3000 × 750 × 800	4	8960	35838	市场询价
104	线槽	2100 × 80 × 100	3	581	1742	市场询价
105	PP水盆+三联水		132	1451	191575	市场询价
106	桌上型洗眼器		54	1480	79920	市场询价
107	边台	3750 × 750 × 800	1	11330	11330	市场询价
108	线槽	3750 × 80 × 100	1	1016	1016	市场询价
109	通风柜		6	9579	57473	市场询价
110	PP大水盆+三联水嘴		2	1451	2903	市场询价
111	PP水盆		32	242	7740	市场询价
112	边台	4700 × 750 × 800	1	13642	13642	市场询价
113	线槽	4700 × 80 × 100	1	1258	1258	市场询价
114	边台	3500 × 750 × 800	3	10537	31610	市场询价
115	边台	1500 × 750 × 800	1	4470	4470	市场询价
116	线槽	1500 × 80 × 100	1	387	387	市场询价
117	线槽	2000 × 80 × 100	3	532	1596	市场询价
118	边台	5125 × 750 × 800	1	15026	15026	市场询价
119	线槽	3625 × 80 × 100	25	968	24189	市场询价
120	边台	2500 × 750 × 800	2	7373	14745	市场询价
121	线槽	1600 × 80 × 100	1	435	435	市场询价
122	中央台	4500 × 1500 × 800	3	37009	111027	市场询价
123	边台	8100 × 750 × 800	1	23995	23995	市场询价
124	线槽	6300 × 80 × 100	1	1693	1693	市场询价
125	边台	3600 × 750 × 800	3	10769	32307	市场询价
126	转角台	1000 × 1000 × 800	1	3773	3773	市场询价
127	线槽	2500 × 80 × 100	1	697	697	市场询价
128	边台	5625 × 750 × 800	1	16439	16439	市场询价
129	线槽	5625 × 80 × 100	1	1509	1509	市场询价

续表

序号	品名	规格	数量	单价	总价	备注
130	不锈钢台	1500 × 750 × 800	7	6995	48968	市场询价
131	边台	3850 × 750 × 800	2	11707	23415	市场询价
132	边台	4225 × 750 × 800	1	12559	12559	市场询价
133	线槽	3325 × 80 × 100	1	919	919	市场询价
134	边台	4100 × 750 × 800	2	12191	24382	市场询价
135	线槽	3200 × 80 × 100	1	890	890	市场询价
136	线槽	3275 × 80 × 100	1	900	900	市场询价
137	边台	4525 × 750 × 800	2	13072	26143	市场询价
138	边台	3300 × 750 × 800	1	9666	9666	市场询价
139	线槽	4500 × 80 × 100	6	1209	7257	市场询价
140	线槽	2700 × 80 × 100	2	774	1548	市场询价
141	线槽	1800 × 80 × 100	2	484	968	市场询价
142	边台	7000 × 750 × 800	1	21093	21093	市场询价
143	线槽	5200 × 80 × 100	1	1413	1413	市场询价
144	边台	5400 × 750 × 800	1	15771	15771	市场询价
145	中央台	3000 × 1500 × 800	5	25718	128588	市场询价
146	线槽	3000 × 80 × 100	12	832	9985	市场询价
147	电脑台	2150 × 750 × 750	7	3435	24044	市场询价
148	边台	4500 × 750 × 800	1	13072	13072	市场询价
149	仪器台	3000 × 1200 × 800	1	9240	9240	市场询价
150	边台	4800 × 750 × 800	1	14417	14417	市场询价
151	仪器台	1850 × 900 × 750	4	5796	23183	市场询价
152	电脑台	2150 × 900 × 750	4	4122	16487	市场询价
153	边台	7175 × 750 × 800	1	21480	21480	市场询价
154	线槽	5375 × 80 × 100	8	1509	12075	市场询价
155	更衣柜	500 × 550 × 1800	82	3106	254679	市场询价
156	边台	5450 × 750 × 800	1	14707	14707	市场询价
157	线槽	2950 × 80 × 100	3	803	2409	市场询价
158	PP 大水盆+三联水嘴		2	2903	5805	定制
159	换鞋凳	1200 × 450 × 420	2	1500	2999	市场询价
160	不锈钢接收台	3400/3600 × 600 × 85	1	48116	48116	市场询价
161	不锈钢清洗池	4730/3380/2460 × 600 × 850	1	61246	61246	市场询价
162	不锈钢检查及打包台	4000/1400 × 850	4	36090	144359	市场询价

续表

序号	品名	规格	数量	单价	总价	备注
163	包装台	2700 × 600 × 850	3	9192	27575	市场询价
164	中量型不锈钢隔板架		1	4838	4838	市场询价
165	不锈钢存放架		1	1935	1935	市场询价
166	物品柜		3	4838	14513	市场询价
167	不锈钢清洗台	1800 × 600 × 850	1	13159	13159	市场询价
168	治疗柜	900 × 450 × 2000	1	6769	6769	市场询价
169	不锈钢清洗池	1600 × 600 × 1600	3	16216	48648	市场询价
170	不锈钢清洗台	4500 × 600 × 850	2	32026	64052	市场询价
171	操作台柜	5000 × 600 × 850	2	30188	60375	市场询价
172	操作椅	标准	416	1740	723840	市场询价
173	不锈钢清洗池	1000 × 500 × 1600	1	10740	10740	市场询价
174	治疗柜	1000 × 500 × 2000	1	6889	6889	市场询价
175	鞋柜	2600 × 600 × 1600	4	13062	52248	市场询价
176	不锈钢清洗池	2600 × 600 × 1600	1	26027	26027	市场询价
177	操作台		1	1935	1935	市场询价
178	母婴操作台		1	1935	1935	市场询价
179	喂奶椅		1	1451	1451	市场询价
180	鞋柜	1000 × 500 × 2000	12	6289	75469	市场询价
181	仪容镜		6	194	1161	市场询价
182	文件地柜		3	774	2322	参考集中采购目录价
183	标本存储柜		2	4838	9676	市场询价
184	手术耗材置物架		128	4838	619233	市场询价
185	不锈钢药柜	900 × 500 × 2000	20	5792	115835	市场询价
186	药品架		7	2903	20319	市场询价
187	不锈钢器械柜	900 × 500 × 2000	13	5792	75293	市场询价
188	吧台		1	1935	1935	市场询价
189	储物地柜		4	968	3870	市场询价
190	仪器存储柜		55	4838	266077	市场询价
191	不锈钢清洗池	6800 × 1400 × 850	2	68235	136469	市场询价
192	不锈钢打包台	8500 × 600 × 850	2	57860	115719	市场询价
193	机械臂自动发鞋 / 衣柜	1900 × 900 × 1880	3	359929	1079787	市场询价
194	发衣 - 主机柜	400 × 450 × 1880	9	33864	304779	市场询价
195	存衣 - 主机柜	630 × 450 × 1880	7	33864	237050	市场询价

续表

序号	品名	规格	数量	单价	总价	备注
196	柜式-自动发鞋/衣柜	630 × 450 × 1880	75	31445	2358406	市场询价
197	柜式-存鞋/衣柜	630 × 450 × 1880	61	31445	1918170	市场询价
198	回收鞋柜	1150 × 900 × 1500	3	41411	124234	市场询价
199	鞋凳		32	194	6192	市场询价
200	餐桌	1200 × 750 × 743	120	3380	405600	市场询价
201	餐椅	常规	20	484	9676	市场询价
202	宣讲台		1	1935	1935	市场询价
203	会议桌		64	1021	65344	参考集中采购目录价
204	姿势矫正镜（木）		2	1064	2129	市场询价
205	理疗床	2000 × 600 × 650	6	2758	16545	市场询价
206	边台	6125 × 750 × 800	6	18190	109140	市场询价
207	边台	10125 × 750 × 800	14	30865	432108	市场询价
208	洗手盆柜		10	774	7740	市场询价
209	边台	5300 × 750 × 800	3	15578	46733	市场询价
210	线槽	5300 × 80 × 100	3	1413	4238	市场询价
211	操作台		1	6289	6289	市场询价
212	玻片柜		15	6873	103093	市场询价
213	蜡块柜		20	5805	116106	市场询价
214	操作台		3	2419	7257	市场询价
215	不锈钢洗涤池		2	2903	5805	市场询价
216	不锈钢清洗台	3000 × 600 × 1600	1	30865	30865	市场询价
217	不锈钢存放架		4	6192	24769	市场询价
218	椅子	常规	9	832	7489	市场询价
219	不锈钢配餐台	6260 × 600 × 850	34	41808	1421468	市场询价
220	餐椅	常规	40	871	34832	市场询价
221	餐椅	常规	4	290	1160	市场询价
222	治疗柜	7700 × 600 × 2000	2	51377	102754	市场询价
223	治疗柜	19700 × 600 × 2000	1	134780	134780	市场询价
224	不锈钢清洗台	4000 × 600 × 850	1	30575	30575	市场询价
225	操作台柜	1200 × 500 × 850	4	7015	28061	市场询价
226	餐椅	常规	50	435	21770	市场询价
227	操作台柜	6000 × 600 × 850	1	35509	35509	市场询价
228	抽血台	7500 × 800 × 750	1	43540	43540	市场询价

续表

序号	品名	规格	数量	单价	总价	备注
229	诊椅	常规	2	1112	2224	市场询价
230	操作台柜	2700 × 600 × 850	1	15674	15674	市场询价
231	治疗柜	7300 × 600 × 2000	1	49568	49568	市场询价
232	不锈钢清洗台	2000 × 600 × 850	1	16061	16061	市场询价
233	不锈钢清洗池	1600 × 600 × 850	2	12481	24963	市场询价
234	操作台柜	1800 × 500 × 850	6	10546	63278	市场询价
235	治疗柜	3200 × 600 × 2000	1	21576	21576	市场询价
236	单头头灯		1	968	968	市场询价
237	鞋凳		4	290	1161	市场询价
238	仪器柜	6600 × 600 × 2000	2	32510	65019	市场询价
239	储物柜		8	1451	11611	市场询价
240	更衣凳	1.2 × 0.3	18	290	5225	市场询价
241	排药台	6000 × 600 × 750	3	25737	77211	市场询价
242	鞋柜		22	2709	59601	市场询价
243	试验台	6000 × 600 × 750	2	52248	104496	市场询价
244	试验台	3000 × 600 × 750	8	26124	208991	市场询价
245	操作台柜	10000 × 600 × 850	1	49442	49442	市场询价
246	梳妆镜		105	145	15239	市场询价
247	长条凳子（带鞋柜）		20	484	9676	市场询价
248	洗婴池	4500 × 800 × 850	1	48378	48378	市场询价
249	圆几	D700 × 600	2	1500	2999	市场询价
250	洽谈椅		6	774	4644	市场询价
251	沙发	单人位	20	2225	44507	参考集中采购目录价
252	操作台柜	2900 × 600 × 2000	1	23124	23124	市场询价
253	无菌物品柜		1	3386	3386	市场询价
254	边柜	3500 × 600 × 2000	1	29994	29994	市场询价
255	边柜	2500 × 600 × 2000	1	21286	21286	市场询价
256	治疗柜 -2	1600 × 600 × 2000	1	15674	15674	市场询价
257	治疗柜 -2	5700 × 600 × 2000	1	55731	55731	市场询价
258	靠背椅（个）		16	290	4644	市场询价
259	不锈钢拖把池	600 × 600 × 650	22	4799	105579	市场询价
260	双洗涤池		30	1935	58053	市场询价
261	不锈钢清洗台	1500 × 600 × 850	41	10856	445095	市场询价

续表

序号	品名	规格	数量	单价	总价	备注
262	操作台柜	2000 × 600 × 850	1	11901	11901	市场询价
263	不锈钢清洗台	2400 × 600 × 850	1	17348	17348	市场询价
264	治疗柜-2	5000 × 600 × 2000	2	48861	97723	市场询价
265	茶水台	5500 × 600 × 850	1	27575	27575	市场询价
266	治疗柜-2	6100 × 600 × 2000	1	59891	59891	市场询价
267	处置柜	2900 × 600 × 2000	1	9676	9676	市场询价
268	不锈钢洗手池	1600 × 600 × 1600	1	13352	13352	市场询价
269	储物柜	900 × 450 × 2000	35	4635	162210	市场询价
270	洽谈桌	800 × 720	16	1887	30188	市场询价
271	矮文件柜	1200 × 400 × 1202	85	1504	127804	市场询价
272	治疗柜-2	8300 × 600 × 2000	1	61827	61827	市场询价
273	处置柜	2900 × 600 × 2000	4	17900	71599	市场询价
274	宣讲台	800 × 600 × 1100	15	1171	17561	市场询价
275	治疗柜-2	2700 × 600 × 2000	15	17416	261239	市场询价
276	会议桌	根据实际尺寸制作	24	19499	467976	参考集中采购目录价
277	治疗柜-2	2700 × 600 × 2000	1	26317	26317	市场询价
278	处置柜	3200 × 600 × 2000	17	18674	317454	市场询价
279	沙发	1+2+3	17	14513	246726	参考集中采购目录价
280	陪人沙发床		1	774	774	参考集中采购目录价
281	沙发组		18	3386	60956	参考集中采购目录价
282	治疗柜-2	8300 × 600 × 2000	1	81178	81178	市场询价
283	家属等候区排椅		12	2903	34832	市场询价
284	治疗柜-2	6800 × 600 × 2000	33	66568	2196728	市场询价
285	更鞋凳子（带鞋柜）		78	500	39000	市场询价
286	不锈钢清洗池	2700 × 600 × 1600	1	27865	27865	市场询价
287	不锈钢清洗池	2500 × 600 × 1600	2	24673	49345	市场询价
288	茶水柜		17	774	13159	参考集中采购目录价
289	床边柜		11	968	10643	市场询价
290	护士长桌	1400 × 1400 × 1100	2	2758	5515	市场询价
291	会议椅	常规	24	1935	46442	参考集中采购目录价
292	操作台柜	1000 × 2000 × 850	2	6657	13314	市场询价
293	标本柜		4	8708	34832	市场询价
294	维修台	1200 × 600 × 750	27	1800	48590	市场询价

续表

序号	品名	规格	数量	单价	总价	备注
295	维修椅	常规	27	832	22467	市场询价
296	工具柜	900 × 450 × 2000	7	4731	33119	市场询价
297	档案柜	5000 × 450 × 2200	10	11495	114945	市场询价
298	会议椅	常规	30	774	23221	参考集中采购目录价
299	会议桌	5400 × 1800 × 750	1	17416	17416	参考集中采购目录价
300	物品柜		6	3386	20319	市场询价
301	会议桌	3800 × 1600 × 750	1	11514	11514	参考集中采购目录价
302	培训椅	常规	434	871	377925	市场询价
303	餐桌	1200 × 750 × 743	319	2419	771622	市场询价
304	餐椅	常规	788	629	495580	市场询价
305	餐桌	直径2m	4	7740	30962	市场询价
306	餐边柜		4	968	3870	市场询价
307	餐桌	直径3m	2	31929	63858	市场询价
308	餐椅	常规	80	2709	216731	市场询价
309	贵宾沙发	单人位	16	3483	55731	参考集中采购目录价
310	茶几	700 × 500 × 450	16	2419	38702	参考集中采购目录价
311	主席台	800 × 765 × 1150	1	3541	3541	市场询价
312	礼堂椅	常规	547	1829	1000283	市场询价
313	线槽		500	39	19351	市场询价
314	中会议桌	3400 × 1500 × 750	2	10450	20899	市场询价
315	中会议桌	3400 × 1500 × 750	2	871	1742	市场询价
316	会议桌	6000 × 1850 × 760	1	19351	19351	参考集中采购目录价
317	茶水台	3500/2700 × 600 × 20	7	14513	101593	市场询价
318	培训桌	600 × 500 × 750	24	871	20899	市场询价
319	培训桌	600 × 500 × 750	404	1113	449524	市场询价
320	讲台	1400 × 500 × 750	1	1935	1935	市场询价
321	办公桌	2000 × 1700 × 750	14	2758	38605	参考集中采购目录价
322	活动推柜	395 × 568 × 523	341	871	296941	市场询价
323	培训桌	1200 × 500 × 750	372	1732	644273	市场询价
324	讲台	1400 × 500 × 750	8	2725	21797	市场询价
325	班前椅	常规	28	939	26279	参考集中采购目录价
326	鞋柜		8	1935	15481	市场询价
327	档案室密集柜	6130 × 550 × 2000	11	25800	283797	市场询价

续表

序号	品名	规格	数量	单价	总价	备注
328	茶几	1200 × 600 × 420	209	851	177952	参考集中采购目录价
329	文件矮柜	900 × 420 × 900	16	1127	18035	市场询价
330	茶几	600 × 600 × 400	4	668	2670	参考集中采购目录价
331	等候椅	三人位	2	3193	6386	市场询价
332	会议桌	3200 × 1200 × 750	2	9834	19668	参考集中采购目录价
333	会议桌	4800 × 1600 × 750	2	13884	27769	参考集中采购目录价
334	档案室密集柜	2825 × 550 × 2000	11	11889	130782	市场询价
335	文件柜	900 × 450 × 2000	6	1935	11611	参考集中采购目录价
336	镜子		129	116	14978	市场询价
337	班台	2000 × 1700 × 760	9	4354	39186	市场询价
338	班椅	常规	9	1451	13062	参考集中采购目录价
339	背柜	2380 × 400 × 1807	9	32731	294581	市场询价
340	沙发 -2	3+1	2	8398	16797	参考集中采购目录价
341	沙发 -3	三人位	7	2903	20319	参考集中采购目录价
342	沙发 -4	单人位	14	2225	31155	参考集中采购目录价
343	会议椅	常规	20	2443	48861	市场询价
344	桌面办公自动化设备盒		1	871	871	市场询价
345	档案柜	4400 × 450 × 2000	22	10111	222440	市场询价
346	电脑桌	1600 × 700 × 750	25	2274	56844	市场询价
347	电脑椅	常规	25	774	19351	参考集中采购目录价
348	洽谈桌	常规	6	1112	6674	市场询价
349	洽谈椅	常规	16	837	13391	市场询价
350	书架	4200 × 850 × 2000	12	10769	129226	市场询价
351	书架	5100 × 850 × 2000	1	13077	13077	市场询价
352	活动推柜	395 × 568 × 523	23	832	19138	市场询价
353	不锈钢清洗台	1537 × 600 × 850	4	11000	44000	市场询价
354	中央台	3600 × 1500 × 800	10	30214	302140	市场询价
355	操作台	2400 × 650 × 800	11	10094	111039	市场询价
356	线槽	19300 × 80 × 100	8	2787	22292	市场询价
357	钢制文件柜	900 × 450 × 2000	265	3532	935864	市场询价
358	讲台	800 × 600 × 1100	22	1171	25756	市场询价
359	茶水柜	1050 × 400 × 808	53	1258	66664	参考集中采购目录价
360	床头柜		200	1350	270000	市场询价

四、开办费分项：信息化终端设备类汇总表

开办费分项：信息化终端设备类汇总表

序号	品名	规格	数量	单价	总价	备注
1	55英寸候诊导引终端		117	7208	843366	市场询价
2	医用手持终端		1	5632	5632	市场询价
3	输液护理终端		4	1219	4876	市场询价
4	条码阅读器		402	968	388956	市场询价
5	医生叫号器		438	348	152563	市场询价
6	身份证读卡器		4	1451	5805	市场询价
7	社保卡读卡器		4	581	2322	市场询价
8	刷卡器		4	822	3290	市场询价
9	数字显示器		4	194	774	市场询价
10	55英寸医疗导引终端		2	7208	14417	市场询价
11	输液服务终端		27	77	2090	市场询价
12	功放		56	581	32510	市场询价
13	吸顶音箱		166	48	8031	市场询价
14	智能自助服务终端		52	9521	495077	市场询价
15	社保卡阅读器		46	726	33381	市场询价
16	IP网络病床触控一体机		672	1016	682704	市场询价
17	网络中控器		678	368	249280	市场询价
18	智能集中供电控制器		12	4664	55963	市场询价
19	IP网络双面液晶廊屏		5	6966	34832	市场询价
20	护士分诊台叫号器		35	2903	101593	市场询价
21	IP网络护士触控话机		13	5689	73960	市场询价
22	IP网络病房信息显示终端		200	2593	518607	市场询价
23	卫生间紧急呼叫按钮		434	54	23515	市场询价
24	护理信息显示终端		18	7208	129749	市场询价
25	病房探视终端		13	4451	57860	市场询价
26	音频采集功放单元		21	8631	181242	市场询价
27	医用触摸显示单元		18	4451	80113	市场询价
28	视频采集处理模块		20	9656	193123	市场询价
29	专用无线AP		18	1742	31349	市场询价
30	智能监护触控终端		5	4451	22254	市场询价

续表

序号	品名	规格	数量	单价	总价	备注
31	云台控制模块		5	9656	48281	市场询价
32	家属探视终端		10	4451	44507	市场询价
33	物理协调器		1	1219	1219	市场询价
34	移动护理终端		1	5439	5439	市场询价
35	多色LED门灯		190	81	15442	市场询价
36	鹅颈麦克风		5	2709	13546	市场询价
37	无线AP		7	1742	12191	市场询价
38	4路超高清音视频采集处理终端		4	9666	38663	市场询价
39	远程终端主控模块		4	9579	38315	市场询价
40	75寸高亮液晶模组		2	9579	19158	市场询价
41	全铝合金一体化基座		2	9579	19158	市场询价
42	55英寸交互触控终端		1	9579	9579	市场询价
43	电子地图导航一体机		1	9540	9540	市场询价
44	院内地图模型模块		27	1935	52248	市场询价
45	55英寸实时医疗信息显示终端		20	9666	193317	市场询价
46	32英寸信息展示终端		68	3861	262516	市场询价
47	多媒体信息发布盒		2	2129	4257	市场询价
48	LED显示屏 P3.0mm 26.57平方米		50	4838	241888	市场询价
49	发送盒		4	1161	4644	市场询价
50	接收卡		80	387	30962	市场询价
51	拼接处理器		1	9666	9666	市场询价
52	配件、线材		2	7740	15481	市场询价
53	无线扫描枪		105	2903	304779	市场询价
54	高清云台摄像机		1	28059	28059	市场询价
55	控制软件		2	7740	15481	市场询价
56	HDMI网络编解码器		2	14513	29027	市场询价
57	视频线		40	1161	46442	市场询价
58	音频信号线		40	1161	46442	市场询价
59	会议系统主机		4	13062	52248	市场询价
60	话筒单元讨论座		16	2709	43346	市场询价
61	3针鹅颈LED话筒43公分		16	1161	18577	市场询价
62	音视频智能一体机		2	34542	69083	市场询价
63	吸顶扬声器		18	2419	43540	市场询价

续表

序号	品名	规格	数量	单价	总价	备注
64	电源时序器		4	1161	4644	市场询价
65	桌面信息盒		3	871	2612	市场询价
66	线材		4	968	3870	市场询价
67	超高清音视频采集处理终端		25	9579	239469	市场询价
68	19寸触摸诊区报到机		2	5496	10991	市场询价
69	电视机顶盒		30	464	13933	市场询价
70	频道控制器		2	6096	12191	市场询价
71	电视高清编解码终端		4	9579	38315	市场询价
72	遥控器		688	20	13979	市场询价
73	病床探视终端		4	5805	23221	市场询价
74	探视管理主机	EC-NS10	5	5805	29027	市场询价
75	55寸网络液晶一体机		92	7208	663160	市场询价
76	信息显示客户端配件		66	194	12772	市场询价
77	运维监控管理平台客户管理端		66	194	12772	市场询价
78	10"智能触控话机		33	2400	79184	市场询价
79	呼叫管理护士端模块		33	2903	95788	市场询价
80	智慧集中电源		62	2438	151170	市场询价
81	双面网络液晶廊屏		31	6966	215957	市场询价
82	科室护理看板业面内容定制		33	2903	95788	市场询价
83	单键呼叫手柄	EC-H	896	122	109233	市场询价
84	胶囊门灯		420	81	34135	市场询价
85	卫生间呼叫器		435	34	14731	市场询价
86	单键呼叫手柄		735	83	61159	市场询价
87	卫生间呼叫器	EC-T2	240	54	13004	市场询价
88	智慧集中电源		4	2825	11301	市场询价
89	4×16寸双面网络液晶廊		4	4064	16255	市场询价
90	虚拟终端机		1	1451	1451	市场询价
91	指纹识别器		1	97	97	市场询价
92	32英寸办公自动化设备展示终端	LED32-MSTV-H	43	3861	166003	市场询价
93	鹅颈话筒	GM 305	4	3213	12853	市场询价
94	话筒底座	GMB 33S	4	540	2160	市场询价
95	无线话筒	XSW 2-835	8	7233	57867	市场询价
96	主扬声器		24	6666	159994	市场询价

续表

序号	品名	规格	数量	单价	总价	备注
97	功放	AMP-A460H	4	6579	26317	市场询价
98	音视频智能一体机	DMX8-D	4	9656	38625	市场询价
99	音频处理器	biamp	4	9579	38315	市场询价
100	数字调音台		4	8998	35993	市场询价
101	电源时序器	TDP-1040I	4	3735	14939	市场询价
102	DVD机		5	1742	8708	市场询价
103	多媒体插座		10	871	8708	市场询价
104	线材		4	4838	19351	市场询价
105	LED三合一摇头电脑灯（CMY）		9	9288	83596	市场询价
106	三合一摇头电脑灯		4	6966	27865	市场询价
107	LED电动变焦聚光灯（面光）		48	1916	91956	市场询价
108	LED平板柔光灯		15	3919	58779	市场询价
109	LED天幕灯（防水型）		15	2264	33961	市场询价
110	LED投光变色灯		24	784	18809	市场询价
111	电子追光灯（360W）		1	9579	9579	市场询价
112	电脑灯控台（4096触摸老虎）		10	1955	19554	市场询价
113	信号分配放大器		4	8490	33961	市场询价
114	直通柜（36路）		2	5660	11320	市场询价
115	灯钩		180	28	5016	市场询价
116	保险绳		180	16	2821	市场询价
117	灯光钢架及配套		10	5434	54338	市场询价
118	线材		10	4075	40753	市场询价
119	树脂背投屏幕		25	34348	858702	市场询价
120	后维护背投箱体		25	17416	435398	市场询价
121	多通道配套图像处理器		1	309616	309616	市场询价
122	大屏底座		5	5322	26608	市场询价
123	150寸电动屏幕		2	7740	15481	市场询价
124	主扬声器		8	9459	75670	市场询价
125	主扬声器功放		4	9579	38315	市场询价
126	拉声像扬声器		8	9579	76630	市场询价
127	拉声像扬声器定阻器		8	9579	76630	市场询价
128	拉声像扬声器功放		4	9579	38315	市场询价
129	超低频扬声器		8	9556	76444	市场询价

续表

序号	品名	规格	数量	单价	总价	备注
130	超低频扬声器功放		4	9579	38315	市场询价
131	台唇拉声像扬声器		4	8360	33439	市场询价
132	台唇拉声像功放		2	9579	19158	市场询价
133	固定返送扬声器		3	8809	26426	市场询价
134	流动返送扬声器		3	8809	26426	市场询价
135	返送扬声器功放		2	8321	16642	市场询价
136	扬声器吊架		47	1161	54570	市场询价
137	控制室监听音箱		2	2709	5418	市场询价
138	监听耳机		1	2082	2082	市场询价
139	数字调音台		2	9579	19158	市场询价
140	数字音频矩阵		1	9172	9172	市场询价
141	音频输入输出板卡		56	3677	205895	市场询价
142	网络交换机		1	1161	1161	市场询价
143	电源时序器		1	1258	1258	市场询价
144	机柜		3	2709	8127	市场询价
145	无线手持话筒		4	5921	23686	市场询价
146	无线头戴话筒		4	6444	25776	市场询价
147	无线话筒天线		2	3919	7837	市场询价
148	无线话筒天线分配器		2	8011	16023	市场询价
149	天线放大器		2	2351	4702	市场询价
150	有线鹅颈话筒		12	3213	38559	市场询价
151	有线鹅颈话筒底座		12	540	6479	市场询价
152	发言提问系统主机		8	9579	76630	市场询价
153	会议AI智能语音转写主机		1	9482	9482	市场询价
154	会议AI智能语音转写模块		24	8127	195058	市场询价
155	高清摄像头		4	9474	37897	市场询价
156	控制键盘		4	9269	37077	市场询价
157	高清矩阵机箱		1	9288	9288	市场询价
158	高清HDMI板卡		16	8514	136231	市场询价
159	4K接收传输器		4	7411	29646	市场询价
160	网络录播服务器		1	5434	5434	市场询价
161	实时录播模块		4	8224	32897	市场询价
162	中控主机		1	9538	9538	市场询价

续表

序号	品名	规格	数量	单价	总价	备注
163	信号接入模块		16	1742	27865	市场询价
164	触控屏		1	3096	3096	市场询价
165	无线路由器		1	581	581	市场询价
166	配管		2000	8	15481	市场询价
167	金银线		3000	8	24673	市场询价
168	音频配线		3000	6	17416	市场询价
169	会议电话		4	9869	39476	市场询价
170	高拍仪		16	1451	23221	市场询价
171	网络硬盘录像机	海康威视	2	968	1935	市场询价
172	评标摄像头		2	1935	3870	市场询价
173	硬盘（4T）		2	948	1896	市场询价
174	麦克风		32	2129	68116	市场询价
175	交流配电柜	1	1	7740	7740	市场询价
176	智能监控录像收音系统	1	1	48378	48378	市场询价
177	55寸高亮液晶模组		2	8611	17222	市场询价
178	热合机	高频可聚录乙烯封口	4	3870	15481	市场询价
179	42寸网络电视机		108	2129	229890	市场询价
180	四位四控插线板		3000	53	159646	市场询价
181	六类网络跳线-2M	极细跳线，线径28AWG	400	15	5805	市场询价
182	六类网络跳线-3M	极细跳线，线径28AWG	600	18	11030	市场询价
183	七类网络跳线-2M		5000	20	101593	市场询价
184	七类网络跳线-3M		4000	28	112236	市场询价
185	照相机		2	48377	96753	参考集中采购目录
186	摄影机		2	29027	58054	市场询价
187	70寸激光DLP显示单元激光投影机		25	36500	912500	市场询价
188	70寸激光DLP显示单元控制盒		25	7524	188100	市场询价
189	19英寸医疗导引终端		340	2593	881633	市场询价
190	诊室候诊信息显示一体机		25	2593	64826	市场询价
191	19寸病房门口一体机		330	2787	919561	市场询价
192	病房门口显示触控终端		90	2787	250789	市场询价

续表

序号	品名	规格	数量	单价	总价	备注
193	42英寸医疗导引终端		151	4509	680827	市场询价
194	7"床头屏触控一体机		875	1113	973598	市场询价
195	病床呼叫显示终端		150	1113	166903	市场询价
196	诊室报到自助查询终端		28	5890	164913	市场询价
197	护士站候诊信息显示一体机		30	7379	221380	市场询价
198	护士站探视模块		16	4173	66770	市场询价
199	数字病房监测电源		27934	5	139670	市场询价

五、开办费分项：办公自动化类汇总表

开办费分项：办公自动化类汇总表

序号	品名	规格	数量	单价	总价	备注
1	12600流明激光工程投影机		2	210926	421852	市场询价
2	19寸诊区报到机		5	4635	23173	市场询价
3	220V移动电力健康检测仪	高值医疗设备管理标签	100	1035	103528	市场询价
4	70寸激光DLP显示单元激光光机		8	44024	352189	市场询价
5	A3彩色打印机		11	16000	176000	全院配置总数量
6	IP话机		2	387	774	市场询价
7	LED观片灯(二联)		97	1161	112623	市场询价
8	LED观片灯(四联)		7	1935	13546	市场询价
9	PLC智能监控系统		1	7431	7431	市场询价
10	NB操作平台		2	38702	77404	市场询价
11	RFID资产无源标签		6000	1	5805	市场询价
12	RFID资产无源标签(抗金属)		400	24	9676	市场询价
13	标签打印机		69	1935	133522	参考集中采购目录价格
14	彩色激光打印机		5	2903	14513	参考集中采购目录价格
15	触摸屏工作站		2	7576	15152	市场询价
16	大屏底座		4	5322	21286	市场询价
17	单键呼叫器		15	77	1161	市场询价

续表

序号	品名	规格	数量	单价	总价	备注
18	单键呼叫器		17	122	2072	市场询价
19	单面指针式子钟		50	1935	96755	市场询价
20	单面温湿度子钟		50	3870	193510	市场询价
21	单面倒计时式子钟		37	3870	143198	市场询价
22	单面日历式子钟		16	4354	69664	市场询价
23	电动装订机		16	1451	23221	市场询价
24	电话机		15	97	1451	市场询价
25	电脑外接摄像头		54	97	5225	市场询价
26	电子白板一体机	86英寸触摸智慧屏，含PC模块	6	51280	307681	参考集中采购目录价格
27	电子显示钟		2	968	1935	市场询价
28	吊挂架		633	135	85744	市场询价
29	多功能打印一体机		72	4838	348318	市场询价
30	多功能激光扫描打印一体机		10	4838	48378	参考集中采购目录价格
31	多功能扫描打印一体机		36	4838	174159	参考集中采购目录价格
32	多功能扫描激光打印一体机		2	4838	9676	参考集中采购目录价格
33	二联观片灯		11	1161	12772	市场询价
34	多通道配套图像处理器		1	154808	154808	市场询价
35	二联液晶观片灯		70	1161	81274	市场询价
36	非接触式解禁读头		10	755	7547	市场询价
37	高端IP话机		6	387	2322	市场询价
38	高端IP话机		1	484	484	市场询价
39	高端IP话机		47	968	45475	市场询价
40	高端IP话机		42	1161	48765	市场询价
41	高拍仪		11	1451	15965	市场询价
42	高拍仪		3	726	2177	市场询价
43	工卡充电器		800	73	58053	市场询价
44	工作对讲机（迷你型）		90	194	17416	市场询价
45	挂钟		65	97	6289	市场询价
46	挂钟		1	155	155	市场询价
47	号票打印机		1	1896	1896	市场询价

续表

序号	品名	规格	数量	单价	总价	备注
48	黑白激光打印机		1000	1935	1935102	参考集中采购目录价格
49	后维护背投箱体		8	17416	139327	市场询价
50	护士移动查房PDA		102	4838	493451	市场询价
51	会议电话		3	9869	29607	市场询价
52	激光笔		1	58	58	市场询价
53	交流配电柜		1	7740	7740	市场询价
54	其他五金材料配件辅料		10	1161	11611	市场询价
55	热合机	高频可聚录乙烯封口	6	3870	23221	市场询价
56	扫描仪		4	1451	5805	参考集中采购目录价格
57	摄像头		58	968	56118	市场询价
58	身份证读卡设备		41	1451	59504	市场询价
59	树脂背投屏幕		8	34348	274785	市场询价
60	鼠标、键盘、摄像头套件		1	203	203	市场询价
61	双面数字式子钟		100	4838	483776	市场询价
62	手持式读写器		10	5612	56118	市场询价
63	手提电脑		73	7740	565050	参考集中采购目录价格
64	四联液晶观片灯		74	1935	143198	市场询价
65	碎纸机		94	968	90950	参考集中采购目录价格
66	台式电脑		2433	5000	12165000	参考集中采购目录价格
67	条码打印机		313	1451	454265	参考集中采购目录价格
68	投影机固定吊架		2	1451	2903	市场询价
69	腕带充电制具		4	1209	4838	市场询价
70	温湿度电子显示钟		8	484	3870	市场询价
71	小票打印机		4	194	774	市场询价
72	校时设备		2	29027	58053	市场询价
73	医护智能工卡	急门诊使用，防伤医	1500	232	348318	市场询价
74	婴儿防盗标签	新生儿科使用	100	271	27091	市场询价
75	婴儿防盗腕带		200	17	3483	市场询价
76	智能处警终端		10	4644	46442	市场询价

续表

序号	品名	规格	数量	单价	总价	备注
77	移动资产定位标签		500	261	130619	市场询价
78	药品追溯二维码标签		60000	0	2903	市场询价
79	药品追溯手持式二维码阅读器		8	6773	54183	市场询价
80	医用阅片显示器		21	15481	325097	市场询价
81	针式打印机		134	1935	259304	参考集中采购目录价格
82	中端IP话机		1	484	484	市场询价
83	中端IP话机		1403	387	542990	市场询价
84	125K物联网模块	MD125k	200	1190	238018	市场询价
85	433M物联网模块	MD433	200	1190	238018	市场询价
86	RFID物联网模块	MDRF	200	1190	238018	市场询价
87	短焦激光投影	含幕布-3800流明以上	31	29027	899823	市场询价
88	互动激光投影	含幕布-3800流明以上	30	29027	870796	市场询价
89	单面指针式子钟		63	1935	96755	市场询价
90	单面温湿度子钟		67	3870	193510	市场询价
91	双面数字式子钟		19	4838	483776	市场询价
92	语音网关	1+1备份	2	278554	557108	市场询价

六、开办费分项：医疗设备器械类汇总表

开办费分项：医疗设备器械类汇总表

序号	品名	规格	数量	单价（万元以下）	总价	备注
1	128Hz音叉		2	194	387	市场询价
2	3号手术刀柄		15	24	363	市场询价
3	3头手术灯		4	1935	7740	市场询价
4	CO_2罐储藏柜		1	1935	1935	市场询价
5	DVT抗血栓泵		2	9676	19351	市场询价
6	ESD滚刀		2	1451	2903	市场询价
7	4加仑易燃液体安全储存柜	（56×43×43cm）	6	968	5805	市场询价
8	7号手术刀柄		23	484	11127	市场询价
9	ICU探视车		4	9661	38644	市场询价
10	pH计		5	70	363	市场询价
11	PT凳		3	774	2322	市场询价

续表

序号	品名	规格	数量	单价（万元以下）	总价	备注
12	PT凳（有靠背）		6	968	5805	市场询价
13	PT床（可升降）		1	2903	2903	市场询价
14	PH酸度仪		3	3870	11611	市场询价
15	TDP治疗仪		19	484	9192	市场询价
16	X线防护用品（铅衣 、铅帽等）		18	4838	87080	市场询价
17	X线剂量仪		6	4257	25543	市场询价
18	按摩床（可升降）		26	4838	125782	市场询价
19	凹形体位垫		94	2903	272849	市场询价
20	半圆形体位垫		94	2903	272849	市场询价
21	标本采集箱		10	194	1935	市场询价
22	便捷式吸痰器		4	97	387	市场询价
23	背力计		1	3773	3773	市场询价
24	绑式沙袋系列		1	968	968	市场询价
25	磅秤		5	871	4354	市场询价
26	笔式电筒		76	19	1471	市场询价
27	闭合性减压头圈		49	1935	94820	市场询价
28	便携式血氧饱和度		223	194	43153	市场询价
29	便携式氧气瓶		90	68	6096	市场询价
30	标本架		587	484	283976	市场询价
31	标本离心机		6	7740	46442	市场询价
32	冰柜		5	4838	24189	市场询价
33	标本转运箱		20	194	3870	市场询价
34	冰帽		22	4838	106431	市场询价
35	病床		1313	3500	4595500	市场询价
36	病历车		2	1935	3870	市场询价
37	病历夹车（50列）		2	1935	3870	市场询价
38	病历夹车带锁		2	1935	3870	市场询价
39	病历车（双列40格带病历夹）		1	1935	1935	市场询价
40	病历车（双列40格 带病历夹）		2	1935	3870	市场询价
41	病历夹车		48	1935	92885	市场询价
42	病人轮椅		135	484	65310	市场询价
43	不锈钢大体标本展示柜		4	3870	15481	市场询价
44	不锈钢标本存放架		4	6192	24769	市场询价

续表

序号	品名	规格	数量	单价（万元以下）	总价	备注
45	不锈钢换药包		18	968	17416	市场询价
46	不锈钢密封转运车		4	8708	34832	市场询价
47	不锈钢清创包		35	1935	67729	市场询价
48	不锈钢手术包		2	968	1935	市场询价
49	不锈钢双层分类接收台		1	5805	5805	市场询价
50	不锈钢实验椅（可升降）		8	1451	11611	市场询价
51	不锈钢送物车（承载运送大体标本）		4	2903	11611	市场询价
52	不锈钢弯盘		95	48	4596	市场询价
53	不锈钢污衣车		4	1451	5805	市场询价
54	不锈钢圆碗		60	29	1742	市场询价
55	不锈钢小量杯		120	29	3483	市场询价
56	不锈钢医用方盘	（450 × 330 × 34）	10	50	503	市场询价
57	不锈钢医用方盘	（450 × 330 × 34）	4	50	201	市场询价
58	不锈钢运物推车		14	1451	20319	市场询价
59	不锈钢治疗车		4	1742	6966	市场询价
60	不锈钢治疗盘		625	48	30236	市场询价
61	不锈钢治疗盘		905	58	52538	市场询价
62	不锈钢组合柜		2	7740	15481	市场询价
63	不锈钢组合式踏脚		92	484	44507	市场询价
64	布巾钳		100	97	9676	市场询价
65	产检包		3	1935	5805	市场询价
66	超声波身高体重体脂分析仪		3	1451	4354	市场询价
67	查体栏		9	48	435	市场询价
68	拆石膏用电锯		2	1935	3870	市场询价
69	侧卧位挡板		44	9676	425723	市场询价
70	拆线剪		267	29	7750	市场询价
71	超净工作台		4	9676	38702	市场询价
72	超声波脱钙仪		2	3870	7740	市场询价
73	超声雾化器		2	658	1316	市场询价
74	成人固定双人站立		1	2709	2709	市场询价
75	成套哑铃		1	1838	1838	市场询价
76	晨间护理车		88	1935	170289	市场询价
77	持物罐		141	35	4935	市场询价

续表

序号	品名	规格	数量	单价（万元以下）	总价	备注
78	持物钳		81	48	3919	市场询价
79	持针钳		55	194	10643	市场询价
80	储槽		107	48	5176	市场询价
81	床边移动餐桌		18	4838	87080	市场询价
82	床单位消毒机		78	4838	377345	市场询价
83	大铁剪		5	24	121	市场询价
84	大剪刀		2	97	194	市场询价
85	大水池		1	1935	1935	市场询价
86	大体标本取材用具（刀，镊子、剪、尺等）1套		3	9676	29027	市场询价
87	纯水机	（30L/H）	1	8708	8708	市场询价
88	吹气球		6	48	290	市场询价
89	磁力搅拌器		3	968	2903	市场询价
90	带标尺取材板		8	1451	11611	市场询价
91	导管柜		4	7740	30962	市场询价
92	带光源放大镜		5	2322	11611	市场询价
93	单头拐杖		10	48	484	市场询价
94	单头灯		25	1064	26608	市场询价
95	单头手术灯		3	1935	5805	市场询价
96	滴管		200	3	581	市场询价
97	电动病床及床头柜		18	10000	180000	市场询价
98	电动妇检床		19	7740	147068	市场询价
99	电动人流模式吸引		6	1935	11611	市场询价
100	电动锯骨机		1	5805	5805	市场询价
101	电动开颅锯		2	4644	9288	市场询价
102	电动切骨机		1	7740	7740	市场询价
103	电动妇科检查床		1	7740	7740	市场询价
104	电动手术器械托盘		94	4838	454749	市场询价
105	电动吸引器		37	1935	71599	市场询价
106	电动吸引器		8	3870	30962	市场询价
107	电动洗胃机		3	7740	23221	市场询价
108	电热干燥箱		2	5805	11611	市场询价
109	电动钻石玻璃刻字		2	2903	5805	市场询价

续表

序号	品名	规格	数量	单价（万元以下）	总价	备注
110	电热鼓风干燥箱		4	4838	19351	市场询价
111	电热恒温干燥箱		5	9676	48378	市场询价
112	电热恒温水浴箱		2	4838	9676	市场询价
113	电热烤箱		1	4975	4975	市场询价
114	电子测温枪		20	194	3870	市场询价
115	电子分析天平（1/10000）		2	2903	5805	市场询价
116	电子分析天平（1/100000）		2	4838	9676	市场询价
117	电子体温计		290	194	56118	市场询价
118	电子体温甩降器		2	968	1935	市场询价
119	电子天平		4	968	3870	市场询价
120	多层推车		2	2903	5805	市场询价
121	电子温湿度计		1	48	48	市场询价
122	多功能细胞分类仪		3	2419	7257	市场询价
123	电子婴儿秤		2	2903	5805	市场询价
124	多功能关节活动测量表		3	677	2032	市场询价
125	吊手带		4	220	880	市场询价
126	动态膝关节护具		5	2129	10643	市场询价
127	额镜		4	194	774	市场询价
128	电子温湿度监控器		18	484	8708	市场询价
129	电子血压计		274	484	132555	市场询价
130	毒麻药品箱		32	194	6192	市场询价
131	儿童血压计		16	185	2957	市场询价
132	二氧化碳培养箱		2	7740	15481	市场询价
133	二氧化碳浓度测定		2	7547	15094	市场询价
134	方盘大号		6	146	871	市场询价
135	方盘（中号）		10	97	968	市场询价
136	方盘（小号）		5	50	252	市场询价
137	防爆安全柜		1	1935	1935	市场询价
138	儿童助行器		2	1258	2516	市场询价
139	儿童站立架Ⅰ		2	2419	4838	市场询价
140	方盘		48	50	2415	市场询价
141	防褥疮气垫		42	968	40637	市场询价
142	防褥性床垫		1163	400	465200	市场询价

续表

序号	品名	规格	数量	单价（万元以下）	总价	备注
143	敷料镊		10	10	100	市场询价
144	分析台灯		1	195	194	市场询价
145	负压吸引内胆架		8	97	774	市场询价
146	辅助步行训练器（不带刹车）		1	1935	1935	市场询价
147	俯卧头垫		33	4838	159646	市场询价
148	俯卧位体垫		20	3870	77404	市场询价
149	负压吸引表		361	1935	698572	市场询价
150	负压吸引瓶		24	387	9288	市场询价
151	负压吸引器		2	1935	3870	市场询价
152	妇检包		6	1935	11611	市场询价
153	高背轮椅		4	484	1935	市场询价
154	高速离心机		1	8708	8708	市场询价
155	高压灭菌器		1	9676	9676	市场询价
156	妇检床		6	7740	46442	市场询价
157	复苏板		34	194	6579	市场询价
158	个人辐射监测仪		15	1935	29027	市场询价
159	跟骨垫		94	968	90950	市场询价
160	观察病床		6	4838	29027	市场询价
161	观察床		1	4838	4838	市场询价
162	挂式沙袋系列		1	968	968	市场询价
163	工作护腰带		6	968	5805	市场询价
164	钩镊		34	968	32897	市场询价
165	光纤插管喉镜		3	3870	11611	市场询价
166	光纤气管插管喉镜		44	3870	170289	市场询价
167	广口瓶		40	5	194	市场询价
168	硅胶简易复苏器		29	774	22447	市场询价
169	硅胶简易呼吸球囊		70	1161	81274	市场询价
170	护目镜		50	3	145	市场询价
171	呼吸复苏（器）囊		6	387	2322	市场询价
172	化疗药加药箱		2	9676	19351	市场询价
173	护理推车		1	1935	1935	市场询价
174	呼吸器		1	774	774	市场询价
175	恒温恒湿箱		2	8708	17416	市场询价

续表

序号	品名	规格	数量	单价（万元以下）	总价	备注
176	耗材分类管理车		3	5805	17416	市场询价
177	耗材转运车		44	1451	63858	市场询价
178	滚筒		3	2709	8127	市场询价
179	恒温干燥箱		1	9676	9676	市场询价
180	化验单消毒箱		1	1935	1935	市场询价
181	过床易		43	1935	83209	市场询价
182	耗材分类管理架		2	9676	19351	市场询价
183	换药车		20	1451	29027	市场询价
184	加压带		2	484	968	市场询价
185	火罐		16	97	1548	市场询价
186	记录台	（1500宽）	4	2516	10063	市场询价
187	急救包		4	968	3870	市场询价
188	急救车		5	8708	43540	市场询价
189	急救箱		1	484	484	市场询价
190	急救箱		1	1935	1935	市场询价
191	加热性磁力搅拌器		2	8708	17416	市场询价
192	甲状腺拉钩		10	484	4838	市场询价
193	检眼镜片箱		1	1935	1935	市场询价
194	检耳镜		2	484	968	市场询价
195	加压袋		65	484	31445	市场询价
196	加压输液袋		82	194	15868	市场询价
197	加样器		10	2903	29027	市场询价
198	减压头圈		17	2903	49345	市场询价
199	减压胸腹垫		38	4838	183835	市场询价
200	减压柱状垫		76	1935	147068	市场询价
201	简易呼吸器		38	774	29414	市场询价
202	简易呼吸球囊		34	774	26317	市场询价
203	简易气管插管喉镜		15	968	14513	市场询价
204	解剖显微镜		3	2903	8708	市场询价
205	接种环灭菌器		1	2903	2903	市场询价
206	角度尺		2	581	1161	市场询价
207	简易上肢功能评价		2	968	1935	市场询价
208	简易真空泵		8	97	774	市场询价

续表

序号	品名	规格	数量	单价（万元以下）	总价	备注
209	截石位减压脚架		16	9676	154808	市场询价
210	紧急冲淋装置		3	4838	14513	市场询价
211	紧急淋浴洗眼器		4	3870	15481	市场询价
212	进口显微镊		10	8708	87080	市场询价
213	进口显微血管钳		10	8708	87080	市场询价
214	进口显微剪直、弯		10	8708	87080	市场询价
215	进口显微针持		10	8708	87080	市场询价
216	进口血管钳		10	8708	87080	市场询价
217	进口血管拉钩		10	968	9676	市场询价
218	进口薄剪		10	8708	87080	市场询价
219	进口直角钳		10	8708	87080	市场询价
220	进口巴氏球	85cm	3	1258	3773	市场询价
221	进口巴氏球	65cm	3	1258	3773	市场询价
222	进口花生球	55cm	2	1838	3677	市场询价
223	紧急喷淋装置		1	4838	4838	市场询价
224	浸泡池		1	968	968	市场询价
225	酒精灯		4	12	46	市场询价
226	开放性头圈		49	1935	94820	市场询价
227	开口器		180	97	17416	市场询价
228	开瓶器		384	92	35296	市场询价
229	开瓶器		10	3	30	市场询价
230	可升降平车		8	7740	61923	市场询价
231	可升降手术凳		187	1935	361864	市场询价
232	可升降手术台		5	7740	38702	市场询价
233	叩击锤		9	29	261	市场询价
234	刻度皮尺		2	97	194	市场询价
235	可调式肘关节护套		4	1935	7740	市场询价
236	快速冷冻装置（冷台）		4	8708	34832	市场询价
237	蜡块玻片转移柜		4	9579	38315	市场询价
238	可消毒床垫		4	2419	9676	市场询价
239	空气消毒机		3	5805	17416	市场询价
240	叩诊锤		444	29	12888	市场询价
241	垃圾分装污物车		120	968	116106	市场询价

续表

序号	品名	规格	数量	单价（万元以下）	总价	备注
242	冷柜		32	4838	154808	市场询价
243	立灯		7	1935	13546	市场询价
244	立式功率车		2	4741	9482	市场询价
245	立式远红外线灯（TDP）		80	484	38702	市场询价
246	离心管	（10ml，20ml，50ml）	500	10	4838	市场询价
247	离心机		2	8708	17416	市场询价
248	立式单头灯		22	1064	23415	市场询价
249	量筒		32	77	2477	市场询价
250	轮椅		26	484	12578	市场询价
251	麻醉车		43	8708	374442	市场询价
252	密封式生活垃圾暂存车		2	1935	3870	市场询价
253	灭菌蓝筐		300	1451	435398	市场询价
254	灭菌盒		500	4838	2418878	市场询价
255	磨口瓶		15	29	435	市场询价
256	镊子		150	19	2903	市场询价
257	内窥镜吹干器		3	2903	8708	市场询价
258	内外翻足矫正步行训练板		2	968	1935	市场询价
259	泡酸缸		3	1935	5805	市场询价
260	漂烤片仪		4	8708	34832	市场询价
261	母婴护理台		1	1935	1935	市场询价
262	木质诊疗床	1800 × 600 × 720	21	1267	26617	市场询价
263	陪检急救箱		36	484	17416	市场询价
264	平镊		34	230	7820	市场询价
265	普通薄剪		10	484	4838	市场询价
266	普通直角钳		34	146	4969	市场询价
267	气垫床（防褥疮床垫）		184	968	178029	市场询价
268	气管插管		1	968	968	市场询价
269	气管插管喉镜		72	968	69664	市场询价
270	气压止血带		10	368	3677	市场询价
271	器皿柜		3	2419	7257	市场询价
272	器械车		9	1935	17416	市场询价
273	器械柜		116	4838	561180	市场询价

续表

序号	品名	规格	数量	单价（万元以下）	总价	备注
274	器械柜	（90×40×175cm，二门六层）	2	6289	12578	市场询价
275	器械柜	（90×40×175cm，二门六层）	1	4838	4838	市场询价
276	器械台车		4	3870	15481	市场询价
277	器械台车（大）		94	5805	545670	市场询价
278	器械台车（大）		1	7740	7740	市场询价
279	器械托盘		117	77	9056	市场询价
280	铅短裙		10	4838	48378	市场询价
281	铅面罩		10	4838	48378	市场询价
282	铅帽		10	4838	48378	市场询价
283	铅眼镜		10	3870	38702	市场询价
284	切割器		1	7740	7740	市场询价
285	曲颈长颈灯		1	484	484	市场询价
286	铅防护眼镜		39	4838	188672	市场询价
287	铅防护衣		49	7740	379280	市场询价
288	铅围脖		20	1935	38702	市场询价
289	抢救车		41	8708	357026	市场询价
290	抢救车	（650×420×850mm）	7	8708	60956	市场询价
291	清创车		3	968	2903	市场询价
292	取血专用箱		36	194	6966	市场询价
293	染色缸		80	48	3870	市场询价
294	染色架		80	39	3096	市场询价
295	热合机		4	3870	15481	市场询价
296	人体磅秤		57	871	49635	市场询价
297	人体磅秤（成人）		8	871	6966	市场询价
298	生物显微镜		2	3870	7740	市场询价
299	三角烧瓶		5	48	240	市场询价
300	融蜡仪		2	9192	18383	市场询价
301	人体身高体脂重量分析仪		1	1451	1451	市场询价
302	舌钳		252	97	24382	市场询价
303	生命体征监测仪		216	6773	1462937	市场询价
304	实验冰箱		34	7257	246726	市场询价

续表

序号	品名	规格	数量	单价（万元以下）	总价	备注
305	手术剪		10	24	242	市场询价
306	手术刀柄		20	24	484	市场询价
307	手术麻醉推车		64	8708	557309	市场询价
308	手术护理推车		64	8708	557309	市场询价
309	手术护理移动工作		56	8708	487646	市场询价
310	实验椅（可升降）		6	774	4644	市场询价
311	实验椅（可升降，看显微镜用）		6	774	4644	市场询价
312	试管		60	48	2903	市场询价
313	试管	（10ml，20ml，30ml）	60	48	2903	市场询价
314	实验室危险品工业防火防爆箱易燃易爆液体储存柜45加仑（黄色）	（165 × 109 × 46cm）	4	1935	7740	市场询价
315	视力表灯箱		2	484	968	市场询价
316	试管	（15ml，25ml）	120	48	5805	市场询价
317	试管架		278	97	26898	市场询价
318	手电筒带瞳孔笔		580	19	11224	市场询价
319	手术麻醉移动工作		63	8708	548602	市场询价
320	输液泵		39	4838	188672	市场询价
321	手腕固定性护具		5	581	2903	市场询价
322	输液轨带伸缩杆		4	290	1161	市场询价
323	手术托盘		2	968	1935	市场询价
324	输液加温仪		98	1935	189640	市场询价
325	输液加压袋		6	2419	14513	市场询价
326	数显多普勒胎心仪		5	3870	19351	市场询价
327	术野摄像机悬挂吊臂		2	29027	58053	市场询价
328	推车	双层	4	968	3870	市场询价
329	双洗涤池		6	1935	11611	市场询价
330	水槽		10	968	9676	市场询价
331	水温计		10	48	484	市场询价
332	水银体温计		50	5	242	市场询价
333	水银血压计		68	194	13159	市场询价
334	水浴箱		6	4838	29027	市场询价
335	四角助行器		548	194	106044	市场询价

续表

序号	品名	规格	数量	单价（万元以下）	总价	备注
336	四头拐杖		10	97	968	市场询价
337	送物推车		1	3870	3870	市场询价
338	送药车		69	1451	100142	市场询价
339	塑胶板夹		600	8	4800	市场询价
340	台式移动洗眼器		22	1935	42572	市场询价
341	台式远红外线灯		40	290	11611	市场询价
342	搪瓷大白托盘		12	55	660	市场询价
343	搪瓷罐		54	17	918	市场询价
344	体部规定带		49	484	23705	市场询价
345	体位垫		35	48	1693	市场询价
346	体温计		2480	5	11998	市场询价
347	体温计（水银）		20	5	97	市场询价
348	体温枪		2	194	387	市场询价
349	体液细胞离心机	（50ml）	2	6773	13546	市场询价
350	体重秤		22	871	19158	市场询价
351	拖鞋清洗消毒机		1	9676	9676	市场询价
352	天平		2	4838	9676	市场询价
353	微波多功能治疗机		3	7740	23221	市场询价
354	托盘架		1	97	97	市场询价
355	调剂台		2	4838	9676	市场询价
356	听诊器		1180	97	114171	市场询价
357	听诊器（单头）		8	97	774	市场询价
358	通用减压方垫		76	1935	147068	市场询价
359	外伤急救药箱		6	97	581	市场询价
360	弯盘		104	48	5031	市场询价
361	微量输液泵		411	5000	2055000	市场询价
362	微量注射泵		569	5000	2845000	市场询价
363	胃肠营养泵		182	4838	880472	市场询价
364	温（湿）度计		23	97	2225	市场询价
365	温（湿）度显示器		16	484	7740	市场询价
366	温湿度计		16	48	774	市场询价
367	温湿度监控器		198	400	79200	市场询价
368	无菌物品储物箱		4	194	774	市场询价

续表

序号	品名	规格	数量	单价（万元以下）	总价	备注
369	蚊式血管钳		10	968	9676	市场询价
370	握力计		3	1838	5515	市场询价
371	无菌剪刀		80	29	2322	市场询价
372	无菌物品柜		3	3386	10159	市场询价
373	吸顶空气消毒机		16	5805	92885	市场询价
374	吸氧表		38	484	18383	市场询价
375	吸氧湿化瓶		24	484	11611	市场询价
376	吸氧头罩		30	290	8708	市场询价
377	膝关节固定带		49	968	47410	市场询价
378	洗涤池		16	2903	46442	市场询价
379	洗眼器		74	1935	143198	市场询价
380	移动医疗查房推车		1	9661	9661	市场询价
381	鞋套机		1	581	581	市场询价
382	药物震动器		1	774	774	市场询价
383	硬塑料治疗车		4	581	2322	市场询价
384	组织剪		10	29	290	市场询价
385	直角拉钩		10	484	4838	市场询价
386	线圈		20	97	1935	市场询价
387	压缩雾化器		2	1935	3870	市场询价
388	液氮储存罐		2	9192	18383	市场询价
389	医用液氮枪		1	1935	1935	市场询价
390	液氮治疗仪（配液氮罐）		1	3870	3870	市场询价
391	药品储藏柜		1	4838	4838	市场询价
392	医用托盘		4	145	581	市场询价
393	血液转运箱		2	968	1935	市场询价
394	小型低温低速离心		2	8708	17416	市场询价
395	小型高速离心机		2	9579	19158	市场询价
396	移动紫外线消毒灯		4	290	1161	市场询价
397	药敏菌液涂布器		1	4838	4838	市场询价
398	医用显示屏支臂		2	29027	58053	市场询价
399	轴线测量仪		9	97	871	市场询价
400	氧气袋		2	68	135	市场询价
401	医疗器械柜		1	4838	4838	市场询价

续表

序号	品名	规格	数量	单价（万元以下）	总价	备注
402	止血钳（弯钳）		40	97	3870	市场询价
403	止血钳（纹钳）		30	97	2903	市场询价
404	眼科剪刀		5	48	242	市场询价
405	婴儿转运专用箱		1	6773	6773	市场询价
406	移动性输液架		4	658	2632	市场询价
407	液体恒温箱		28	9676	270914	市场询价
408	眼科电磁铁		1	2903	2903	市场询价
409	转运推车	不锈钢	10	1935	19351	市场询价
410	组合软垫		6	968	5805	市场询价
411	训练床（木制）		3	1742	5225	市场询价
412	楔形垫		1	290	290	市场询价
413	诊床	1800 × 600 × 720	2	1267	2535	市场询价
414	针灸床	2000 × 600 × 650	4	2758	11030	市场询价
415	针灸机		40	968	38702	市场询价
416	运送车		1	3870	3870	市场询价
417	振荡器		1	4838	4838	市场询价
418	移液枪	（1套4只，2-20ul，10-100ul，20-200ul，100-1000ul）	2	9192	18383	市场询价
419	震动摇床		1	4838	4838	市场询价
420	桌上型洗眼器		2	1322	2643	市场询价
421	小钩镊		12	581	6966	市场询价
422	修蜡仪		4	5805	23221	市场询价
423	压舌板		10	9	90	市场询价
424	仪器车		4	2903	11611	市场询价
425	紫外消毒灯		6	194	1161	市场询价
426	移动式负压吸引器		4	1935	7740	市场询价
427	直接眼底镜		2	1935	3870	市场询价
428	血管钳		536	29	15558	市场询价
429	婴儿检查床		1	2903	2903	市场询价
430	治疗车：带锐器盒架、垃圾盒（2个）架+锐器盒架、垃圾盒（2个）架	定制	1	2903	2903	市场询价
431	移动式输液架		1	658	658	市场询价

续表

序号	品名	规格	数量	单价（万元以下）	总价	备注
432	小儿气管插管喉镜		20	968	19351	市场询价
433	小儿简易呼吸器		20	774	15481	市场询价
434	药品柜	（95×40×175cm，4门2抽屉）	1	4838	4838	市场询价
435	转运平车		2	4838	9676	市场询价
436	箱式平托盘		85	1935	164484	市场询价
437	小儿血压计		3	184	552	市场询价
438	斜坡垫		28	1935	54183	市场询价
439	血压计		111	387	42959	市场询价
440	亚克力手套盒		437	29	12685	市场询价
441	氧气表、湿化瓶		53	484	25640	市场询价
442	氧气流量表		270	774	208991	市场询价
443	药品柜		51	4838	246726	市场询价
444	药品柜	4000/2400×600×2000	1	42185	42185	市场询价
445	药品柜（化学危害 物资）		8	4838	38702	市场询价
446	药品冷藏柜		2	1935	3870	市场询价
447	药物分类盒		1800	19	34832	市场询价
448	药物振荡器		7	774	5418	市场询价
449	药物震荡器		42	968	40637	市场询价
450	液体加压袋		32	484	15481	市场询价
451	医用冰箱		22	7257	159646	市场询价
452	医用过床易		103	1935	199316	市场询价
453	医用探视推车		12	9661	115932	市场询价
454	医用拖鞋清洗消毒		4	9676	38702	市场询价
455	医用小推车		12	1935	23221	市场询价
456	移动输液架		100	658	65793	市场询价
457	移动文书记录车		49	774	37928	市场询价
458	移动治疗车盘		2	1742	3483	市场询价
459	移动注射泵（输液 泵）输液架		96	658	63162	市场询价
460	移动注射泵输液架		39	658	25659	市场询价
461	移液器		27	2903	78372	市场询价
462	移液枪（1套4只，2-20ul，10-100ul，20-200ul，100-1000ul）		6	9192	55150	市场询价

续表

序号	品名	规格	数量	单价（万元以下）	总价	备注
463	婴儿磅秤		2	871	1742	市场询价
464	婴儿病床		39	1935	75469	市场询价
465	婴儿体重秤		5	871	4354	市场询价
466	硬质容器转运车		6	4838	29027	市场询价
467	有机玻璃孵育盒		12	194	2322	市场询价
468	载玻片盒		1600	97	154808	市场询价
469	止血钳		110	97	10643	市场询价
470	治疗车		120	1742	208991	市场询价
471	治疗车：带锐器盒架、锐器盒、垃圾盒、垃圾盒架		36	2903	104496	市场询价
472	治疗车+锐器盒架、垃圾盒（2个）架		23	2903	66761	市场询价
473	治疗车+锐器盒架、垃圾盒（2个）架		1	29	29	市场询价
474	治疗盘		90	48	4354	市场询价
475	中型整理盒		106	29	3077	市场询价
476	注射泵输液架		26	658	17106	市场询价
477	专业监护推车		4	9661	38644	市场询价
478	紫外线消毒车		14	484	6773	市场询价
479	紫外线消毒灯及控制器		126	290	36573	市场询价
480	紫外线消毒机		5	290	1451	市场询价
481	肠内营养泵		2	2903	5805	市场询价
482	肠内营养泵		2	4838	9676	市场询价
483	离心机		3	4838	14513	市场询价
484	双洗涤池		1	2903	2903	市场询价
485	载玻片盒		800	68	54183	市场询价

七、开办费分项：被服类汇总表

开办费分项：被服类汇总表

序号	品名	规格	数量	单价	总价	备注
1	服装	服（工）装	21000	160	3360000	与其他医院了解最新报价
2		护士毛衣	1500	200	300000	与其他医院了解最新报价
3		行政服	60	1000	60000	与其他医院了解最新报价

续表

序号	品名	规格	数量	单价	总价	备注
4	服装	羽绒服	1000	150	150000	与其他医院了解最新报价
5		防护服（静脉配置中心）	200	50	10000	与其他医院了解最新报价
6		手术衣	250	100	25000	与其他医院了解最新报价
7		成人病人服裤子	5000	55	275000	与其他医院了解最新报价
8		儿童袍	180	55	9900	与其他医院了解最新报价
9		产妇袍	180	55	9900	与其他医院了解最新报价
10		病人睡袍（VIP）	150	120	18000	与其他医院了解最新报价
11		儿科长袖套装	300	80	24000	与其他医院了解最新报价
12		儿科裤子	100	35	3500	与其他医院了解最新报价
13		病员服特殊功能套装	450	65	29250	与其他医院了解最新报价
14		约束衣	80	80	6400	与其他医院了解最新报价
15		婴儿衫	240	35	8400	与其他医院了解最新报价
16		志愿者背心	200	30	6000	与其他医院了解最新报价
17		定制礼仪服	100	500	50000	与其他医院了解最新报价
18		电弧防护服套装	100	200	20000	与其他医院了解最新报价
19	枕被	小方枕	100	55	5500	与其他医院了解最新报价
20		枕芯1	900	34	30600	与其他医院了解最新报价
21		枕套1	4000	27	108000	与其他医院了解最新报价
22		枕芯2	2500	50	125000	与其他医院了解最新报价
23		枕套2	6500	20	130000	与其他医院了解最新报价
24		被芯	4800	120	576000	与其他医院了解最新报价
25		被套	6000	100	600000	与其他医院了解最新报价
26		手术床被芯	90	80	7200	与其他医院了解最新报价
27		手术床被套	300	220	66000	与其他医院了解最新报价
28		婴儿被芯	200	55	11000	与其他医院了解最新报价
29		婴儿被套	400	55	22000	与其他医院了解最新报价
30		婴儿床笠，尺寸待定	300	45	13500	与其他医院了解最新报价
31		婴儿单层包被（长90×宽90）	240	40	9600	与其他医院了解最新报价
32		床单（床笠）1	6000	65	390000	与其他医院了解最新报价
33		床单（床笠）2	1600	80	128000	与其他医院了解最新报价
34		值班床品（床单、被套、枕套）	50	170	8500	与其他医院了解最新报价
35		冬保暖被	1100	200	220000	与其他医院了解最新报价
36		夏保暖被	1100	150	165000	与其他医院了解最新报价

续表

序号	品名	规格	数量	单价	总价	备注
37	鞋靴	护士鞋	2400	120	288000	与其他医院了解最新报价
38		特殊科室包头鞋	800	400	320000	与其他医院了解最新报价
39		防滑凉拖鞋	140	20	2800	与其他医院了解最新报价
40		防水靴	50	50	2500	与其他医院了解最新报价
41	其他	护士帽	500	15	7500	与其他医院了解最新报价
42		头花	1500	10	15000	与其他医院了解最新报价
43		新生儿蚊帐	50	50	2500	与其他医院了解最新报价
44		蚊帐	1200	100	120000	与其他医院了解最新报价
45		脉枕	100	30	3000	与其他医院了解最新报价
46		病浴巾（新生儿）	400	80	32000	与其他医院了解最新报价
47		约束带（对）定制	300	30	9000	与其他医院了解最新报价
48		温箱套（1.5m × 1.2m）	100	175	17500	与其他医院了解最新报价

八、开办费分项：窗帘类汇总表

开办费分项：窗帘类汇总表

序号	品名	规格	单间数量	单价	单间金额	单元数量	单元总金额	备注
	一、门急诊医技							
	（一）放疗中心							
1	调度室	遮光卷帘	5.89	130	765.7	1	765.7	市场询价
2	120接线室	遮光卷帘	5.89	130	765.7	1	765.7	市场询价
3	办公室（81m^2）	遮阳卷帘	29.14	126	3671.64	1	3671.64	市场询价
4	抢救室(13床)	医用永久性阻燃隔帘	481	78	37518	1	37518	市场询价
5	抢救室(13床)	永久性阻燃遮光布	93	65	6045	1	6045	市场询价
6	护士站(分诊台4处)	医用永久性阻燃隔帘	288.96	78	22538.88	1	22538.88	市场询价
7	留观室（17床）	永久性阻燃遮光布	24.8	65	1612	1	1612	市场询价
8	留观室（17床）	医用永久性阻燃隔帘	409.36	78	31930.08	1	31930.08	市场询价
9	诊室	医用永久性阻燃隔帘	27.52	78	2146.56	7	15025.92	市场询价
10	门诊留观室（12床）	医用永久性阻燃隔帘	288.96	78	22538.88	1	22538.88	市场询价
11	急诊挂号收费	遮光卷帘	32.5	130	4225	1	4225	市场询价
12	急诊药房	遮光卷帘	6.93	130	900.9	1	900.9	市场询价
13	发药窗口（4位）	遮阳卷帘	48.85	126	6155.1	1	6155.1	市场询价

续表

序号	品名	规格	单间数量	单价	单间金额	单元数量	单元总金额	备注
14	CT/DSA/MRI控制室	遮阳卷帘	1.44	126	181.44	8	1451.52	市场询价
15	家属等候区	永久性阻燃遮光布	130.2	65	8463	1	8463	市场询价
16	病房（三人间）	永久性阻燃遮光布	22.4	65	1456	6	8736	市场询价
17	病房（三人间）	医用永久性阻燃隔帘	75.6	78	5896.8	6	35380.8	市场询价
18	治疗室	医用永久性阻燃隔帘	25.2	78	1965.6	1	1965.6	市场询价
19	EICU病房（11床）	医用永久性阻燃隔帘	308	78	24024	1	24024	市场询价
20	办公室（3位）	遮阳卷帘	12.4	126	1562.4	1	1562.4	市场询价
21	简易门诊	遮阳卷帘	21.7	126	2734.2	1	2734.2	市场询价
22	接待室	全遮光窗帘布	25.2	65	1638	1	1638	市场询价
23	门诊办公室	遮阳卷帘	44.24	126	5574.24	1	5574.24	市场询价
24	控制室	遮阳卷帘	1.44	126	181.44	1	181.44	市场询价
25	诊室	医用永久性阻燃隔帘	24.08	78	1878.24	4	7512.96	市场询价
26	挂号收费发药窗口	遮光卷帘	8.1	130	1053	8	8424	市场询价
27	病人等候区	永久性阻燃遮光布	24.8	65	1612	2	3224	市场询价
28	办公室（4位）	遮阳卷帘	12.4	126	1562.4	1	1562.4	市场询价
29	主任办公室	遮阳卷帘	13.2	126	1663.2	1	1663.2	市场询价
30	诊室	医用永久性阻燃隔帘	24.08	78	1878.24	1	1878.24	市场询价
31	高压氧舱治疗厅	遮阳卷帘	17.1	126	2154.6	1	2154.6	市场询价
32	医生办公室	遮阳卷帘	12.4	126	1562.4	1	1562.4	市场询价
33	会诊示教室	柔纱帘	1.65	230	379.5	1	379.5	市场询价
34	药剂师办公室	遮阳卷帘	3.78	126	476.28	1	476.28	市场询价
35	煎药房	遮光卷帘	1.8	130	234	1	234	市场询价
36	发药窗口	遮光卷帘	3.9	130	507	11	5577	市场询价
37	药剂师咨询室	遮阳卷帘	3.78	126	476.28	1	476.28	市场询价
38	挂号收费窗口	遮光卷帘	7.4	130	962	8	7696	市场询价
39	护士长办公室	遮阳卷帘	13.2	126	1663.2	1	1663.2	市场询价
40	诊室	医用永久性阻燃隔帘	24.08	78	1878.24	7	13147.68	市场询价
41	儿科药房	遮光卷帘	6.93	130	900.9	1	900.9	市场询价
42	发药窗口（3个）	遮光卷帘	3.9	130	507	1	507	市场询价
43	儿童输液区（15位）	输液轨道、输液吊杆	22	580	12760	1	12760	市场询价
44	留观病房（三人间）	医用抑菌隔帘	77.056	85	6549.76	5	32748.8	市场询价
45	留观病房（三人间）	永久性阻燃遮光布	26.136	65	1698.84	5	8494.2	市场询价
46	隔离诊室	医用永久性阻燃隔帘	24.08	78	1878.24	1	1878.24	市场询价
47	隔离留观病房（双人）	医用永久性阻燃隔帘	48.16	78	3756.48	1	3756.48	市场询价

续表

序号	品名	规格	单间数量	单价	单间金额	单元数量	单元总金额	备注
48	控制室（合用3位）	遮阳卷帘	4.32	126	544.32	1	544.32	市场询价
49	控制室（合用2位）	遮阳卷帘	2.88	126	362.88	1	362.88	市场询价
50	控制室（合用4位）	遮阳卷帘	5.76	126	725.76	1	725.76	市场询价
51	护士站兼候诊区	遮阳卷帘	17.3	126	2179.8	2	4359.6	市场询价
52	值班室（三人间）	全遮光窗帘布	23.25	65	1511.25	2	3022.5	市场询价
53	控制室（1位）	遮阳卷帘	1.44	126	181.44	1	181.44	市场询价
54	控制室（合用2位）	遮阳卷帘	2.88	126	362.88	1	362.88	市场询价
55	PACS机房	遮阳卷帘	22.96	126	2892.96	1	2892.96	市场询价
56	CT机房	遮阳卷帘	62.91	126	7926.66	3	23779.98	市场询价
57	预留CT机房	遮阳卷帘	15.39	126	1939.14	1	1939.14	市场询价
58	控制室（合用4位）	遮阳卷帘	72.54	126	9140.04	1	9140.04	市场询价
59	主任办公室	遮阳卷帘	23.25	126	2929.5	1	2929.5	市场询价
60	护士长办公室	遮阳卷帘	23.25	126	2929.5	1	2929.5	市场询价
61	医生办公室（58m²）	遮阳卷帘	13.53	126	1704.78	1	1704.78	市场询价
62	出入院办理窗口（8个）	遮阳卷帘	10.8	126	1360.8	1	1360.8	市场询价
63	诊室	遮阳卷帘	4.08	126	514.08	7	3598.56	市场询价
64	诊室	医用永久性阻燃隔帘	20.72	78	1616.16	7	11313.12	市场询价
65	治疗室	医用永久性阻燃隔帘	20.72	78	1616.16	4	6464.64	市场询价
66	声导抗/助听器验配室	遮阳卷帘	5.04	126	635.04	1	635.04	市场询价
67	前庭功能测试间	遮阳卷帘	5.58	126	703.08	1	703.08	市场询价
68	控制室	遮阳卷帘	7.75	126	976.5	1	976.5	市场询价
69	楼层服务收费窗口	遮光卷帘	27.56	130	3582.8	10	35828	市场询价
70	运动平板	遮阳卷帘	9.24	126	1164.24	1	1164.24	市场询价
71	医生生活区	永久性阻燃遮光布	39.76	65	2584.4	1	2584.4	市场询价
72	值班室（双人间）	全遮光窗帘布	11.2	65	728	1	728	市场询价
73	医护更衣室（合用）	永久性阻燃遮光布	15.12	65	982.8	2	1965.6	市场询价
74	主任办公室	遮阳卷帘	39.2	126	4939.2	1	4939.2	市场询价
75	护士长办公室	半遮光窗帘布	24.8	60	1488	1	1488	市场询价
76	护士站兼候诊区	遮阳卷帘	14	126	1764	1	1764	市场询价
77	彩超室	遮阳卷帘	18.48	126	2328.48	19	44241.12	市场询价
78	医生办公室（12位）	遮阳卷帘	28.56	126	3598.56	1	3598.56	市场询价
79	会诊示教室	绒面遮光布	31.52	95	2994.4	1	2994.4	市场询价
80	护士站兼候诊区	遮阳卷帘	30.3	126	3817.8	1	3817.8	市场询价
81	值班室（双人间）	全遮光窗帘布	20.16	65	1310.4	2	2620.8	市场询价

续表

序号	品名	规格	单间数量	单价	单间金额	单元数量	单元总金额	备注
82	护士站兼候诊区	遮阳卷帘	72.8	130	9464	1	9464	市场询价
83	病人准备间	遮光卷帘	29.4	130	3822	1	3822	市场询价
84	病人准备间	医用永久性阻燃隔帘	112	78	8736	1	8736	市场询价
85	病人准备复苏室6床	医用永久性阻燃隔帘	174	78	13572	1	13572	市场询价
86	医生生活区	永久性阻燃遮光布	39.76	65	2584.4	1	2584.4	市场询价
87	护士站兼候诊区	遮光卷帘	35.56	130	4622.8	3	13868.4	市场询价
88	呼吸诊室	遮阳卷帘	9.52	126	1199.52	2	2399.04	市场询价
89	呼吸诊室	医用永久性阻燃隔帘	20.72	78	1616.16	2	3232.32	市场询价
90	心内科诊室	遮阳卷帘	9.52	126	1199.52	2	2399.04	市场询价
91	心内科诊室	医用永久性阻燃隔帘	20.72	78	1616.16	2	3232.32	市场询价
92	消化内科诊室	遮阳卷帘	10.08	126	1270.08	2	2540.16	市场询价
93	消化内科诊室	医用永久性阻燃隔帘	20.72	78	1616.16	2	3232.32	市场询价
94	血液内科诊室	遮阳卷帘	10.08	126	1270.08	2	2540.16	市场询价
95	血液内科诊室	医用永久性阻燃隔帘	20.72	78	1616.16	2	3232.32	市场询价
96	肿瘤科诊室	遮阳卷帘	10.08	126	1270.08	2	2540.16	市场询价
97	肿瘤科诊室	医用永久性阻燃隔帘	20.72	78	1616.16	2	3232.32	市场询价
98	心胸外科诊室	遮阳卷帘	10.08	126	1270.08	2	2540.16	市场询价
99	心胸外科诊室	医用永久性阻燃隔帘	20.72	78	1616.16	2	3232.32	市场询价
100	备用诊室	遮阳卷帘	10.08	126	1270.08	4	5080.32	市场询价
101	备用诊室	医用永久性阻燃隔帘	20.72	78	1616.16	4	6464.64	市场询价
102	普通外科诊室	医用永久性阻燃隔帘	20.72	78	1616.16	6	9696.96	市场询价
103	造口门诊	医用永久性阻燃隔帘	20.72	78	1616.16	1	1616.16	市场询价
104	血管微创检查室	医用永久性阻燃隔帘	20.72	78	1616.16	1	1616.16	市场询价
105	肛肠检查室	医用永久性阻燃隔帘	20.72	78	1616.16	1	1616.16	市场询价
106	乳腺检查治疗室	医用永久性阻燃隔帘	20.72	78	1616.16	1	1616.16	市场询价
107	检查室	医用永久性阻燃隔帘	20.72	78	1616.16	2	3232.32	市场询价
108	换药室	医用永久性阻燃隔帘	20.72	78	1616.16	1	1616.16	市场询价
109	风湿免疫科诊室	医用永久性阻燃隔帘	20.72	78	1616.16	2	3232.32	市场询价
110	肾内科诊室	医用永久性阻燃隔帘	20.72	78	1616.16	2	3232.32	市场询价
111	内分泌老年科诊室	医用永久性阻燃隔帘	20.72	78	1616.16	2	3232.32	市场询价
112	裂隙灯和甲襞微循环室	医用永久性阻燃隔帘	20.72	78	1616.16	1	1616.16	市场询价
113	肌骨超声室	医用永久性阻燃隔帘	20.72	78	1616.16	1	1616.16	市场询价
114	快速血液净化室	医用永久性阻燃隔帘	20.72	78	1616.16	1	1616.16	市场询价
115	痛风偏振光诊治室	医用永久性阻燃隔帘	20.72	78	1616.16	1	1616.16	市场询价

续表

序号	品名	规格	单间数量	单价	单间金额	单元数量	单元总金额	备注
116	甲状腺检查室	医用永久性阻燃隔帘	20.72	78	1616.16	1	1616.16	市场询价
117	快速检测室	医用永久性阻燃隔帘	20.72	78	1616.16	1	1616.16	市场询价
118	男科诊治室	医用永久性阻燃隔帘	20.72	78	1616.16	1	1616.16	市场询价
119	软骨细胞	医用永久性阻燃隔帘	20.72	78	1616.16	1	1616.16	市场询价
120	关节治疗室	医用永久性阻燃隔帘	20.72	78	1616.16	1	1616.16	市场询价
121	值班室（双人间）	全遮光窗帘布	19.6	65	1274	2	2548	市场询价
122	办公室（6位）	遮阳卷帘	19.6	126	2469.6	1	2469.6	市场询价
123	会诊示教室	绒面遮光布	39.2	95	3724	1	3724	市场询价
124	CCU病房（11床）	永久性阻燃遮光布	65.3	65	4244.5	1	4244.5	市场询价
125	CCU病房（11床）	医用永久性阻燃隔帘	400.4	78	31231.2	1	31231.2	市场询价
126	护士站兼等候区	遮阳卷帘	50.6	126	6375.6	1	6375.6	市场询价
127	皮肤镜工作室（原换药室）	医用永久性阻燃隔帘	20.72	78	1616.16	1	1616.16	市场询价
128	资料室兼皮肤照相室（原资料室）	医用永久性阻燃隔帘	20.72	78	1616.16	1	1616.16	市场询价
129	常规治疗室	医用永久性阻燃隔帘	20.72	78	1616.16	1	1616.16	市场询价
130	冷冻治疗室—邹先彪	医用永久性阻燃隔帘	20.72	78	1616.16	1	1616.16	市场询价
131	光疗室	医用永久性阻燃隔帘	20.72	78	1616.16	1	1616.16	市场询价
132	诊室	医用永久性阻燃隔帘	20.72	78	1616.16	6	9696.96	市场询价
133	医学护肤美容室（原茶水间）	永久性阻燃遮光布	45.6	65	2964	1	2964	市场询价
134	会诊示教室	绒面遮光布	24	95	2280	1	2280	市场询价
135	护士站兼等候区	遮阳卷帘	67.2	126	8467.2	1	8467.2	市场询价
136	诊室	医用永久性阻燃隔帘	11.2	78	873.6	8	6988.8	市场询价
137	护士站兼等候区	遮阳卷帘	20.16	126	2540.16	1	2540.16	市场询价
138	会诊示教室	永久性阻燃遮光布	67.76	65	4404.4	1	4404.4	市场询价
139	医生生活区	遮阳卷帘	14.8	126	1864.8	1	1864.8	市场询价
140	神内诊室	医用永久性阻燃隔帘	25.2	78	1965.6	3	5896.8	市场询价
141	神外诊室	医用永久性阻燃隔帘	25.2	78	1965.6	2	3931.2	市场询价
142	神经特殊检查室（步态、眼底照相）	医用永久性阻燃隔帘	25.2	78	1965.6	1	1965.6	市场询价
143	神经内科治疗室	医用永久性阻燃隔帘	25.2	78	1965.6	1	1965.6	市场询价
144	楼层服务收费窗口（6个）	遮光卷帘	41.33	130	5372.9	1	5372.9	市场询价
145	账务办公室	遮阳卷帘	12	126	1512	1	1512	市场询价
146	值班室（双人间）	全遮光窗帘布	15.12	65	982.8	1	982.8	市场询价

续表

序号	品名	规格	单间数量	单价	单间金额	单元数量	单元总金额	备注
147	主任办公室	遮阳卷帘	15.4	126	1940.4	1	1940.4	市场询价
148	医生办公室（6位）	遮阳卷帘	12	126	1512	1	1512	市场询价
149	血库	全遮光窗帘布	44.64	65	2901.6	1	2901.6	市场询价
150	洗涤室	全遮光窗帘布	31	65	2015	1	2015	市场询价
151	主任办公室	遮阳卷帘	3	126	378	1	378	市场询价
152	护士长办公室	遮阳卷帘	3	126	378	1	378	市场询价
153	医生办公室	遮阳卷帘	60.2	126	7585.2	1	7585.2	市场询价
154	会议会诊室	绒面遮光布	24	95	2280	1	2280	市场询价
155	休息间	遮光卷帘	36.4	130	4732	1	4732	市场询价
156	标本处理室	遮光卷帘	52.64	130	6843.2	1	6843.2	市场询价
157	标本与文库制备区	遮阳卷帘	43.4	126	5468.4	1	5468.4	市场询价
158	实验室	遮光卷帘	19.6	130	2548	2	5096	市场询价
159	培养鉴定室	遮阳卷帘	42	126	5292	1	5292	市场询价
160	预留实验室	遮光卷帘	15.68	130	2038.4	2	4076.8	市场询价
161	会诊示教室	绒面遮光布	31.36	95	2979.2	1	2979.2	市场询价
162	去污区	遮光卷帘	15.12	130	1965.6	1	1965.6	市场询价
163	检查包装灭菌区	遮光卷帘	31.36	130	4076.8	1	4076.8	市场询价
164	无菌物品存放区	遮光卷帘	17.92	130	2329.6	1	2329.6	市场询价
165	护士长办公室	遮阳卷帘	23.2	126	2923.2	1	2923.2	市场询价
166	护士休息室	永久性阻燃遮光布	12.88	65	837.2	1	837.2	市场询价
167	胎心监护室（6床）	医用永久性阻燃隔帘	36.4	78	2839.2	1	2839.2	市场询价
168	产科诊室	医用永久性阻燃隔帘	11.2	78	873.6	10	8736	市场询价
169	护士站兼等候区	遮阳卷帘	10.64	126	1340.64	3	4021.92	市场询价
170	清宫室	遮光卷帘	8.68	130	1128.4	1	1128.4	市场询价
171	宫腔镜室	医用永久性阻燃隔帘	36.4	78	2839.2	1	2839.2	市场询价
172	人流手术室	医用永久性阻燃隔帘	36.4	78	2839.2	2	5678.4	市场询价
173	病人休息室（5床）	医用永久性阻燃隔帘	182	78	14196	1	14196	市场询价
174	病人休息室（5床）	永久性阻燃遮光布	22.4	65	1456	1	1456	市场询价
175	妇科诊室	医用永久性阻燃隔帘	11.2	78	873.6	7	6115.2	市场询价
176	检查室	医用永久性阻燃隔帘	11.2	78	873.6	3	2620.8	市场询价
177	治疗室	医用永久性阻燃隔帘	11.2	78	873.6	3	2620.8	市场询价
178	LEEP刀室	医用永久性阻燃隔帘	11.2	78	873.6	3	2620.8	市场询价
179	阴道镜	医用永久性阻燃隔帘	11.2	78	873.6	3	2620.8	市场询价
180	护士站兼候诊区	遮阳卷帘	12.32	126	1552.32	2	3104.64	市场询价

续表

序号	品名	规格	单间数量	单价	单间金额	单元数量	单元总金额	备注
181	普通口腔诊室	医用永久性阻燃隔帘	11.2	78	873.6	22	19219.2	市场询价
182	VIP 口腔诊室	医用永久性阻燃隔帘	11.2	78	873.6	3	2620.8	市场询价
183	护士站兼候诊区	遮阳卷帘	20.16	126	2540.16	1	2540.16	市场询价
184	诊室	医用永久性阻燃隔帘	11.2	78	873.6	6	5241.6	市场询价
185	眼底检查室	医用永久性阻燃隔帘	11.2	78	873.6	3	2620.8	市场询价
186	验光室	医用永久性阻燃隔帘	11.2	78	873.6	2	1747.2	市场询价
187	护士站兼候诊区	遮阳卷帘	33.6	126	4233.6	3	12700.8	市场询价
188	会诊示教室	绒面遮光布	67.2	95	6384	1	6384	市场询价
189	医生休息室（6床）	永久性阻燃遮光布	56	65	3640	1	3640	市场询价
190	中医科诊室	医用永久性阻燃隔帘	89.6	78	6988.8	8	55910.4	市场询价
191	精神心理科诊室（陶恩祥）	医用永久性阻燃隔帘	22.4	78	1747.2	2	3494.4	市场询价
192	精神心理评估室（陶恩祥）	医用永久性阻燃隔帘	11.2	78	873.6	1	873.6	市场询价
193	精神心理治疗室（陶恩祥）	医用永久性阻燃隔帘	11.2	78	873.6	1	873.6	市场询价
194	备用诊室	医用永久性阻燃隔帘	11.2	78	873.6	3	2620.8	市场询价
195	备用诊室	遮光卷帘	8.4	130	1092	3	3276	市场询价
196	烧伤科诊室—蔡刚	医用永久性阻燃隔帘	11.2	78	873.6	3	2620.8	市场询价
197	换药室（杨红明）	医用永久性阻燃隔帘	11.2	78	873.6	1	873.6	市场询价
198	骨科诊室—蔡刚	医用永久性阻燃隔帘	11.2	78	873.6	6	5241.6	市场询价
199	换药治疗室—蔡刚	医用永久性阻燃隔帘	11.2	78	873.6	1	873.6	市场询价
200	小儿外科诊室—蔡刚	遮阳卷帘	8.4	126	1058.4	3	3175.2	市场询价
201	小儿外科诊室—蔡刚	医用永久性阻燃隔帘	11.2	78	873.6	3	2620.8	市场询价
202	换药治疗室—蔡刚	医用永久性阻燃隔帘	11.2	78	873.6	1	873.6	市场询价
203	婴儿护理室—蔡刚	医用永久性阻燃隔帘	11.2	78	873.6	1	873.6	市场询价
204	支具室（成人儿童共用）—蔡刚	医用永久性阻燃隔帘	11.2	78	873.6	1	873.6	市场询价
205	激光美容室—邹先彪	医用永久性阻燃隔帘	11.2	78	873.6	1	873.6	市场询价
206	冰点脱毛激光室—邹先彪	医用永久性阻燃隔帘	11.2	78	873.6	1	873.6	市场询价
207	光子嫩肤治疗室—邹先彪	医用永久性阻燃隔帘	11.2	78	873.6	1	873.6	市场询价
208	注射美容治疗室—邹先彪	医用永久性阻燃隔帘	11.2	78	873.6	1	873.6	市场询价
209	激光美容诊室—邹先彪	医用永久性阻燃隔帘	11.2	78	873.6	1	873.6	市场询价
210	鲜红斑痣光动力治疗室—邹先彪	医用永久性阻燃隔帘	11.2	78	873.6	1	873.6	市场询价
211	尖锐湿疣光动力治疗室—邹先彪	医用永久性阻燃隔帘	11.2	78	873.6	2	1747.2	市场询价

续表

序号	品名	规格	单间数量	单价	单间金额	单元数量	单元总金额	备注
212	肥胖治疗室	医用永久性阻燃隔帘	11.2	78	873.6	1	873.6	市场询价
213	脑垂体诊疗室	医用永久性阻燃隔帘	11.2	78	873.6	1	873.6	市场询价
214	多脏器评估室	医用永久性阻燃隔帘	11.2	78	873.6	1	873.6	市场询价
215	10药调整室	医用永久性阻燃隔帘	11.2	78	873.6	1	873.6	市场询价
216	免疫代谢平衡室	医用永久性阻燃隔帘	11.2	78	873.6	2	1747.2	市场询价
217	糖尿病治疗室	医用永久性阻燃隔帘	11.2	78	873.6	1	873.6	市场询价
218	痛风偏振光诊治室	医用永久性阻燃隔帘	11.2	78	873.6	1	873.6	市场询价
219	护士站兼候诊区	遮阳卷帘	37.52	126	4727.52	1	4727.52	市场询价
220	医护更衣室	永久性阻燃遮光布	39.2	65	2548	2	5096	市场询价
221	主任办公室	遮阳卷帘	39.2	126	4939.2	1	4939.2	市场询价
222	护士长办公室	遮阳卷帘	39.2	126	4939.2	1	4939.2	市场询价
223	医生办公室	遮阳卷帘	12	126	1512	1	1512	市场询价
224	主任办（外）	遮阳卷帘	17.36	126	2187.36	1	2187.36	市场询价
225	被服打包间		1	126	126	1	126	市场询价
226	病人预麻/苏醒室（8床）	医用永久性阻燃隔帘	201.6	78	15724.8	1	15724.8	市场询价
227	挂号收费窗口（10个）	遮光卷帘	68.88	130	8954.4	1	8954.4	市场询价
228	预麻准备间（13床）	医用永久性阻燃隔帘	327.6	78	25552.8	1	25552.8	市场询价
229	复苏室（22床）	永久性阻燃遮光布	184.24	65	11975.6	1	11975.6	市场询价
230	复苏室（22床）	医用永久性阻燃隔帘	554.4	78	43243.2	1	43243.2	市场询价
231	护工休息室	遮阳卷帘	35.56	78	2773.68	2	5547.36	市场询价
232	麻醉办（7位）	遮阳卷帘	20.7	126	2608.2	1	2608.2	市场询价
233	主任办公室	遮阳卷帘	36.8	126	4636.8	1	4636.8	市场询价
234	护士长办公室	遮阳卷帘	32.5	126	4095	1	4095	市场询价
235	值班室（双人间）	全遮光窗帘布	39.2	65	2548	6	15288	市场询价
236	护士办（4位）	半遮光窗帘布	21.2	65	1378	1	1378	市场询价
237	手术部办公区（128m^2）	半遮光窗帘布	10.8	65	702	1	702	市场询价
238	高职办（2位）	半遮光窗帘布	8.9	65	578.5	1	578.5	市场询价
239	休息区	遮阳卷帘	32.8	126	4132.8	1	4132.8	市场询价
240	高频治疗室	遮阳卷帘	11.78	126	1484.28	1	1484.28	市场询价
241	肢具安装工作间	遮阳卷帘	11.78	126	1484.28	1	1484.28	市场询价
242	作业疗法室	遮阳卷帘	10.85	126	1367.1	1	1367.1	市场询价
243	语言治疗室	遮阳卷帘	13.02	126	1640.52	1	1640.52	市场询价
244	磁疗室	遮阳卷帘	11.78	126	1484.28	1	1484.28	市场询价

续表

序号	品名	规格	单间数量	单价	单间金额	单元数量	单元总金额	备注
245	超声疗法室	遮阳卷帘	11.78	126	1484.28	1	1484.28	市场询价
246	牵引室	遮阳卷帘	11.78	126	1484.28	1	1484.28	市场询价
247	电理疗室	遮阳卷帘	11.78	126	1484.28	1	1484.28	市场询价
248	康复训练大厅	遮阳卷帘	29.76	126	3749.76	1	3749.76	市场询价
249	医生办公室（6位）	遮阳卷帘	36.8	126	4636.8	1	4636.8	市场询价
250	护士长办公室	遮阳卷帘	32.5	126	4095	2	8190	市场询价
251	值班室（双人间）	全遮光窗帘布	39.2	65	2548	1	2548	市场询价
252	会诊示教室	绒面遮光布	17.08	95	1622.6	1	1622.6	市场询价
253	护士站兼候诊区	遮阳卷帘	20.8	126	2620.8	1	2620.8	市场询价
254	护士站兼候诊区	遮阳卷帘	33.6	126	4233.6	1	4233.6	市场询价
255	诊室（套间）1	医用永久性阻燃隔帘	11.2	78	873.6	1	873.6	市场询价
256	诊室（套间）2	医用永久性阻燃隔帘	11.2	78	873.6	1	873.6	市场询价
257	诊室（套间）3	医用永久性阻燃隔帘	11.2	78	873.6	1	873.6	市场询价
258	诊室（套间）4	医用永久性阻燃隔帘	11.2	78	873.6	1	873.6	市场询价
259	诊室（套间）5	医用永久性阻燃隔帘	11.2	78	873.6	1	873.6	市场询价
260	诊室（套间）6	医用永久性阻燃隔帘	11.2	78	873.6	1	873.6	市场询价
261	诊室（套间）7	医用永久性阻燃隔帘	11.2	78	873.6	1	873.6	市场询价
262	针灸治疗室（单床）—中医理疗区张鸣生	医用永久性阻燃隔帘	11.2	78	873.6	4	3494.4	市场询价
263	理疗室（3床）—中医理疗区张鸣生	医用永久性阻燃隔帘	11.2	78	873.6	2	1747.2	市场询价
264	诊室—中医理疗区张鸣生	医用永久性阻燃隔帘	11.2	78	873.6	6	5241.6	市场询价
265	护士站兼候诊区—中医理疗区张鸣生	医用永久性阻燃隔帘	11.2	78	873.6	1	873.6	市场询价
266	多学科联合会诊室（原医生休息室9人）	永久性阻燃遮光布	87.92	65	5714.8	1	5714.8	市场询价
267	难病会诊示教室（原会诊示教室）	绒面遮光布	181.44	95	17236.8	1	17236.8	市场询价
268	标本库	遮光卷帘	20.8	130	2704	1	2704	市场询价
269	冰冻切片室	遮光卷帘	11.06	130	1437.8	1	1437.8	市场询价
270	免疫组织化学实验室	遮光卷帘	11.06	130	1437.8	1	1437.8	市场询价
271	包埋切片染色室	遮光卷帘	22.12	130	2875.6	1	2875.6	市场询价
272	取材脱水	遮光卷帘	22.12	130	2875.6	1	2875.6	市场询价
273	细胞室	遮光卷帘	11.06	130	1437.8	1	1437.8	市场询价
274	标本接收存放	遮光卷帘	11.06	130	1437.8	1	1437.8	市场询价

续表

序号	品名	规格	单间数量	单价	单间金额	单元数量	单元总金额	备注
275	医生办公室	遮阳卷帘	16.8	126	2116.8	1	2116.8	市场询价
276	阅片室	遮光卷帘	16.8	130	2184	1	2184	市场询价
277	技师办公室	遮阳卷帘	20.05	126	2526.3	1	2526.3	市场询价
278	主任办公室	遮阳卷帘	17.58	126	2215.08	1	2215.08	市场询价
279	会诊示教室	绒面遮光布	43.5	95	4132.5	3	12397.5	市场询价
280	医护女更衣室及卫浴间	遮阳卷帘	44.1	65	2866.5	1	2866.5	市场询价
281	探视走廊	遮阳卷帘	94.24	65	6125.6	1	6125.6	市场询价
282	会议室	绒面遮光布	32.8	95	3116	1	3116	市场询价
283	医生办公室	遮阳卷帘	25.1	65	1631.5	1	1631.5	市场询价
284	主任办公室	遮阳卷帘	39.2	126	4939.2	1	4939.2	市场询价
285	护士长办公室	遮阳卷帘	39.2	126	4939.2	1	4939.2	市场询价
286	一线值班室（3人间）	全遮光窗帘布	27.5	65	1787.5	2	3575	市场询价
287	治疗室	医用永久性阻燃隔帘	11.2	78	873.6	1	873.6	市场询价
288	负压病房（单人间）	医用永久性阻燃隔帘	11.2	78	873.6	2	1747.2	市场询价
289	负压病房（单人间）	永久性阻燃遮光布	24.4	65	1586	2	3172	市场询价
290	病房（四人间）	医用永久性阻燃隔帘	145	78	11310	1	11310	市场询价
291	病房（四人间）	永久性阻燃遮光布	34.8	65	2262	1	2262	市场询价
292	病房（单人间）	医用永久性阻燃隔帘	11.2	78	873.6	2	1747.2	市场询价
293	病房（单人间）	永久性阻燃遮光布	20.8	65	1352	2	2704	市场询价
294	监护大厅（32床）	医用永久性阻燃隔帘	1164.8	78	90854.4	1	90854.4	市场询价
295	监护大厅（32床）	永久性阻燃遮光布	147.28	65	9573.2	1	9573.2	市场询价
296	体检大厅	遮阳卷帘	170.24	126	21450.24	1	21450.24	市场询价
297	护士办公室	遮阳卷帘	39.2	126	4939.2	1	4939.2	市场询价
298	女内科诊室	医用永久性阻燃隔帘	11.2	78	873.6	2	1747.2	市场询价
299	女外科诊室	医用永久性阻燃隔帘	11.2	78	873.6	2	1747.2	市场询价
300	妇科诊室	医用永久性阻燃隔帘	11.2	78	873.6	2	1747.2	市场询价
301	全身骨密度检查室	医用永久性阻燃隔帘	11.2	78	873.6	1	873.6	市场询价
302	口腔诊室	医用永久性阻燃隔帘	11.2	78	873.6	1	873.6	市场询价
303	眼科诊室	医用永久性阻燃隔帘	11.2	78	873.6	1	873.6	市场询价
304	耳鼻喉诊室	医用永久性阻燃隔帘	11.2	78	873.6	1	873.6	市场询价
305	男内科诊室	医用永久性阻燃隔帘	11.2	78	873.6	2	1747.2	市场询价
306	男外科诊室	医用永久性阻燃隔帘	11.2	78	873.6	2	1747.2	市场询价
307	心电图室	遮阳卷帘	6.2	126	781.2	2	1562.4	市场询价
308	超声室	遮阳卷帘	23.87	126	3007.62	2	6015.24	市场询价

续表

序号	品名	规格	单间数量	单价	单间金额	单元数量	单元总金额	备注
309	护士站兼等候区	遮阳卷帘	37.52	126	4727.52	1	4727.52	市场询价
310	诊室	医用永久性阻燃隔帘	11.2	78	873.6	17	14851.2	市场询价
311	会诊示教室	绒面遮光布	20.8	95	1976	1	1976	市场询价
312	医生休息室（6床）	遮阳卷帘	29.45	126	3710.7	1	3710.7	市场询价
313	血液透析室（阴性47床）	医用永久性阻燃隔帘	1184.4	78	92383.2	1	92383.2	市场询价
314	血液透析室（阴性47床）	遮光卷帘	187.04	130	24315.2	1	24315.2	市场询价
315	血液透析室（阴性47床）	输液轨道、输液吊杆	47	580	27260	1	27260	市场询价
316	VIP透析室（单人）	永久性阻燃遮光布	10.8	65	702	4	2808	市场询价
317	（急诊）透析室（三人）	遮光卷帘	39.2	130	5096	1	5096	市场询价
318	（血液）透析室（阳性10床）	医用永久性阻燃隔帘	364	78	28392	1	28392	市场询价
319	血液透析室（阳性11床）	遮光卷帘	43.4	130	5642	1	5642	市场询价
320	干库	遮阳卷帘	8.68	126	1093.68	1	1093.68	市场询价
321	被服间	遮阳卷帘	21.08	126	2656.08	1	2656.08	市场询价
322	会议办公室	永久性阻燃遮光布	71.68	65	4659.2	1	4659.2	市场询价
323	二级库房	遮光卷帘	21.56	130	2802.8	1	2802.8	市场询价
324	主任办公室	半遮光窗帘布	15.12	60	907.2	1	907.2	市场询价
325	护士长办公室	绒面遮光布	24	95	2280	1	2280	市场询价
326	值班室（三人间）	全遮光窗帘布	22.4	65	1456	2	2912	市场询价
327	医生办公室（8位）	遮阳卷帘	7.56	126	952.56	1	952.56	市场询价
328	库房	遮光卷帘	5.6	130	728	1	728	市场询价
329	仪器室	遮光卷帘	18	130	2340	1	2340	市场询价
330	家属等候区	遮阳卷帘	42.2	126	5317.2	1	5317.2	市场询价
331	母婴同室	全遮光窗帘布	70.56	65	4586.4	1	4586.4	市场询价
332	配药治疗室（双人）	遮光卷帘	11.76	130	1528.8	1	1528.8	市场询价
333	配药治疗室	遮光卷帘	11.76	130	1528.8	1	1528.8	市场询价
334	NICU中心病房（30床）	遮光卷帘	85.68	130	11138.4	1	11138.4	市场询价
335	医生办公室（4位）	遮阳卷帘	22.4	126	2822.4	1	2822.4	市场询价
336	主任办公室	半遮光窗帘布	15.12	60	907.2	1	907.2	市场询价
337	值班室（四人间）	全遮光窗帘布	19.6	65	1274	2	2548	市场询价
338	一体化产房（套）	永久性阻燃遮光布	13.44	65	873.6	1	873.6	市场询价
339	隔离产房（单人）	遮光卷帘	8.4	130	1092	1	1092	市场询价
340	VIP待产室（双人）	医用永久性阻燃隔帘	36.4	78	2839.2	1	2839.2	市场询价
341	VIP待产室（双人）	永久性阻燃遮光布	11.2	65	728	2	1456	市场询价

续表

序号	品名	规格	单间数量	单价	单间金额	单元数量	单元总金额	备注
342	待产室（五人）	医用永久性阻燃隔帘	56	78	4368	1	4368	市场询价
343	待产室（五人）	永久性阻燃遮光布	25.76	65	1674.4	1	1674.4	市场询价
344	护士办公室	半遮光窗帘布	15.12	60	907.2	1	907.2	市场询价
345	产房（单人）	遮光卷帘	39.48	130	5132.4	1	5132.4	市场询价
346	主任办公室	绒面遮光布	24	95	2280	1	2280	市场询价
347	医生办公室（10位）	遮阳卷帘	3	126	378	1	378	市场询价
348	护士站	遮阳卷帘	12	126	1512	1	1512	市场询价
349	换药治疗室	遮光卷帘	6	130	780	1	780	市场询价
350	护士长办公室	遮阳卷帘	6	126	756	1	756	市场询价
351	值班室（双人间）	全遮光窗帘布	12	65	780	2	1560	市场询价
352	抢救室（2床）	遮阳卷帘	20.8	126	2620.8	1	2620.8	市场询价
353	抢救室（2床）	医用永久性阻燃隔帘	48.16	78	3756.48	1	3756.48	市场询价
354	病房（双人间）	永久性阻燃遮光布	17.45	65	1134.25	11	12476.75	市场询价
355	病房（双人间）	医用永久性阻燃隔帘	51.6	78	4024.8	11	44272.8	市场询价
356	病房（三人间）	永久性阻燃遮光布	30.8	65	2002	6	12012	市场询价
357	病房（三人间）	医用永久性阻燃隔帘	75.5	78	5889	6	35334	市场询价
358	病人活动室（86m^2）	半遮光窗帘布	24	60	1440	1	1440	市场询价
359	会议会诊室	遮阳卷帘	12	126	1512	2	3024	市场询价
360	医生生活区	永久性阻燃遮光布	12	65	780	2	1560	市场询价
361	值班室（四人间）	全遮光窗帘布	12	65	780	2	1560	市场询价
362	主任办公室	遮阳卷帘	12	126	1512	1	1512	市场询价
363	护士长办公室	遮阳卷帘	16.8	126	2116.8	1	2116.8	市场询价
364	医生办公室（11位）	遮阳卷帘	16.8	126	2116.8	1	2116.8	市场询价
365	处置室	遮光卷帘	6	130	780	1	780	市场询价
366	抢救室（2床）	遮阳卷帘	20.8	126	2620.8	1	2620.8	市场询价
367	抢救室（2床）	医用永久性阻燃隔帘	48.16	78	3756.48	1	3756.48	市场询价
368	病房（双人间）	永久性阻燃遮光布	17.45	65	1134.25	8	9074	市场询价
369	病房（双人间）	医用永久性阻燃隔帘	51.6	78	4024.8	8	32198.4	市场询价
370	病房（三人间）	永久性阻燃遮光布	30.8	65	2002	9	18018	市场询价
371	病房（三人间）	医用永久性阻燃隔帘	75.5	78	5889	9	53001	市场询价
372	会议会诊室（共用）	绒面遮光布	24	95	2280	1	2280	市场询价
373	主任办公室	遮阳卷帘	3	126	378	1	378	市场询价
374	医生办公室（11位）	遮阳卷帘	12	126	1512	1	1512	市场询价
375	处置室	遮光卷帘	6	130	780	1	780	市场询价

续表

序号	品名	规格	单间数量	单价	单间金额	单元数量	单元总金额	备注
376	换药治疗室	遮光卷帘	6	130	780	1	780	市场询价
377	护士长办公室	遮阳卷帘	3	126	378	1	378	市场询价
378	住院总值班室（双人）	全遮光窗帘布	12	65	780	1	780	市场询价
379	值班室（双人）	全遮光窗帘布	12	65	780	2	1560	市场询价
380	抢救室（2床）	遮阳卷帘	20.8	126	2620.8	1	2620.8	市场询价
381	抢救室（2床）	医用永久性阻燃隔帘	48.16	78	3756.48	1	3756.48	市场询价
382	病房（双人间）	永久性阻燃遮光布	17.45	65	1134.25	11	12476.75	市场询价
383	病房（双人间）	医用永久性阻燃隔帘	51.6	78	4024.8	11	44272.8	市场询价
384	病房（三人间）	永久性阻燃遮光布	30.8	65	2002	6	12012	市场询价
385	病房（三人间）	医用永久性阻燃隔帘	75.5	78	5889	6	35334	市场询价
386	病人活动室（86m^2，共用）	半遮光窗帘布	24	60	1440	1	1440	市场询价
387	医生生活区	遮阳卷帘	12	126	1512	1	1512	市场询价
388	值班室（四人间）	全遮光窗帘布	12	65	780	2	1560	市场询价
389	住院总值班室（双）	全遮光窗帘布	12	65	780	1	780	市场询价
390	主任办公室	遮阳卷帘	12	126	1512	1	1512	市场询价
391	护士长办公室	遮阳卷帘	6	126	756	1	756	市场询价
392	医生办公室（11位）	遮阳卷帘	6	126	756	1	756	市场询价
393	处置室	遮光卷帘	6	130	780	1	780	市场询价
394	抢救室（2床）	永久性阻燃遮光布	17.45	65	1134.25	1	1134.25	市场询价
395	抢救室（2床）	医用永久性阻燃隔帘	51.6	78	4024.8	1	4024.8	市场询价
396	病房（三人间）	永久性阻燃遮光布	30.8	65	2002	9	18018	市场询价
397	病房（三人间）	医用永久性阻燃隔帘	75.5	78	5889	9	53001	市场询价
398	病房（双人间）	遮阳卷帘	20.8	126	2620.8	5	13104	市场询价
399	病房（双人间）	医用永久性阻燃隔帘	48.16	78	3756.48	5	18782.4	市场询价
400	会议会诊室（共用）	绒面遮光布	24	95	2280	1	2280	市场询价
401	主任办公室	遮阳卷帘	3	126	378	1	378	市场询价
402	医生办公室（11位）	遮阳卷帘	12	126	1512	1	1512	市场询价
403	处置室	遮光卷帘	6	130	780	1	780	市场询价
404	换药治疗室	遮光卷帘	6	130	780	1	780	市场询价
405	护士长办公室	遮阳卷帘	3	126	378	1	378	市场询价
406	住院总值班室（双人）	全遮光窗帘布	12	65	780	1	780	市场询价
407	值班室（双人）	全遮光窗帘布	12	65	780	2	1560	市场询价
408	抢救室（2床）	遮阳卷帘	20.8	126	2620.8	1	2620.8	市场询价

续表

序号	品名	规格	单间数量	单价	单间金额	单元数量	单元总金额	备注
409	抢救室（2床）	医用永久性阻燃隔帘	48.16	78	3756.48	1	3756.48	市场询价
410	病房（双人间）	永久性阻燃遮光布	17.45	65	1134.25	11	12476.75	市场询价
411	病房（双人间）	医用永久性阻燃隔帘	51.6	78	4024.8	11	44272.8	市场询价
412	病房（三人间）	永久性阻燃遮光布	30.8	65	2002	6	12012	市场询价
413	病房（三人间）	医用永久性阻燃隔帘	75.5	78	5889	6	35334	市场询价
414	病人活动室（86m^2，共用）	半遮光窗帘布	24	60	1440	1	1440	市场询价
415	医生生活区（共用）	遮阳卷帘	12	126	1512	1	1512	市场询价
416	值班室（四人间）	全遮光窗帘布	12	65	780	2	1560	市场询价
417	住院总值班室（双人）	全遮光窗帘布	12	65	780	1	780	市场询价
418	主任办公室	遮阳卷帘	12	126	1512	1	1512	市场询价
419	护士长办公室	遮阳卷帘	6	126	756	1	756	市场询价
420	医生办公室（11位）	遮阳卷帘	6	126	756	1	756	市场询价
421	处置室	遮光卷帘	6	130	780	1	780	市场询价
422	病房（三人间）	永久性阻燃遮光布	30.8	65	2002	9	18018	市场询价
423	病房（三人间）	医用永久性阻燃隔帘	75.5	78	5889	9	53001	市场询价
424	病房（双人间）	永久性阻燃遮光布	17.45	65	1134.25	8	9074	市场询价
425	病房（双人间）	医用永久性阻燃隔帘	51.6	78	4024.8	8	32198.4	市场询价
426	抢救室（2床）	遮阳卷帘	20.8	126	2620.8	1	2620.8	市场询价
427	抢救室（2床）	医用永久性阻燃隔帘	48.16	78	3756.48	1	3756.48	市场询价
428	会议会诊室（共用）	绒面遮光布	24	95	2280	1	2280	市场询价
429	主任办公室	遮阳卷帘	3	126	378	1	378	市场询价
430	医生办公室（11位）	遮阳卷帘	12	126	1512	1	1512	市场询价
431	处置室	遮光卷帘	6	130	780	1	780	市场询价
432	换药治疗室	遮光卷帘	6	130	780	1	780	市场询价
433	护士长办公室	遮阳卷帘	3	126	378	1	378	市场询价
434	住院总值班室（双人）	全遮光窗帘布	12	65	780	1	780	市场询价
435	值班室（双人）	全遮光窗帘布	12	65	780	2	1560	市场询价
436	抢救室（2床）	遮阳卷帘	20.8	126	2620.8	1	2620.8	市场询价
437	抢救室（2床）	医用永久性阻燃隔帘	48.16	78	3756.48	1	3756.48	市场询价
438	病房（双人间）	永久性阻燃遮光布	17.45	65	1134.25	22	24953.5	市场询价
439	病房（双人间）	医用永久性阻燃隔帘	51.6	78	4024.8	22	88545.6	市场询价
440	病房（三人间）	永久性阻燃遮光布	30.8	65	2002	6	12012	市场询价
441	病房（三人间）	医用永久性阻燃隔帘	75.5	78	5889	6	35334	市场询价

续表

序号	品名	规格	单间数量	单价	单间金额	单元数量	单元总金额	备注
442	病人活动室（86m^2，共用）	半遮光窗帘布	24	60	1440	1	1440	市场询价
443	医生生活区（共用）	遮阳卷帘	12	126	1512	1	1512	市场询价
444	值班室（四人间）	全遮光窗帘布	12	65	780	2	1560	市场询价
445	住院总值班室（双人）	全遮光窗帘布	12	65	780	1	780	市场询价
446	主任办公室	遮阳卷帘	12	126	1512	1	1512	市场询价
447	护士长办公室	遮阳卷帘	6	126	756	1	756	市场询价
448	医生办公室（11位）	遮阳卷帘	6	126	756	1	756	市场询价
449	处置室	遮光卷帘	6	130	780	1	780	市场询价
450	病房（三人间）	永久性阻燃遮光布	30.8	65	2002	6	12012	市场询价
451	病房（三人间）	医用永久性阻燃隔帘	75.5	78	5889	6	35334	市场询价
452	病房（双人间）	永久性阻燃遮光布	17.45	65	1134.25	1	1134.25	市场询价
453	病房（双人间）	医用永久性阻燃隔帘	51.6	78	4024.8	11	44272.8	市场询价
454	抢救室（2床）	遮阳卷帘	20.8	126	2620.8	1	2620.8	市场询价
455	抢救室（2床）	医用永久性阻燃隔帘	48.16	78	3756.48	1	3756.48	市场询价
456	会议会诊室（共用）	绒面遮光布	24	95	2280	1	2280	市场询价
457	主任办公室	遮阳卷帘	3	126	378	1	378	市场询价
458	医生办公室（11位）	遮阳卷帘	12	126	1512	1	1512	市场询价
459	处置室	遮光卷帘	6	130	780	1	780	市场询价
460	换药治疗室	遮光卷帘	6	130	780	1	780	市场询价
461	护士长办公室	遮阳卷帘	3	126	378	1	378	市场询价
462	住院总值班室（双人）	全遮光窗帘布	12	65	780	1	780	市场询价
463	值班室（双人）	全遮光窗帘布	12	65	780	2	1560	市场询价
464	抢救室（2床）	遮阳卷帘	20.8	126	2620.8	1	2620.8	市场询价
465	抢救室（2床）	医用永久性阻燃隔帘	48.16	78	3756.48	1	3756.48	市场询价
466	病房（双人间）	永久性阻燃遮光布	17.45	65	1134.25	22	24953.5	市场询价
467	病房（双人间）	医用永久性阻燃隔帘	51.6	78	4024.8	22	88545.6	市场询价
468	病房（三人间）	永久性阻燃遮光布	30.8	65	2002	6	12012	市场询价
469	病房（三人间）	医用永久性阻燃隔帘	75.5	78	5889	6	35334	市场询价
470	病人活动室（86m^2，共用）	半遮光窗帘布	24	60	1440	1	1440	市场询价
471	医生生活区（共用）	遮阳卷帘	12	126	1512	1	1512	市场询价
472	值班室（四人间）	全遮光窗帘布	12	65	780	2	1560	市场询价
473	住院总值班室（双人）	全遮光窗帘布	12	65	780	1	780	市场询价
474	主任办公室	遮阳卷帘	12	126	1512	1	1512	市场询价

续表

序号	品名	规格	单间数量	单价	单间金额	单元数量	单元总金额	备注
475	护士长办公室	遮阳卷帘	6	126	756	1	756	市场询价
476	医生办公室（11位）	遮阳卷帘	6	126	756	1	756	市场询价
477	处置室	遮光卷帘	6	130	780	1	780	市场询价
478	病房（三人间）	永久性阻燃遮光布	30.8	65	2002	6	12012	市场询价
479	病房（三人间）	医用永久性阻燃隔帘	75.5	78	5889	6	35334	市场询价
480	病房（双人间）	永久性阻燃遮光布	17.45	65	1134.25	1	1134.25	市场询价
481	病房（双人间）	医用永久性阻燃隔帘	51.6	78	4024.8	11	44272.8	市场询价
482	抢救室（2床）	遮阳卷帘	20.8	126	2620.8	1	2620.8	市场询价
483	抢救室（2床）	医用永久性阻燃隔帘	48.16	78	3756.48	1	3756.48	市场询价
484	会议会诊室（共用）	绒面遮光布	24	95	2280	1	2280	市场询价
485	主任办公室	遮阳卷帘	3	126	378	1	378	市场询价
486	医生办公室（11位）	遮阳卷帘	12	126	1512	1	1512	市场询价
487	处置室	遮光卷帘	6	130	780	1	780	市场询价
488	换药治疗室	遮光卷帘	6	130	780	1	780	市场询价
489	护士长办公室	遮阳卷帘	3	126	378	1	378	市场询价
490	住院总值班室（双人）	全遮光窗帘布	12	65	780	1	780	市场询价
491	值班室（双人）	全遮光窗帘布	12	65	780	2	1560	市场询价
492	抢救室（2床）	遮阳卷帘	20.8	126	2620.8	1	2620.8	市场询价
493	抢救室（2床）	医用永久性阻燃隔帘	48.16	78	3756.48	1	3756.48	市场询价
494	病房（双人间）	永久性阻燃遮光布	17.45	65	1134.25	22	24953.5	市场询价
495	病房（双人间）	医用永久性阻燃隔帘	51.6	78	4024.8	22	88545.6	市场询价
496	病房（三人间）	永久性阻燃遮光布	30.8	65	2002	6	12012	市场询价
497	病房（三人间）	医用永久性阻燃隔帘	75.5	78	5889	6	35334	市场询价
498	病人活动室（86m^2，共用）	半遮光窗帘布	24	60	1440	1	1440	市场询价
499	医生生活区（共用）	遮阳卷帘	12	126	1512	1	1512	市场询价
500	值班室（四人间）	全遮光窗帘布	12	65	780	2	1560	市场询价
501	住院总值班室（双人）	全遮光窗帘布	12	65	780	1	780	市场询价
502	主任办公室	遮阳卷帘	12	126	1512	1	1512	市场询价
503	护士长办公室	遮阳卷帘	6	126	756	1	756	市场询价
504	医生办公室（11位）	遮阳卷帘	6	126	756	1	756	市场询价
505	处置室	遮光卷帘	6	130	780	1	780	市场询价
506	病房（三人间）	永久性阻燃遮光布	30.8	65	2002	6	12012	市场询价
507	病房（三人间）	医用永久性阻燃隔帘	75.5	78	5889	6	35334	市场询价

续表

序号	品名	规格	单间数量	单价	单间金额	单元数量	单元总金额	备注
508	病房（双人间）	永久性阻燃遮光布	17.45	65	1134.25	1	1134.25	市场询价
509	病房（双人间）	医用永久性阻燃隔帘	51.6	78	4024.8	11	44272.8	市场询价
510	抢救室（2床）	遮阳卷帘	20.8	126	2620.8	1	2620.8	市场询价
511	抢救室（2床）	医用永久性阻燃隔帘	48.16	78	3756.48	1	3756.48	市场询价
512	会议会诊室（共用）	绒面遮光布	24	95	2280	1	2280	市场询价
513	主任办公室	遮阳卷帘	3	126	378	1	378	市场询价
514	医生办公室（11位）	遮阳卷帘	12	126	1512	1	1512	市场询价
515	处置室	遮光卷帘	6	130	780	1	780	市场询价
516	换药治疗室	遮光卷帘	6	130	780	1	780	市场询价
517	护士长办公室	遮阳卷帘	3	126	378	1	378	市场询价
518	住院总值班室（双人）	全遮光窗帘布	12	65	780	1	780	市场询价
519	值班室（双人）	全遮光窗帘布	12	65	780	2	1560	市场询价
520	抢救室（2床）	遮阳卷帘	20.8	126	2620.8	1	2620.8	市场询价
521	抢救室（2床）	医用永久性阻燃隔帘	48.16	78	3756.48	1	3756.48	市场询价
522	病房（双人间）	永久性阻燃遮光布	17.45	65	1134.25	22	24953.5	市场询价
523	病房（双人间）	医用永久性阻燃隔帘	51.6	78	4024.8	22	88545.6	市场询价
524	病房（三人间）	永久性阻燃遮光布	30.8	65	2002	6	12012	市场询价
525	病房（三人间）	医用永久性阻燃隔帘	75.5	78	5889	6	35334	市场询价
526	病人活动室（86m^2，共用）	半遮光窗帘布	24	60	1440	1	1440	市场询价
527	医生办公室（八位）	遮阳卷帘	12	126	1512	1	1512	市场询价
528	男值班室（四人间）	全遮光窗帘布	12	65	780	1	780	市场询价
529	住院总值班室（双人）	全遮光窗帘布	12	65	780	1	780	市场询价
530	女值班室（四人间）	全遮光窗帘布	12	65	780	1	780	市场询价
531	主任办公室	遮阳卷帘	6	126	756	1	756	市场询价
532	护士长办公室	遮阳卷帘	6	126	756	1	756	市场询价
533	处置室	遮光卷帘	6	130	780	2	1560	市场询价
534	配药室	遮光卷帘	6	130	780	2	1560	市场询价
535	普通病房（三人间）	永久性阻燃遮光布	30.8	65	2002	9	18018	市场询价
536	普通病房（三人间）	医用永久性阻燃隔帘	75.5	78	5889	9	53001	市场询价
537	中心监护病房（6床，烧伤科ICU）	医用永久性阻燃隔帘	154.8	78	12074.4	1	12074.4	市场询价
538	会议会诊室（共用）	绒面遮光布	24	95	2280	1	2280	市场询价
539	主任办公室	遮阳卷帘	3	126	378	1	378	市场询价
540	医生办公室（11位）	遮阳卷帘	12	126	1512	1	1512	市场询价

续表

序号	品名	规格	单间数量	单价	单间金额	单元数量	单元总金额	备注
541	处置室	遮光卷帘	6	130	780	1	780	市场询价
542	换药治疗室	遮光卷帘	6	130	780	1	780	市场询价
543	护士长办公室	遮阳卷帘	3	126	378	1	378	市场询价
544	住院总值班室（双人）	全遮光窗帘布	12	65	780	1	780	市场询价
545	值班室（双人）	全遮光窗帘布	12	65	780	2	1560	市场询价
546	抢救室（2床）	遮阳卷帘	20.8	126	2620.8	1	2620.8	市场询价
547	抢救室（2床）	医用永久性阻燃隔帘	48.16	78	3756.48	1	3756.48	市场询价
548	病房（双人间）	永久性阻燃遮光布	17.45	65	1134.25	1	1134.25	市场询价
549	病房（双人间）	医用永久性阻燃隔帘	51.6	78	4024.8	11	44272.8	市场询价
550	病房（三人间）	永久性阻燃遮光布	30.8	65	2002	6	12012	市场询价
551	病房（三人间）	医用永久性阻燃隔帘	75.5	78	5889	6	35334	市场询价
552	病人活动室（86m^2，共用）	半遮光窗帘布	24	60	1440	1	1440	市场询价
553	医生生活区（共用）	遮阳卷帘	12	126	1512	1	1512	市场询价
554	值班室（四人间）	全遮光窗帘布	12	65	780	2	1560	市场询价
555	住院总值班室（双人）	全遮光窗帘布	12	65	780	1	780	市场询价
556	主任办公室	遮阳卷帘	12	126	1512	1	1512	市场询价
557	护士长办公室	遮阳卷帘	6	126	756	1	756	市场询价
558	医生办公室（11位）	遮阳卷帘	12	126	1512	1	1512	市场询价
559	处置室	遮光卷帘	6	130	780	1	780	市场询价
560	病房（三人间）	永久性阻燃遮光布	30.8	65	2002	6	12012	市场询价
561	病房（三人间）	医用永久性阻燃隔帘	75.5	78	5889	6	35334	市场询价
562	病房（双人间）	永久性阻燃遮光布	17.45	65	1134.25	1	1134.25	市场询价
563	病房（双人间）	医用永久性阻燃隔帘	51.6	78	4024.8	11	44272.8	市场询价
564	抢救室（2床）	遮阳卷帘	20.8	126	2620.8	1	2620.8	市场询价
565	抢救室（2床）	医用永久性阻燃隔帘	48.16	78	3756.48	1	3756.48	市场询价
566	会议会诊室（共用）	绒面遮光布	24	95	2280	1	2280	市场询价
567	主任办公室	遮阳卷帘	3	126	378	1	378	市场询价
568	医生办公室（11位）	遮阳卷帘	12	126	1512	1	1512	市场询价
569	处置室	遮光卷帘	6	130	780	1	780	市场询价
570	换药治疗室	遮光卷帘	6	130	780	1	780	市场询价
571	护士长办公室	遮阳卷帘	3	126	378	1	378	市场询价
572	住院总值班室（双人）	全遮光窗帘布	12	65	780	1	780	市场询价
573	值班室（双人）	全遮光窗帘布	12	65	780	2	1560	市场询价

续表

序号	品名	规格	单间数量	单价	单间金额	单元数量	单元总金额	备注
574	抢救室（2床）	遮阳卷帘	20.8	126	2620.8	1	2620.8	市场询价
575	抢救室（2床）	医用永久性阻燃隔帘	48.16	78	3756.48	1	3756.48	市场询价
576	病房（双人间）	永久性阻燃遮光布	17.45	65	1134.25	22	24953.5	市场询价
577	病房（双人间）	医用永久性阻燃隔帘	51.6	78	4024.8	22	88545.6	市场询价
578	病房（三人间）	永久性阻燃遮光布	30.8	65	2002	6	12012	市场询价
579	病房（三人间）	医用永久性阻燃隔帘	75.5	78	5889	6	35334	市场询价
580	病人活动室（86m^2，共用）	半遮光窗帘布	24	60	1440	1	1440	市场询价
581	医生生活区（共用）	遮阳卷帘	12	126	1512	1	1512	市场询价
582	值班室（四人间）	全遮光窗帘布	12	65	780	2	1560	市场询价
583	住院总值班室（双人）	全遮光窗帘布	12	65	780	1	780	市场询价
584	主任办公室	遮阳卷帘	12	126	1512	1	1512	市场询价
585	护士长办公室	遮阳卷帘	6	126	756	1	756	市场询价
586	医生办公室（11位）	遮阳卷帘	12	126	1512	1	1512	市场询价
587	处置室	遮光卷帘	6	130	780	1	780	市场询价
588	病房（三人间）	永久性阻燃遮光布	30.8	65	2002	6	12012	市场询价
589	病房（三人间）	医用永久性阻燃隔帘	75.5	78	5889	6	35334	市场询价
590	病房（双人间）	永久性阻燃遮光布	17.45	65	1134.25	1	1134.25	市场询价
591	病房（双人间）	医用永久性阻燃隔帘	51.6	78	4024.8	11	44272.8	市场询价
592	抢救室（2床）	遮阳卷帘	20.8	126	2620.8	1	2620.8	市场询价
593	抢救室（2床）	医用永久性阻燃隔帘	48.16	78	3756.48	1	3756.48	市场询价
594	会议会诊室（共用）	绒面遮光布	24	95	2280	1	2280	市场询价
595	主任办公室	遮阳卷帘	3	126	378	1	378	市场询价
596	医生办公室（11位）	遮阳卷帘	12	126	1512	1	1512	市场询价
597	处置室	遮光卷帘	6	130	780	1	780	市场询价
598	换药治疗室	遮光卷帘	6	130	780	1	780	市场询价
599	护士长办公室	遮阳卷帘	3	126	378	1	378	市场询价
600	住院总值班室（双人）	全遮光窗帘布	12	65	780	1	780	市场询价
601	值班室（双人）	全遮光窗帘布	12	65	780	2	1560	市场询价
602	抢救室（2床）	遮阳卷帘	20.8	126	2620.8	1	2620.8	市场询价
603	抢救室（2床）	医用永久性阻燃隔帘	48.16	78	3756.48	1	3756.48	市场询价
604	病房（双人间）	永久性阻燃遮光布	17.45	65	1134.25	22	24953.5	市场询价
605	病房（双人间）	医用永久性阻燃隔帘	51.6	78	4024.8	22	88545.6	市场询价
606	病房（三人间）	永久性阻燃遮光布	30.8	65	2002	6	12012	市场询价

续表

序号	品名	规格	单间数量	单价	单间金额	单元数量	单元总金额	备注
607	病房（三人间）	医用永久性阻燃隔帘	75.5	78	5889	6	35334	市场询价
608	病人活动室（86m^2，共用）	半遮光窗帘布	24	60	1440	1	1440	市场询价
609	医生生活区（共用）	遮阳卷帘	12	126	1512	1	1512	市场询价
610	值班室（四人间）	全遮光窗帘布	12	65	780	2	1560	市场询价
611	住院总值班室（双人）	全遮光窗帘布	12	65	780	1	780	市场询价
612	主任办公室	遮阳卷帘	12	126	1512	1	1512	市场询价
613	护士长办公室	遮阳卷帘	6	126	756	1	756	市场询价
614	医生办公室（11位）	遮阳卷帘	12	126	1512	1	1512	市场询价
615	处置室	遮光卷帘	6	130	780	1	780	市场询价
616	病房（三人间）	永久性阻燃遮光布	30.8	65	2002	6	12012	市场询价
617	病房（三人间）	医用永久性阻燃隔帘	75.5	78	5889	6	35334	市场询价
618	病房（双人间）	永久性阻燃遮光布	17.45	65	1134.25	1	1134.25	市场询价
619	病房（双人间）	医用永久性阻燃隔帘	51.6	78	4024.8	11	44272.8	市场询价
620	抢救室（2床）	遮阳卷帘	20.8	126	2620.8	1	2620.8	市场询价
621	抢救室（2床）	医用永久性阻燃隔帘	48.16	78	3756.48	1	3756.48	市场询价
622	会议会诊室（共用）	绒面遮光布	24	95	2280	1	2280	市场询价
623	主任办公室	遮阳卷帘	3	126	378	1	378	市场询价
624	医生办公室（11位）	遮阳卷帘	12	126	1512	1	1512	市场询价
625	处置室	遮光卷帘	6	130	780	1	780	市场询价
626	换药治疗室	遮光卷帘	6	130	780	1	780	市场询价
627	护士长办公室	遮阳卷帘	3	126	378	1	378	市场询价
628	住院总值班室（双人）	全遮光窗帘布	12	65	780	1	780	市场询价
629	值班室（双人）	全遮光窗帘布	12	65	780	2	1560	市场询价
630	抢救室（2床）	遮阳卷帘	20.8	126	2620.8	1	2620.8	市场询价
631	抢救室（2床）	医用永久性阻燃隔帘	48.16	78	3756.48	1	3756.48	市场询价
632	病房（双人间）	永久性阻燃遮光布	17.45	65	1134.25	22	24953.5	市场询价
633	病房（双人间）	医用永久性阻燃隔帘	51.6	78	4024.8	22	88545.6	市场询价
634	病房（三人间）	永久性阻燃遮光布	30.8	65	2002	6	12012	市场询价
635	病房（三人间）	医用永久性阻燃隔帘	75.5	78	5889	6	35334	市场询价
636	病人活动室（86m^2，共用）	半遮光窗帘布	24	60	1440	1	1440	市场询价
637	医生生活区（共用）	遮阳卷帘	12	126	1512	1	1512	市场询价
638	值班室（四人间）	全遮光窗帘布	12	65	780	2	1560	市场询价
639	住院总值班室（双人）	全遮光窗帘布	12	65	780	1	780	市场询价

续表

序号	品名	规格	单间数量	单价	单间金额	单元数量	单元总金额	备注
640	主任办公室	遮阳卷帘	12	126	1512	1	1512	市场询价
641	护士长办公室	遮阳卷帘	6	126	756	1	756	市场询价
642	医生办公室（11位）	遮阳卷帘	12	126	1512	1	1512	市场询价
643	处置室	遮光卷帘	6	130	780	1	780	市场询价
644	病房（三人间）	永久性阻燃遮光布	30.8	65	2002	6	12012	市场询价
645	病房（三人间）	医用永久性阻燃隔帘	75.5	78	5889	6	35334	市场询价
646	病房（双人间）	永久性阻燃遮光布	17.45	65	1134.25	1	1134.25	市场询价
647	病房（双人间）	医用永久性阻燃隔帘	51.6	78	4024.8	11	44272.8	市场询价
648	抢救室（2床）	遮阳卷帘	20.8	126	2620.8	1	2620.8	市场询价
649	抢救室（2床）	医用永久性阻燃隔帘	48.16	78	3756.48	1	3756.48	市场询价
650	会议会诊室（共用）	绒面遮光布	24	95	2280	1	2280	市场询价
651	主任办公室	遮阳卷帘	3	126	378	1	378	市场询价
652	医生办公室（11位）	遮阳卷帘	12	126	1512	1	1512	市场询价
653	处置室	遮光卷帘	6	130	780	1	780	市场询价
654	换药治疗室	遮光卷帘	6	130	780	1	780	市场询价
655	护士长办公室	遮阳卷帘	3	126	378	1	378	市场询价
656	住院总值班室（双人）	全遮光窗帘布	12	65	780	1	780	市场询价
657	值班室（双人）	全遮光窗帘布	12	65	780	2	1560	市场询价
658	抢救室（2床）	遮阳卷帘	20.8	126	2620.8	1	2620.8	市场询价
659	抢救室（2床）	医用永久性阻燃隔帘	48.16	78	3756.48	1	3756.48	市场询价
660	病房（双人间）	永久性阻燃遮光布	17.45	65	1134.25	22	24953.5	市场询价
661	病房（双人间）	医用永久性阻燃隔帘	51.6	78	4024.8	22	88545.6	市场询价
662	病房（三人间）	永久性阻燃遮光布	30.8	65	2002	6	12012	市场询价
663	病房（三人间）	医用永久性阻燃隔帘	75.5	78	5889	6	35334	市场询价
664	病人活动室（86m^2，共用）	半遮光窗帘布	24	60	1440	1	1440	市场询价
665	医生生活区（共用）	遮阳卷帘	12	126	1512	1	1512	市场询价
666	值班室（四人间）	全遮光窗帘布	12	65	780	2	1560	市场询价
667	住院总值班室（双人）	全遮光窗帘布	12	65	780	1	780	市场询价
668	主任办公室	遮阳卷帘	12	126	1512	1	1512	市场询价
669	护士长办公室	遮阳卷帘	6	126	756	1	756	市场询价
670	医生办公室（11位）	遮阳卷帘	12	126	1512	1	1512	市场询价
671	处置室	遮光卷帘	6	130	780	1	780	市场询价
672	病房（三人间）	永久性阻燃遮光布	30.8	65	2002	6	12012	市场询价

续表

序号	品名	规格	单间数量	单价	单间金额	单元数量	单元总金额	备注
673	病房（三人间）	医用永久性阻燃隔帘	75.5	78	5889	6	35334	市场询价
674	病房（双人间）	永久性阻燃遮光布	17.45	65	1134.25	1	1134.25	市场询价
675	病房（双人间）	医用永久性阻燃隔帘	51.6	78	4024.8	11	44272.8	市场询价
676	抢救室（2床）	遮阳卷帘	20.8	126	2620.8	1	2620.8	市场询价
677	抢救室（2床）	医用永久性阻燃隔帘	48.16	78	3756.48	1	3756.48	市场询价
678	会议会诊室（共用）	绒面遮光布	24	95	2280	1	2280	市场询价
679	主任办公室	遮阳卷帘	3	126	378	1	378	市场询价
680	医生办公室（11位）	遮阳卷帘	12	126	1512	1	1512	市场询价
681	处置室	遮光卷帘	6	130	780	1	780	市场询价
682	换药治疗室	遮光卷帘	6	130	780	1	780	市场询价
683	护士长办公室	遮阳卷帘	3	126	378	1	378	市场询价
684	住院总值班室（双人）	全遮光窗帘布	12	65	780	1	780	市场询价
685	值班室（双人）	全遮光窗帘布	12	65	780	2	1560	市场询价
686	抢救室（2床）	遮阳卷帘	20.8	126	2620.8	1	2620.8	市场询价
687	抢救室（2床）	医用永久性阻燃隔帘	48.16	78	3756.48	1	3756.48	市场询价
688	病房（双人间）	永久性阻燃遮光布	17.45	65	1134.25	22	24953.5	市场询价
689	病房（双人间）	医用永久性阻燃隔帘	51.6	78	4024.8	22	88545.6	市场询价
690	病房（三人间）	永久性阻燃遮光布	30.8	65	2002	6	12012	市场询价
691	病房（三人间）	医用永久性阻燃隔帘	75.5	78	5889	6	35334	市场询价
692	病人活动室（86m^2，共用）	半遮光窗帘布	24	60	1440	1	1440	市场询价
693	医生生活区（共用）	遮阳卷帘	12	126	1512	1	1512	市场询价
694	值班室（四人间）	全遮光窗帘布	12	65	780	2	1560	市场询价
695	住院总值班室（双人）	全遮光窗帘布	12	65	780	1	780	市场询价
696	主任办公室	遮阳卷帘	12	126	1512	1	1512	市场询价
697	护士长办公室	遮阳卷帘	6	126	756	1	756	市场询价
698	医生办公室（11位）	遮阳卷帘	12	126	1512	1	1512	市场询价
699	处置室	遮光卷帘	6	130	780	1	780	市场询价
700	病房（三人间）	永久性阻燃遮光布	30.8	65	2002	6	12012	市场询价
701	病房（三人间）	医用永久性阻燃隔帘	75.5	78	5889	6	35334	市场询价
702	病房（双人间）	永久性阻燃遮光布	17.45	65	1134.25	1	1134.25	市场询价
703	病房（双人间）	医用永久性阻燃隔帘	51.6	78	4024.8	11	44272.8	市场询价
704	抢救室（2床）	遮阳卷帘	20.8	126	2620.8	1	2620.8	市场询价
705	抢救室（2床）	医用永久性阻燃隔帘	48.16	78	3756.48	1	3756.48	市场询价

续表

序号	品名	规格	单间数量	单价	单间金额	单元数量	单元总金额	备注
706	会议会诊室（共用）	绒面遮光布	24	95	2280	1	2280	市场询价
707	主任办公室	遮阳卷帘	3	126	378	1	378	市场询价
708	医生办公室（11位）	遮阳卷帘	12	126	1512	1	1512	市场询价
709	处置室	遮光卷帘	6	130	780	1	780	市场询价
710	换药治疗室	遮光卷帘	6	130	780	1	780	市场询价
711	护士长办公室	遮阳卷帘	3	126	378	1	378	市场询价
712	住院总值班室（双人）	全遮光窗帘布	12	65	780	1	780	市场询价
713	值班室（双人）	全遮光窗帘布	12	65	780	2	1560	市场询价
714	抢救室（2床）	遮阳卷帘	20.8	126	2620.8	1	2620.8	市场询价
715	抢救室（2床）	医用永久性阻燃隔帘	48.16	78	3756.48	1	3756.48	市场询价
716	病房（双人间）	永久性阻燃遮光布	17.45	65	1134.25	22	24953.5	市场询价
717	病房（双人间）	医用永久性阻燃隔帘	51.6	78	4024.8	22	88545.6	市场询价
718	病房（三人间）	永久性阻燃遮光布	30.8	65	2002	6	12012	市场询价
719	病房（三人间）	医用永久性阻燃隔帘	75.5	78	5889	6	35334	市场询价
720	病人活动室（86m^2，共用）	半遮光窗帘布	24	60	1440	1	1440	市场询价
721	医生生活区（共用）	遮阳卷帘	12	126	1512	1	1512	市场询价
722	值班室（四人间）	全遮光窗帘布	12	65	780	2	1560	市场询价
723	住院总值班室（双人）	全遮光窗帘布	12	65	780	1	780	市场询价
724	主任办公室	遮阳卷帘	12	126	1512	1	1512	市场询价
725	护士长办公室	遮阳卷帘	6	126	756	1	756	市场询价
726	医生办公室（11位）	遮阳卷帘	12	126	1512	1	1512	市场询价
727	处置室	遮光卷帘	6	130	780	1	780	市场询价
728	病房（三人间）	永久性阻燃遮光布	30.8	65	2002	6	12012	市场询价
729	病房（三人间）	医用永久性阻燃隔帘	75.5	78	5889	6	35334	市场询价
730	病房（双人间）	永久性阻燃遮光布	17.45	65	1134.25	1	1134.25	市场询价
731	病房（双人间）	医用永久性阻燃隔帘	51.6	78	4024.8	11	44272.8	市场询价
732	抢救室（2床）	遮阳卷帘	20.8	126	2620.8	1	2620.8	市场询价
733	抢救室（2床）	医用永久性阻燃隔帘	48.16	78	3756.48	1	3756.48	市场询价
734	会议会诊室（共用）	绒面遮光布	24	95	2280	1	2280	市场询价
735	主任办公室	遮阳卷帘	3	126	378	1	378	市场询价
736	医生办公室（11位）	遮阳卷帘	12	126	1512	1	1512	市场询价
737	处置室	遮光卷帘	6	130	780	1	780	市场询价
738	换药治疗室	遮光卷帘	6	130	780	1	780	市场询价

续表

序号	品名	规格	单间数量	单价	单间金额	单元数量	单元总金额	备注
739	护士长办公室	遮阳卷帘	3	126	378	1	378	市场询价
740	住院总值班室（双人）	全遮光窗帘布	12	65	780	1	780	市场询价
741	值班室（双人）	全遮光窗帘布	12	65	780	2	1560	市场询价
742	抢救室（2床）	遮阳卷帘	20.8	126	2620.8	1	2620.8	市场询价
743	抢救室（2床）	医用永久性阻燃隔帘	48.16	78	3756.48	1	3756.48	市场询价
744	病房（双人间）	永久性阻燃遮光布	17.45	65	1134.25	22	24953.5	市场询价
745	病房（双人间）	医用永久性阻燃隔帘	51.6	78	4024.8	22	88545.6	市场询价
746	病房（三人间）	永久性阻燃遮光布	30.8	65	2002	6	12012	市场询价
747	病房（三人间）	医用永久性阻燃隔帘	75.5	78	5889	6	35334	市场询价
748	病人活动室（86m^2，共用）	半遮光窗帘布	24	60	1440	1	1440	市场询价
749	医生生活区（共用）	遮阳卷帘	12	126	1512	1	1512	市场询价
750	值班室（四人间）	全遮光窗帘布	12	65	780	2	1560	市场询价
751	住院总值班室（双人）	全遮光窗帘布	12	65	780	1	780	市场询价
752	主任办公室	遮阳卷帘	12	126	1512	1	1512	市场询价
753	护士长办公室	遮阳卷帘	6	126	756	1	756	市场询价
754	医生办公室（11位）	遮阳卷帘	12	126	1512	1	1512	市场询价
755	处置室	遮光卷帘	6	130	780	1	780	市场询价
756	病房（三人间）	永久性阻燃遮光布	30.8	65	2002	6	12012	市场询价
757	病房（三人间）	医用永久性阻燃隔帘	75.5	78	5889	6	35334	市场询价
758	病房（双人间）	永久性阻燃遮光布	17.45	65	1134.25	1	1134.25	市场询价
759	病房（双人间）	医用永久性阻燃隔帘	51.6	78	4024.8	11	44272.8	市场询价
760	抢救室（2床）	遮阳卷帘	20.8	126	2620.8	1	2620.8	市场询价
761	抢救室（2床）	医用永久性阻燃隔帘	48.16	78	3756.48	1	3756.48	市场询价
762	医生生活区	绒面遮光布	24	95	2280	1	2280	市场询价
763	医生办公室	遮阳卷帘	3	126	378	1	378	市场询价
764	护士站	遮阳卷帘	12	126	1512	1	1512	市场询价
765	处置室	遮光卷帘	6	130	780	1	780	市场询价
766	库房	遮光卷帘	6	130	780	1	780	市场询价
767	护士长办公室	遮阳卷帘	3	126	378	1	378	市场询价
768	女值班室（四人间）	全遮光窗帘布	12	65	780	1	780	市场询价
769	男值班室（双人）	全遮光窗帘布	12	65	780	2	1560	市场询价
770	抢救室（2床）	遮阳卷帘	20.8	126	2620.8	1	2620.8	市场询价
771	抢救室（2床）	医用永久性阻燃隔帘	48.16	78	3756.48	1	3756.48	市场询价

续表

序号	品名	规格	单间数量	单价	单间金额	单元数量	单元总金额	备注
772	病房（双人间）	永久性阻燃遮光布	17.45	65	1134.25	22	24953.5	市场询价
773	病房（双人间）	医用永久性阻燃隔帘	51.6	78	4024.8	22	88545.6	市场询价
774	病房（三人间）	永久性阻燃遮光布	30.8	65	2002	6	12012	市场询价
775	病房（三人间）	医用永久性阻燃隔帘	75.5	78	5889	6	35334	市场询价
776	病人活动室（86m^2）	半遮光窗帘布	24	60	1440	1	1440	市场询价
777	医生生活区（共用）	遮阳卷帘	12	126	1512	1	1512	市场询价
778	值班室（四人间）	全遮光窗帘布	12	65	780	2	1560	市场询价
779	住院总值班室（双人）	全遮光窗帘布	12	65	780	1	780	市场询价
780	主任办公室	遮阳卷帘	12	126	1512	1	1512	市场询价
781	护士长办公室	遮阳卷帘	6	126	756	1	756	市场询价
782	医生办公室（11位）	遮阳卷帘	12	126	1512	1	1512	市场询价
783	处置室	遮光卷帘	6	130	780	1	780	市场询价
784	病房（三人间）	永久性阻燃遮光布	30.8	65	2002	6	12012	市场询价
785	病房（三人间）	医用永久性阻燃隔帘	75.5	78	5889	6	35334	市场询价
786	病房（双人间）	永久性阻燃遮光布	17.45	65	1134.25	1	1134.25	市场询价
787	病房（双人间）	医用永久性阻燃隔帘	51.6	78	4024.8	11	44272.8	市场询价
788	抢救室（2床）	遮阳卷帘	20.8	126	2620.8	1	2620.8	市场询价
789	抢救室（2床）	医用永久性阻燃隔帘	48.16	78	3756.48	1	3756.48	市场询价
790	会议会诊室	绒面遮光布	24	95	2280	1	2280	市场询价
791	主任办公室	遮阳卷帘	3	126	378	1	378	市场询价
792	医生办公室（11位）	遮阳卷帘	12	126	1512	1	1512	市场询价
793	换药治疗室	遮光卷帘	6	130	780	1	780	市场询价
794	处置室	遮光卷帘	6	130	780	1	780	市场询价
795	护士长办公室	遮阳卷帘	3	126	378	1	378	市场询价
796	住院总值班室（双人）	遮阳卷帘	6	126	756	1	756	市场询价
797	值班室（双人）	全遮光窗帘布	24	65	1560	2	3120	市场询价
798	抢救室（2床）	遮阳卷帘	20.8	126	2620.8	1	2620.8	市场询价
799	抢救室（2床）	医用抑菌隔帘	48.16	85	4093.6	1	4093.6	市场询价
800	病房(一室一厅套间)	柔纱帘	231	230	53130	1	53130	市场询价
801	病房(一室一厅套间)	医用抑菌隔帘	48	85	4080	17	69360	市场询价
802	病人活动室（86m^2）	永久性阻燃遮光布	24	65	1560	1	1560	市场询价
803	医生生活区	永久性阻燃遮光布	24	65	1560	1	1560	市场询价
804	值班室（四人间）	全遮光窗帘布	24	65	1560	2	3120	市场询价
805	住院总值班室（双人）	全遮光窗帘布	12	65	780	1	780	市场询价

续表

序号	品名	规格	单间数量	单价	单间金额	单元数量	单元总金额	备注
806	主任办公室	遮阳卷帘	6	126	756	1	756	市场询价
807	护士长办公室	遮阳卷帘	6	126	756	1	756	市场询价
808	医生办公室（11位）	遮阳卷帘	12	126	1512	1	1512	市场询价
809	处置室	遮光卷帘	6	130	780	1	780	市场询价
810	病房(一室一厅套间)	柔纱帘	192	230	44160	1	44160	市场询价
811	病房(一室一厅套间)	医用抑菌隔帘	48	85	4080	17	69360	市场询价
812	抢救室（2床）	遮阳卷帘	20.8	126	2620.8	1	2620.8	市场询价
813	抢救室（2床）	医用抑菌隔帘	48.16	85	4093.6	1	4093.6	市场询价
814	休息室	永久性阻燃遮光布	45.88	65	2982.2	1	2982.2	市场询价
815	VIP休息室	永久性阻燃遮光布	44.64	65	2901.6	2	5803.2	市场询价
816	（会议）室	绒面遮光布	70.06	95	6655.7	1	6655.7	市场询价
817	（0人会议）室	绒面遮光布	82.46	95	7833.7	2	15667.4	市场询价
818	（11人会议）室	绒面遮光布	47.12	95	4476.4	2	8952.8	市场询价
819	（30人多功能）会议厅（500人）	绒面遮光布	163.68	95	15549.6	1	15549.6	市场询价
820	信息中心办公	遮阳卷帘	40.3	126	5077.8	2	10155.6	市场询价
821	信息中心备用机房	遮阳卷帘	34.57	126	4355.82	2	8711.64	市场询价
822	信息中心机房	遮阳卷帘	97.96	126	12342.96	1	12342.96	市场询价
823	值班室	全遮光窗帘布	62	65	4030	1	4030	市场询价
824	休息室（临时医护室）	遮阳卷帘	13	126	1638	1	1638	市场询价
825	活动中心	半遮光窗帘布	97.34	60	5840.4	1	5840.4	市场询价
826	乒乓球区	半遮光窗帘布	186	60	11160	1	11160	市场询价
827	健身器材区	半遮光窗帘布	101.68	60	6100.8	1	6100.8	市场询价
828	淋浴更衣室	遮光卷帘	31.16	130	4050.8	2	8101.6	市场询价
829	办公室（3人）	遮阳卷帘	32.1	126	4044.6	1	4044.6	市场询价
830	财务主任办公室	遮阳卷帘	32.86	126	4140.36	1	4140.36	市场询价
831	会计办公室（2人）	遮阳卷帘	13.02	126	1640.52	1	1640.52	市场询价
832	会议室（36人）	绒面遮光布	50.84	95	4829.8	1	4829.8	市场询价
833	中办公室（9人）	遮阳卷帘	24.8	126	3124.8	3	9374.4	市场询价
834	院长办公室	遮阳卷帘	7.4	126	932.4	1	932.4	市场询价
835	书记办公室	遮阳卷帘	7.4	126	932.4	1	932.4	市场询价
836	副院长办公室	遮阳卷帘	7.4	126	932.4	7	6526.8	市场询价
837	党政办公室（6人）	遮阳卷帘	8	126	1008	1	1008	市场询价
838	会议室（18人）	绒面遮光布	81.22	95	7715.9	1	7715.9	市场询价

续表

序号	品名	规格	单间数量	单价	单间金额	单元数量	单元总金额	备注
839	办公室（11人）	遮阳卷帘	12	126	1512	1	1512	市场询价
840	资料室	遮光卷帘	4	130	520	1	520	市场询价
841	病人档案室	遮光卷帘	16.5	130	2145	3	6435	市场询价
842	查询/登记/打印室	遮阳卷帘	27	126	3402	1	3402	市场询价
843	气瓶间	遮光卷帘	8	130	1040	1	1040	市场询价
844	档案办公室（15人）	遮阳卷帘	16.8	126	2116.8	1	2116.8	市场询价
845	电子阅览室（32人）	遮光卷帘	16.5	130	2145	3	6435	市场询价
846	图书查询室（4人）	遮阳卷帘	27	126	3402	1	3402	市场询价
847	图书登记（4人）	遮光卷帘	8	130	1040	1	1040	市场询价
848	书库（64人）	遮阳卷帘	16.8	126	2116.8	1	2116.8	市场询价
849	中办公室	遮阳卷帘	23.56	126	2968.56	1	2968.56	市场询价
850	办公室（35人）	遮阳卷帘	44.95	126	5663.7	1	5663.7	市场询价
851	办公室	遮阳卷帘	11.16	126	1406.16	2	2812.32	市场询价
852	中办公室	遮阳卷帘	23.56	126	2968.56	1	2968.56	市场询价
853	办公室（35人）	遮阳卷帘	44.95	126	5663.7	1	5663.7	市场询价
854	办公室	遮阳卷帘	11.16	126	1406.16	2	2812.32	市场询价
855	教室（32人）	永久性阻燃遮光布	75.02	65	4876.3	7	34134.1	市场询价
856	培训中心	永久性阻燃遮光布	75.02	65	4876.3	7	34134.1	市场询价
857	培训中心	永久性阻燃遮光布	75.02	65	4876.3	7	34134.1	市场询价
858	培训中心（32人）	永久性阻燃遮光布	75.02	65	4876.3	7	34134.1	市场询价
859	书库（64人）	半遮光窗帘布	159.34	60	9560.4	1	9560.4	市场询价
860	书库（48人）	半遮光窗帘布	77.2	60	4632	1	4632	市场询价
861	期刊（48人）	半遮光窗帘布	77.5	60	4650	1	4650	市场询价
862	电子阅览室（32人）	永久性阻燃遮光布	50.84	65	3304.6	1	3304.6	市场询价
863	图书查询（4人）	遮阳卷帘	8	126	1008	1	1008	市场询价
864	图书登记（4人）	遮阳卷帘	8	126	1008	1	1008	市场询价
865	实验室（32人）	遮光卷帘	23.65	130	3074.5	4	12298	市场询价
866	实验室（48人）	遮光卷帘	26.4	130	3432	2	6864	市场询价
867	实验室（32人）	遮光卷帘	23.65	130	3074.5	4	12298	市场询价
868	实验室（48人）	遮光卷帘	26.4	130	3432	2	6864	市场询价
869	宿舍6人	永久性阻燃遮光布	24.8	65	1612	99	159588	市场询价
870	宿舍4人	永久性阻燃遮光布	24.8	65	1612	9	14508	市场询价
871	医技住院楼	纱窗	3000	280	840000	1	840000	市场询价

九、开办费分项：标识文化类汇总表

开办费分项：标识文化类汇总表

序号	标识编	标识名称	尺寸	材料工艺	安装方式	带电状况	数量	单价	总价	备注
1	W01	精神堡垒标识	125000×1900×550	201#1.5mm不锈钢白色汽车氟碳烤漆，字体1.2mm不锈钢围边灯箱立体字，内发光，加花岗岩大理石，图案激光阳刻	地基、立地式	500	1	300000	300000	市场询价
2	W02	户外名称定位标识	1800×630×230	不锈钢汽车氟碳烤漆，字体丝印，侧面发光	地基、立地式	150	5	38000	190000	市场询价
3	W03	停车场指示标识	3500×620×120	201#1.5mm不锈钢白色汽车氟碳烤漆，字体激光镂空内发光，加花岗岩大理石，图案激光雕刻	地基、立地式	200	6	28000	168000	市场询价
4	W04	总平面图标识	2300×920×100	201#1.5mm不锈钢白色汽车氟碳烤漆，表面加耐力板，内发光，字体激光镂空内发光，加花岗岩大理石，图案激光雕刻	立地式	150	4	32000	128000	市场询价
5	W05	宣传公告栏	2200×2450	201#1.5mm不锈钢白色汽车氟碳烤烤漆，内容UV打印	立地式	150	12	21900	262800	市场询价
6	W06	人行指示标识	2300×410×100	201#1.5mm不锈钢白色汽车氟碳烤烤漆，字体激光镂空内发光，加花岗岩大理石，图案激光雕刻	立地式	150	10	11100	111000	市场询价
7	W07	非机动车停车指引	2300×410×100	201#1.5mm不锈钢白色汽车氟碳烤烤漆，字体激光镂空内发光，加花岗岩大理石，图案激光雕刻	立地式	150	2	11100	22200	市场询价
8	W09	树铭牌标识	150×120	3mm铝板18cm×18cm	吊挂式	不带电	60	42	2520	市场询价
9	W10	警示标识	240×190	5mm+3mm亚克力，丝印	附墙式	不带电	100	88.8	8880	市场询价

续表

序号	标识编	标识名称	尺寸	材料工艺	安装方式	带电状况	数量	单价	总价	备注
10	W11	温馨提示类标识	240 × 190	5mm+3mm亚克力，丝印	附墙式	不带电	180	88.8	15984	市场询价
11	N01	总索标识	2200 × 1200 × 860	201#1.2mm不锈钢白色汽车氟碳烤漆，字体亚克力背发光，加43寸LED显示屏	立地式	350	4	32745	130980	市场询价
12	N03	电梯厅索引标识	2000 × 470 × 30	201#1.2mm不锈钢白色汽车氟碳烤漆，内容可更换	附墙式	不带电	137	6000	822000	市场询价
13	N04	通道指引吊牌标识	1900 × 260 × 80	201#1.2mm不锈钢白色汽车氟碳烤漆，字体激光镂空内	吊挂式	150	51	4329	220779	市场询价
14	N05	住院区域名称标识	1800 × 260 × 80	20光1#1.2mm不锈钢白色汽车氟碳烤漆，字体激光镂空内	附墙式	150	10	15000	150000	市场询价
15	N06	通道指引标识（小）	1900 × 260 × 80	20光1#1.2mm不锈钢白色汽车氟碳烤漆，字体激光镂空内	附墙式	150	18	4107	73926	市场询价
16	N07	通道名称标识	1800 × 260 × 80	20光1#1.2mm不锈钢白色汽车氟碳烤漆，字体激光镂空内发光	附墙式	150	61	4218	257298	市场询价
17	N08	洗手间名称标识	1600 × 260 × 80	201#1.2mm不锈钢白色汽车氟碳烤漆，字体激光镂空内	附墙式	150	315	4000	1260000	市场询价
18	N09	洗手间标识（大）	2200 × 380	发12光mm不锈钢汽车氟碳烤漆立体字	附墙式	不带电	21	3200	67200	市场询价
19	N10	洗手间标识（小）	290 × 190	10mm+3mm亚克力烤漆，内容丝印	附墙式	不带电	32	2150	68800	市场询价
20	N11	客流导引标识—贴墙式	1300 × 800 × 20	201#1.2mm不锈钢白色汽车氟碳烤漆，内容丝印	附墙式	不带电	5	220	1100	市场询价
21	N12	窗口标识	1800 × 260 × 80	201#1.2mm不锈钢白色汽车氟碳烤漆，字体激光镂空内	附墙式	不带电	22	5328	117216	市场询价
22	N13	轿厢内索引标识	1200 × 400	20光1#1.2mm不锈钢白色汽车氟碳烤漆，内容丝印	附墙式	不带电	9	3800	34200	市场询价

续表

序号	标识编	标识名称	尺寸	材料工艺	安装方式	带电状况	数量	单价	总价	备注
23	N14	科室介绍	2000×1000×70	201#1.2mm不锈钢白色汽车氟碳烤漆，文字丝印，内容	附墙式	不带电	29	1665	48285	市场询价
24		医护人员简介	1200×950×40	20更1#换1.2mm不锈钢白色汽车氟碳烤漆，文字丝印，内容亚克力盒，可更换	附墙式	不带电	45	4000	180000	市场询价
25	N15	各科专家介绍栏	2500×1100×40	201#1.2mm不锈钢白色汽车氟碳烤漆，文字丝印，内容	附墙式	不带电	45	3000	135000	市场询价
26	N16	各诊疗科室牌	290×190	10mm+3mm亚克力烤漆，内容丝印	附墙式	不带电	45	6500	292500	市场询价
27	N17	专家门诊牌	290×190	10mm+3mm亚克力烤漆，内容丝印	附墙式	不带电	311	175	54425	市场询价
28	N18	行政办公室门牌	260×190	10mm+3mm亚克力烤漆，内容丝印	附墙式	不带电	452	222	100344	市场询价
29	N19	病号牌	320×200	10mm+3mm亚克力烤漆，内容丝印	附墙式	不带电	551	140	77140	市场询价
30	N20	病床号	如图所示	3mm亚克力	附墙式	不带电	619	200	123800	市场询价
31	N21	设备间标识	如图所示	8mm+5mm亚克力,丝印	附墙式	不带电	1630	22.2	36186	市场询价
32	N22	走梯楼层号	如图所示	喷涂	附墙式	不带电	2213	140	309820	市场询价
33	N23	楼层号	250×200	1.2拉丝不锈钢切割字	附墙式	不带电	286	40	11440	市场询价
34	N24	电梯到达楼层	如图所示	5mm亚克力	附墙式	不带电	313	100	31300	市场询价
35	N25	住院护士站标识	1600×260×80	201#1.2mm不锈钢白色汽车氟碳烤漆，字体激光镂空内	附墙式	150	598	111	66378	市场询价
36	N26	房间号	如图所示	如图所示	附墙式	不带电	37	3200	118400	市场询价
37	N27	消防疏散图	如图所示	如图所示	附墙式	不带电	4	210.9	843.6	市场询价
38	N28	推拉牌	如图所示	5mm亚克力	附墙式	不带电	169	235	39715	市场询价
39	N29	乘梯须知	如图所示	5mm亚克力	附墙式	不带电	460	28	12880	市场询价
40	N30	温馨提示牌	240×190	3mm亚克力烤漆，内容丝印	附墙式	不带电	38	190	7220	市场询价

续表

序号	标识编	标识名称	尺寸	材料工艺	安装方式	带电状况	数量	单价	总价	备注
41	N31	消火栓	如图所示	5mm亚克力	附墙式	不带电	370	88.8	32856	市场询价
42	N32	消火栓须知	如图所示	如图所示	附墙式	不带电	630	26	16380	市场询价
43	N33	客梯，货梯标识	270×120	2mm不锈钢切割字，表面烤	附墙式	不带电	630	180	113400	市场询价
44	N34	分区编号名称墙立体字	如图所示	3mm亚克力激光切割，内容丝印。立体字为不锈钢围边	附墙式	不带电	738	125	92250	市场询价
45	N35	形象墙立体字	如图所示	20箱1#字1.2mm不锈钢，汽车氟碳烤漆	附墙式	不带电	95	4440	421800	市场询价
46	N36	自助挂号查询立体字	如图所示	201#1.2mm不锈钢，汽车氟碳烤漆	附墙式	不带电	27	4440	119880	市场询价
47	N37	急诊区域立体字	如图所示	201#1.2mm不锈钢，汽车氟碳烤漆	附墙式	不带电	10	4440	44400	市场询价
48	N38	住院楼护士站楼层号	260	不锈钢围边灯箱字，内打LED灯	附墙式	120	2	4440	8880	市场询价
49	N39	住院护士站标识	260	不锈钢围边灯箱，内打LED	附墙式	120	18	900	16200	市场询价
50	N40	客流导引标识—贴墙式—立体字	550×1200	3mm不锈钢立体字，表面烤漆+电镀	附墙式	不带电	18	3100	55800	市场询价
51	N41	地面贴标识	1800×1900	3m喷涂地贴	附墙式	不带电	85	3100	263500	市场询价
52	N42	软标识集合	3×6，4×8，5×15三种规格	1mm亚克力，成型丝印	粘贴式	不带电	260	388.5	101010	市场询价
53	O01	总索标识	2200×1200×860	1.整体201不锈钢激光切割，焊接成型 2.配43寸显示屏 3.字体亚克力背发光	立地式	带电	1	32745	32745	市场询价
54	O02	电梯编号标识	270×12	2mm不锈钢切割字，表面烤	立地式	不带电	86	150	12900	市场询价
55	O03	电梯厅索引标识	2000×470×30	201#1.2mm不锈钢白色汽车氟碳烤漆，内容可更换	附墙式	不带电	37	6500	240500	市场询价
56	O04	通道名称标识	1800×260×80	201#1.2mm不锈钢白色汽车氟碳烤漆，字体激光镂空内	吊挂式	不带电	16	3660	58560	市场询价

续表

序号	标识编	标识名称	尺寸	材料工艺	安装方式	带电状况	数量	单价	总价	备注
57	O05	科室牌	260 × 190	发10光mm+3mm亚克力烤漆，内容丝印	附墙式	不带电	166	140	23240	市场询价
58	O06	洗手间标识	290 × 190	10mm+3mm亚克力烤漆，内容丝印	附墙式	不带电	33	360	11880	市场询价
59	O07	设备间标识	260 × 190	10mm+3mm亚克力烤漆，内容丝印	附墙式	不带电	355	150	53250	市场询价
60	O08	走梯楼层号	250 × 200	喷涂	附墙式	不带电	93	40	3720	市场询价
61	O09	楼层号	250 × 200	亚克力	附墙式	不带电	46	100	4600	市场询价
62	O10	餐厅包厢号	如图所示	亚克力	附墙式	不带电	6	220	1320	市场询价
63	O11	宿舍房号牌	如图所示	亚克力	附墙式	不带电	132	210.9	27838.8	市场询价
64	O12	消防疏散图	如图所示	亚克力	附墙式	不带电	40	190	7600	市场询价
65	O13	推拉牌	如图所示	亚克力	附墙式	不带电	100	22.2	2220	市场询价
66	O14	乘梯须知	如图所示	亚克力	附墙式	不带电	6	190	1140	市场询价
67	O15	温馨提示牌	如图所示	亚克力	附墙式	不带电	180	88.8	15984	市场询价
68	O16	消火栓	如图所示	亚克力	附墙式	不带电	180	22.2	3996	市场询价
69	O17	消火栓须知	如图所示	亚克力	附墙式	不带电	180	180	32400	市场询价
70	P01	地下停车场龙门牌	6500 × 650 × 80	201#1.5mm不锈钢白色汽车氟碳烤烤漆，字体激光镂空	悬吊式	200	5	19000	95000	市场询价
71	P02	停车场吊牌	2700 × 270 × 80	铝型材汽车氟碳烤烤漆，字体贴膜激光镂空内发光	悬吊式	160	150	4000	600000	市场询价
72	P03	电梯厅小吊牌	1700 × 250 × 70	铝型材汽车氟碳烤烤漆，字体贴膜激光镂空内发光	悬吊式	80	30	3200	96000	市场询价

十、开办费分项：厨房设施类汇总表

由于篇幅所限，具体敬请扫码阅读。

十一、开办费分项：后勤物资类汇总表

由于篇幅所限，具体敬请扫码阅读。

十二、开办费分项：其他专用设备类汇总表

由于篇幅所限，具体敬请扫码阅读。

第二节　新建眼科医院功能单元案例

由于篇幅所限，本节内容敬请扫码阅读。

第三节　新建口腔医院功能单元案例

功能单元案例见表7-3-1。由于篇幅所限，敬请扫码阅读。

第四节　新建心血管医院功能单元案例

功能单元案例见表7-4-1。

心血管医院功能单元统计表　表7-4-1

序号	单元数量
一、住院部	
(一)病床及配件	
1.普通病床单位配置	460
2.抢救病床单位配置	13
(二)病房设施	
1.双人普通病房标准设备	182
2.单人间病房	91
(三)病区设施基本配置	
1.护士站、医生办公室	13
2.护士长办公室配置	13
3.主任办公室配置	13
4.配药室标准配置	13
5.监护、抢救室配置	13
6.接待、谈话室标准配置	13
7.治疗、检查室配置	13
8.医护值班室	13
9.医护更衣室标准配置	13
10.库房标准配置	13
11.医护备餐室标准配置	13
12.备餐室标准配置	13
13.示教室标准配置	13
14.病房卫生间标准配置	273
15.病区公共洗手间标准配置	26
16.医务人员使用卫生间标准配置	26
17.出入院办理窗口标准配置	5
18.出入院办理处标准配置	1
19.公共区域设施	1
二、ICU	
(一)病床及配件	
1.I CU病床单位配置	20
(二)病区设施基本配置	
1.护士长办公室	1
2.护士办公室	1
3.护士站	1

续表

序号	单元数量
4.主任办公室标准配置	1
5.医生办公室	1
6.医生值班室	2
7.护士值班室	2
8.医生二线值班室	1
9.更衣室标准配置	2
10.医护备餐休息室	1
11.等候区	1
12.清洁库房	1
13.库房	1
14.仪器室	1
15.医务人员卫生间	2
16.配药/治疗室	1
17.淋浴间	2
18.谈话室及探视间	1
三、CCU	
（一）病床及配件	
1. CCU病床单位配置	20
（二）病区设施基本配置	
1.护士长办公室	1
2.护士办公室	1
3.护士站	1
4.主任办公室标准配置	1
5.医生办公室	1
6.医生值班室	2
7.护士值班室	2
8.医生二线值班室	1
9.更衣室标准配置	2
10.医护备餐休息室	1
11.等候区	1
12.清洁库房	1
13.库房	1
14.仪器室	1
15.医务人员卫生间	2

续表

序号	单元数量
16.配药/治疗室	1
17.淋浴间	2
18.谈话室及探视间	1
四、门急诊楼	
(一)门急诊科配置	
1.门急诊诊室标准配置	80
2.挂号、收费处窗口标准配置	25
3.挂号、收费处标准配置	5
4.抽血室窗口标准配置	8
5.抽血室窗口标准配置	2
6.检验、临检室标准配置	10
7.主任办公室标准配置	5
8.护士长办公室标准配置	2
9.等候区标准配置	4
10.护士站标准配置	5
11.卫生间标准配置	12
12.办公室标准配置	5
13.休息、值班室标准配置	6
14.更衣室标准配置	6
15.治疗、处置室标准配置	6
16.仓库、药库标准配置	6
17.会议、示教、会诊室标准配置	3
18.公共区域标准配置	5
19.输液区标准配置	1
20.分诊和导诊服务处	4
21.抢救室标准配置	4
22.污洗、清洗标准配置	4
23.手术室标准配置	2
24.手术辅助用房标准配置	2
25.门诊手术室更衣室配置	1
26.仪器室标准配置	2
27.监护室、观察室标准配置	4
(二)特诊科配置	
1.特诊室标准配置	10

续表

序号	单元数量
2.主任办公室标准配置	1
3.护士长办公室标准配置	1
4.等候区标准配置	1
5.护士站标准配置	1
6.办公室标准配置	1
7.休息、值班室标准配置	1
8.更衣室标准配置	1
9.治疗、处置室标准配置	1
10.仓库、药库标准配置	1
五、医技楼	
(一)手术室基本配置	
1.护士长办公室	1
2.护士站	1
3.麻醉主任办公室标准配置	1
4.麻醉医生办公室	1
5.麻醉信息站	1
6.医护值班室	4
7.男更衣室配置	1
8.女更衣室配置	1
9.医生休息及餐厅	1
10.会议示教室	1
11.换床厅	1
12.术前物品库房	1
13.库房	1
14.杂物室	1
15.仪器室	1
16.手术物品准备间	1
17.病理取材	1
18.麻醉复苏室	1
19.术前麻醉准备间	1
20.消毒间	1
21.手术间标准配置	1
22.谈话间	1
23.手术被服及手术巾	1

续表

序号	单元数量
（二）输血科基本配置	
1.发血室	1
2.配血室	1
3.实验室	1
4.储血室	1
5.处置室	1
6.库房	1
7.医生办公室	1
8.主任办公室标准配置	1
9.值班室	1
10.更衣室标准配置	1
（三）供应室基本配置	
1.仓库	1
2.污物接收处	1
3.发放大厅	1
4.一次性未开箱物品库房	1
5.一次性灭菌物品、无菌物品存放间	1
6.低温灭菌间	1
7.清洗间	1
8.办公室	1
9.值班室	1
10.更衣室标准配置	1
11.敷料间及包装间	1
12.质控间	1
13.去污区	1
14.洗手间	1
（四）B超科	
1.B超检查室	10
2.B超等候区	1
3.B超登记室	1
4.B超男女值班室	2
5.更衣室标准配置	1
6.B超库房	1
7.主任办公室标准配置	1

续表

序号	单元数量
8.医生办公室	1
（五）心功能科	
1.检查室	9
2.等候区	1
3.登记室	1
4.更衣室标准配置	1
5.库房	1
6.主任办公室标准配置	1
7.医生办公室	1
（六）检验科基本配置	
1.冷藏试剂室	1
2.微生物室	4
3.体液检测	1
4.扩增室	4
5.样本处理区	1
6.试剂准备	1
7.生化免疫室	1
8.HIV室	1
9.临检室	1
10.血液/细胞室	1
11.主任办公室标准配置	1
12.医生值班室	1
13.更衣室标准配置	1
14.库房	1
15.等候区	1
（七）病理科基本配置	
1.更衣室标准配置	1
2.主任办公室标准配置	1
3.诊断室	1
4.切片室	1
5.免疫特染室	1
6.染片室	1
7.冰冻切片室	1
8.取材室	1

续表

序号	单元数量
9.标本室	1
10.库房	1
11.资料室	1
12.接收室	1
13.细胞室	1
14.细胞诊断室	1
15.扩增室（PCR）	3
16.荧光显微镜室	1
17.医生办公室	1
（八）药剂科基本配置	
1.主任办公室标准配置	1
2.药剂师办公室	1
3.值班室	2
4.更衣室标准配置	2
5.库房	1
6.卫生间	2
7.淋浴间	2
8.门急诊药房	1
9.中心药房标准配置	1
10.静脉配液中心	1
（1）静脉输液配置二级常温库	1
（2）静脉输液配置二级阴凉库	1
（3）静脉输液配置耗材间	1
（4）静脉输液配置撕包间	1
（5）排药准备间	1
（6）普通清洁间	1
（7）更衣室	1
（8）审方、打印室	1
（9）值班室	1
（10）抗生素配制间	1
（11）成品外送区	1
（12）普通药配置间	1
（九）放射科基本配置	
1.医生办公室	1

续表

序号	单元数量
2.值班室	2
3.DSA室设备间	2
4.DSA室检查室	6
5.DSA室抢救及恢复观察室	2
6.DSA室谈话室	2
7.DSA室更衣室标准配置	4
8.MR设备间	1
9.MR检查室	1
10.CT室设备间	2
11.CT室检查室	2
12.DR室	6
13.主任办公室标准配置	1
14.护士站/登记室	1
15.放射科更衣室标准配置	1
16.库房	1
（十）腔镜中心	
1.主任办公室	1
2.值班室	1
3.更衣室标准配置	1
4.库房	1
5.等候区	1
6.登记室	1
7.报告室及资料室	1
8.检查准备间	1
9.诊室	1
10.检查室	8
11.器械室	1
12.会诊室	1
13.恢复室	1
14.清洗室	1
15.镜室	1
（十一）核医学科	
1.登记室	1
2.诊室	2

续表

序号	单元数量
3.医生办公室	1
4.更衣室标准配置	1
5.示教室	1
6.输药前候诊区	1
7.检查室	1
8.输药后候诊区	1
9.高活动区	1
10.分装注射室	1
(十二)信息中心	
1.电脑培训室	1
2.介质库	2
3.计算机工程师办公室	1
4.示教室	1
六.行政办公楼	
1.行政接待室	4
2.中办公室	12
3.院领导办公室	5
4.行政管理办公区域	4
5.行政管理办公单元	56
6.信访办、警务室	1
(1)办公区域配置	1
(2)扩声系统	1
(3)有线会议讨论系统	1
(4)视频显示系统	1
(5)中央控制系统	1
(6)其他辅材	1
7.档案室	1
8.财务办公室	2
9.办事人员等候区	1
10.陈列室	1
11.活动室	1
12.公共区域(一楼大堂)	1
13.行政仓库(1间)	1
14.设备仓库(1间)	1

续表

序号	单元数量
15.图书馆	1
16.病案室	1
17.六楼会议室（1间）	1
（1）基本配置	1
（2）扩声系统	1
（3）视频显示系统	1
（4）中央控制系统	1
（5）教学系统	1
（6）冷光源摄照系统	1
（7）其他辅材	1
18.中山纪念堂	1
（1）基本配置	1
（2）扩声系统	1
（3）音频控制系统	1
（4）传声及音源设备	1
（5）视频显示系统	1
（6）舞台灯光系统	1
（7）舞台机械系统	1
19.A类专家宿舍	2
20.B类员工宿舍（14间，1间6人）	14
21.行政工勤人员工作服（300人）	300
22.行政工勤人员床上用品（1.50米 × 2米）	150
23.行政工勤人员床上用品（高低值班床1.20米 × 2米）	150
24.全院宣教设备、设施配置	1
25.信息公共区域物资	1
七、厨房设施	
（一）负一楼厨房配置	
1.餐车清洗、餐车存放间	1
2.厨房设备给水、电源接驳	1
（二）负一楼营养食堂设施	
1.主副食库、收货区	1
2.粗加工间（蔬菜、肉类、鱼禽类）	1
3.检验室	1
4.切配区	1

续表

序号	单元数量
5.热厨、蒸煮、煲汤区	1
6.面点制作间、烘烤区	1
7.售卖间、预进间、明档	1
8.洗碗、消毒间	1
9.熟食间	1
10.营养配餐、预进间	1
11.肠内营养操作间	1
12.肠内营养配制间	1
13.水、电、燃气接驳	1
14.营养食堂就餐设施和办公	1
（三）负一楼营养食堂餐区	
1.营养食堂用餐具	1
2.烧腊部餐具	1
（四）负一楼职工食堂厨区	
1.仓库、冷库	1
2.粗加工间（蔬菜、鱼肉类加工）	1
3.切配区	1
4.热厨、蒸煮、煲汤区	1
5.面点制作、烘烤间	1
6.腌制间、烧腊间	1
7.备餐间	1
8.洗碗、消毒间	1
9.售卖间、预进间	1
10.明档、专家备餐间	1
11.配餐间、预进间	1
12.水、电、燃气接驳	1
13.职工食堂就餐设施和办公配置	1
（五）负一楼职工食堂餐区	
1.职工饭堂餐具	1
2.包间餐厅用具6套	1
3.厨房瓷器——点心房	1
4.厨房瓷器——炒锅	1
5.厨房瓷器——烧味	1
6.厨房瓷器——上什	1

续表

序号	单元数量
7.后勤用具	1
8.中厨散件	1
9.点心部	1
（六）门诊病人备餐区配置（一层）	
1.售卖区	1
2.周转区	1
（七）门诊病人备餐区配置（二层）	
1.售卖区	1
2.制作间	1
3.粉房	1
4.洗碗、消毒间	1
5.粗加工	1
八、太平间	
九、全院消防设备	
十、标识	
十一、家私监理费	

第五节　新建社康机构案例参考

社区健康服务机构筹建基本工作与医疗卫生机构筹建原则上保持一致，政府举办的社区健康服务机构开办费纳入其举办主体新建（改、扩建）政府投资项目投入范围一并安排。在分级诊疗制度下，社区健康服务机构运营补助标准按不低于公立医院标准执行。

深圳市社区健康服务机构设置标准中，社区医院具有床位设置要求（不少于50张，业务用房建筑面积不少于4500平方米），社康中心、社康站无床位设置要求，本节主要以新建社康中心（面积不少于1400平方米）为例。社区医疗机构可参照新建综合医院相应功能单元（住院部、门急诊、医技、行政综合、临床教学示范基地、全科医学技能培训中心等）标准配置，其中预防接种门诊设置应当由符合《广东省接种单位管理工作指引（2020版）》《广东省预防接种门诊管理指引（2020版）》《广东省各类接种门诊标识与门头设计参考标准》等现行文件要求（表7-5-1）。

深圳市社区健康服务机构设置标准　　**表 7-5-1**

功能单元	社区医院			社康中心			社康站			备注
	最小单元数	单元最小面积（平方米）	最小面积合计（平方米）	最小单元数	单元最小面积（平方米）	最小面积合计（平方米）	最小单元数	单元最小面积（平方米）	最小面积合计（平方米）	
一、预防保健科室	12	174	186	12	174	186	—	—	—	社区医院、社康中心必须设置
预防接种门诊诊室	1	10	10	1	10	10	—	—	—	
候诊区	1	25	25	1	25	25	—	—	—	
咨询登记	1	28	28	1	28	28	—	—	—	
接种区	1	10	10	1	10	10	—	—	—	
观察区	1	25	25	1	25	25	—	—	—	
处置区	1	7	7	1	7	7	—	—	—	
冷链区	1	15	15	1	15	15	—	—	—	
健康教育室	1	12	12	1	12	12	—	—	—	
妇女保健室	1	18	18	1	18	18	—	—	—	
儿童保健室	2	12	24	2	12	24	—	—	—	
计划生育技术服务室	1	12	12	1	12	12	—	—	—	
二、发热诊室	7	85	85	7	85	85	4	36	36	必须设置
预检分诊室（台）	1	—	—	1	—	—	1	—	—	必须设置
诊室	1	12	12	1	12	12	1	12	12	必须设置
隔离留观室	1	12	12	1	12	12	1	12	12	必须设置
发热患者独立卫生间	1	12	12	1	12	12	1	12	12	必须设置
候诊区（有条件可选）	1	25	25	1	25	25	—	—	—	选择设置
检验室（有条件可选）	1	12	12	1	12	12	—	—	—	选择设置
药房（有条件可选）	1	12	12	1	12	12	—	—	—	选择设置

续表

功能单元	社区医院			社康中心			社康站			备注
	最小单元数	单元最小面积（平方米）	最小面积合计（平方米）	最小单元数	单元最小面积（平方米）	最小面积合计（平方米）	最小单元数	单元最小面积（平方米）	最小面积合计（平方米）	
三、全科医学科	6	24	72	7	36	84	3	36	36	必须设置
全科医学门诊诊室	5	12	60	3	12	36	1	12	12	必须设置
家庭医生服务室	1	12	12	1	12	12	1	12	12	必须设置
专科医生工作室	—	—	—	3	12	36	1	12	12	必须设置
四、内科	1	12	12	—	—	—	—	—	—	社区医院必须设置
门诊诊室	1	12	12	—	—	—	—	—	—	社区医院必须设置
五、急诊医学科（急诊室）	2	60	60	2	60	60	—	—	—	社区医院、社康中心必须设置
综合性急诊诊室	1	30	30	1	30	30	—	—	—	社区医疗、社康中心必须设置
抢救区/抢救室	1	30	30	1	30	30	—	—	—	社区医院、社康中心必须设置
六、康复医学科（参照二级医院）	6	—	—	—	—	—	—	—	—	社区医院、社康中心必须设置
门诊诊室	1	—	—	—	—	—	—	—	—	社区医院必须设置
物理治疗室	1	—	—	—	—	—	—	—	—	社区医院必须设置

续表

功能单元	社区医院			社康中心			社康站			备注
	最小单元数	单元最小面积（平方米）	最小面积合计（平方米）	最小单元数	单元最小面积（平方米）	最小面积合计（平方米）	最小单元数	单元最小面积（平方米）	最小面积合计（平方米）	
作业治疗室	1	—	—	—	—	—	—	—	—	社区医院必须设置
言语治疗室	1	—	—	—	—	—	—	—	—	社区医院必须设置
传统康复治疗室	1	—	—	—	—	—	—	—	—	社区医院必须设置
康复工程室	1	—	—	—	—	—	—	—	—	社区医院必须设置
七、中医综合服务区	7	30	120	2	30	30	1	10	10	社区医院、社康中心必须设置
中医诊室	2	10	20	1	10	10	1	10	10	必须设置
治疗室	5	20	100	1	20	20	—	—	—	社区医院、社康中心必须设置
八、精神科（临床心理专业）	1	12	12	1	12	12	1	12	12	必须设置
心理咨询门诊诊室	1	12	12	1	12	12	1	12	12	必须设置
九、医学检验科（区）	1	—	—	1	—	—	1	—	—	社区医院、社康中心必须设置
检验室	1	—	—	1	—	—				
十、医学影像科（区）	2	—	—	2	—	—	2	—	—	必须设置

续表

功能单元	社区医院			社康中心			社康站			备注
	最小单元数	单元最小面积（平方米）	最小面积合计（平方米）	最小单元数	单元最小面积（平方米）	最小面积合计（平方米）	最小单元数	单元最小面积（平方米）	最小面积合计（平方米）	
B超室	1	—	—	1	—	—	1	—	—	社区医院、社康中心必须设置
心电图室	1	—	—	1	—	—	1	—	—	必须设置
十一、其他医技及辅助科室	12	20	20	13	32	44	7	12	12	必须设置
西（中）药房	1	—	—	1	—	—	1			必须设置
治疗室	1	—	—	1	—	—	1			必须设置
换药室	1	—	—	1	—	—	—			社区医院、社康中心必须设置
处置室	1	—	—	1	—	—	1			必须设置
注射室	1	—	—	1	—	—	—			必须设置
输液室	1	—	—	不得设置	不得设置	不得设置	不得设置	不得设置	不得设置	社区医院必须设置
手术室	1	20	20	1	20	20	—	—	—	选择设置
观察室（区）	1	—	—	1	—	—	1	—	—	必须设置
日间观察床	—	—	—	2	12	24	1	12	12	社康中心、社康站必须设置
候诊室（区）	1	—	—	1	—	—	—	—	—	社区医院、社康中心必须设置

续表

功能单元	社区医院			社康中心			社康站			备注
	最小单元数	单元最小面积（平方米）	最小面积合计（平方米）	最小单元数	单元最小面积（平方米）	最小面积合计（平方米）	最小单元数	单元最小面积（平方米）	最小面积合计（平方米）	
挂号收费室	1	—	—	1	—	—	—	—	—	社区医院、社康中心必须设置
医疗废物暂存间	1	—	—	1	—	—	1	—		必须设置
洁具清洁间	1	—	—	1	—	—	1	—		必须设置
十二、口腔科（多选四之一）	3	21	30	—	—	—	—	—	—	选择设置
口腔诊室	1	12	12	—	—	—	—	—	—	选择设置
口腔综合治疗台	2	9	18	—	—	—	—	—	—	选择设置
十三、外科（多选四之一）	1	12	12	—	—	—	—	—	—	选择设置
诊室	1	12	12	—	—	—	—	—	—	选择设置
十四、妇产科（妇科专业）（多选四之一）	1	12	12	—	—	—	—	—	—	选择设置
诊室	1	12	12	—	—	—	—	—	—	选择设置
十五、儿科（多选四之一）	1	12	12	—	—	—	—	—	—	选择设置
诊室	1	12	12	—	—	—	—	—	—	选择设置
十六、眼科（多选四之一）	1	12	12	—	—	—	—	—	—	选择设置
诊室	1	12	12	—	—	—	—	—	—	选择设置
十七、耳鼻喉科（多选四之一）	1	12	12	—	—	—	—	—	—	选择设置
诊室	1	12	12	—	—	—	—	—	—	选择设置
十八、临终关怀（多选四之一）	4	12	12	—	—	—	—	—	—	选择设置
门诊诊室	1	12	12	—	—	—	—	—	—	选择设置

续表

功能单元	社区医院			社康中心			社康站			备注
	最小单元数	单元最小面积（平方米）	最小面积合计（平方米）	最小单元数	单元最小面积（平方米）	最小面积合计（平方米）	最小单元数	单元最小面积（平方米）	最小面积合计（平方米）	
床位	—	—	—	—	—	—	—	—	—	选择设置
关怀室	1	—	—	—	—	—	—	—	—	选择设置
家属陪护室	1	—	—	—	—	—	—	—	—	选择设置
教学区	1	—	—	—	—	—	—	—	—	选择设置
十九、职能科室/公共区域	9	—	—	2	—	—	—	—	—	社区医院、社康中心必须设置
综合办公室（党建办公室）	1	—	—	—	—	—	—	—	—	社区医院必须设置
医务科（质管科）	1	—	—	—	—	—	—	—	—	社区医院必须设置
护理科	1	—	—	—	—	—	—	—	—	社区医院必须设置
院感科	1	—	—	—	—	—	—	—	—	社区医院必须设置
公共卫生管理科	1	—	—	—	—	—	—	—	—	社区医院必须设置
财务资产科	1	—	—	—	—	—	—	—	—	社区医院必须设置
信息科（健康信息管理室）	1	—	—	1						社区医院、社康中心必须设置

续表

功能单元	社区医院			社康中心			社康站			备注
	最小单元数	单元最小面积（平方米）	最小面积合计（平方米）	最小单元数	单元最小面积（平方米）	最小面积合计（平方米）	最小单元数	单元最小面积（平方米）	最小面积合计（平方米）	
培训教室	1	—	—	1						社区医院、社康中心必须设置
会议室	1	—	—	—						选择设置
二十、住院部（参照一级医院）	53	—	—	不得设置	不得设置	不得设置	不得设置	不得设置	不得设置	社区医院必须设置
床位（老年、康复、护理、安宁疗护为主）	50	—	—	—	—	—	—	—	—	社区医院必须设置
医生办公室	1	—	—	—	—	—	—	—	—	社区医院必须设置
护理站	1	—	—	—	—	—	—	—	—	社区医院必须设置
康复治疗区	1	—	—	—	—	—	—	—	—	社区医院必须设置

第六节 门急诊医技类功能单元配置案例参考

功能单元配置案例参考见表7-6-1。

门急诊医技类功能单元配置表 表7-6-1

序号	名称	配置名称	数量	分类
1	分诊台及候诊区	分诊台	1	家具
		职员椅	1	家具
		台式电脑	1	信息化设备
		条码打印机	1	办公自动化设备
		黑白激光打印机	1	办公自动化设备
		电话机	2	办公自动化设备
		吊挂架	3	办公自动化设备
		号票打印机	1	办公自动化设备
		饮水机	1	电器设备
		不锈钢排挂钩	1	其他物资
		垃圾桶（生活、医疗）	2	其他物资
		候诊椅	25	家具
		电子血压计	2	医疗设备、器械
		水银血压计	2	医疗设备、器械
		听诊器	2	医疗设备、器械
		电子测温仪	2	医疗设备、器械
		轮椅	2	医疗设备、器械
		人体磅秤	1	医疗设备、器械
2	挂号收费（2位）	职员椅	2	家具
		职员桌	2	家具
		卷帘及轨道	2	窗帘
		台式电脑	2	办公自动化设备
		黑白激光打印机	2	办公自动化设备
		条码打印机	2	办公自动化设备
		针式打印机	2	办公自动化设备
		电话机	1	办公自动化设备
		吊挂架	2	办公自动化设备
		条码阅读器	1	信息化设备

续表

序号	名称	配置名称	数量	分类
2	挂号收费（2位）	医生叫号器	1	信息化设备
		42英寸医疗导引终端	1	信息化设备
		身份证读卡器	1	信息化设备
		社保卡读卡器	1	信息化设备
		刷卡器	1	信息化设备
		数字显示器	1	信息化设备
		点验钞机	2	电器设备
		保险柜	1	后勤物资
		小票打印机	2	办公自动化设备
		扩音器	2	电器设备
3	药房及发药窗口（4位）	药柜	30	家具
		货架	30	家具
		操作台	3	家具
		职员桌	4	家具
		职员椅	4	家具
		卷帘及轨道	4	窗帘
		台式电脑	4	办公自动化设备
		黑白激光打印机	4	办公自动化设备
		手持式二维码阅读器	4	办公自动化设备
		药品追溯二维码标签	按需	办公自动化设备
		针式打印机	4	办公自动化设备
		条码打印机	4	办公自动化设备
		电话机	4	办公自动化设备
		吊挂架	3	办公自动化设备
		垃圾桶（生活、医疗）	2	其他物资
		药篮	按需	其他物资
		保险柜	1	后勤物资
4	普通诊室	诊桌	1	家具
		诊椅	1	家具
		窗帘及轨道	1	窗帘
		隔帘及轨道	1	窗帘
		患者椅	1	家具
		一体化诊查床	1	家具
		台式电脑	1	办公自动化设备

续表

序号	名称	配置名称	数量	分类
4	普通诊室	条码打印机	1	办公自动化设备
		黑白激光打印机	1	办公自动化设备
		电话机	1	办公自动化设备
		垃圾桶（生活、医疗）	2	其他物资
		排插	1	电器设备
5	急诊抢救室（13床）	治疗柜	4	家具
		一体化诊查床	13	家具
		隔帘及轨道	13	窗帘
		轮椅	4	医疗设备、器械
		病历夹车	1	医疗设备、器械
		简易气管插管喉镜	8	医疗设备、器械
		光纤气管插管喉镜	2	医疗设备、器械
		简易呼吸器	15	医疗设备、器械
		舌钳	15	医疗设备、器械
		电子体温计	3	医疗设备、器械
		体温计	15	医疗设备、器械
		笔式电筒	15	医疗设备、器械
		便携式氧气瓶	8	医疗设备、器械
		负压吸引表	15	医疗设备、器械
		氧气流量表	15	医疗设备、器械
		体重秤	1	医疗设备、器械
		听诊器	15	医疗设备、器械
		药物振荡器	1	医疗设备、器械
		医用过床易	2	医疗设备、器械
		抢救车	2	医疗设备、器械
		治疗车	4	医疗设备、器械
		床单位消毒机	2	医疗设备、器械
		晨间护理车	1	医疗设备、器械
		微量注射泵	10	医疗设备、器械
		输液泵	10	医疗设备、器械
		垃圾桶（生活、医疗）	15	其他物资
		LED观片灯（四联）	1	办公自动化设备
		保险柜	1	后勤物资
		饮水机	1	电器设备
		排插	5	电器设备

续表

序号	名称	配置名称	数量	分类
6	输液室（27位）	输液椅	27	家具
		白板	1	其他物资
		垃圾桶（生活、医疗）	20	其他物资
		方形篮	500	其他物资
		污物桶	4	其他物资
		扩音器	1	电器设备
		圆凳	6	家具
		台式电脑	2	办公自动化设备
		黑白激光打印机	2	办公自动化设备
		条码打印机	2	办公自动化设备
		电话机	1	办公自动化设备
		吊挂架	2	办公自动化设备
		塑胶板夹	100	医疗设备、器械
		开口器	2	医疗设备、器械
		开瓶器	10	医疗设备、器械
		病人轮椅	2	医疗设备、器械
		治疗车	3	医疗设备、器械
		体温计	40	医疗设备、器械
		电子体温计	10	医疗设备、器械
		电子血压计	2	医疗设备、器械
		水银血压计	2	医疗设备、器械
		体重秤	1	医疗设备、器械
		听诊器	5	医疗设备、器械
		药物振荡器	1	医疗设备、器械
		微量注射泵	1	医疗设备、器械
		小儿血压计	1	医疗设备、器械
		电子测温枪	2	医疗设备、器械
		负压吸引表	15	医疗设备、器械
		氧气流量表	15	医疗设备、器械
		条码阅读器	2	信息化设备
		医生叫号器	1	信息化设备
		55英寸医疗导引终端	2	信息化设备
		输液服务终端	27	信息化设备

续表

序号	名称	配置名称	数量	分类
6	输液室（27位）	液晶电视	1	电器设备
		饮水机	1	电器设备
7	肌注室（7位）	肌注台	7	家具
		座椅	7	家具
		患者椅	7	家具
		隔帘及轨道	7	窗帘
		开瓶器	10	医疗设备、器械
		电子测温枪	2	医疗设备、器械
		紫外线消毒车	1	医疗设备、器械
		移动输液架	12	医疗设备、器械
		垃圾桶（生活、医疗）	10	其他物资
		方形篮	30	其他物资
		污物桶	5	其他物资
8	配药室	治疗柜	1	家具
		电话机	1	办公自动化设备
		垃圾桶（生活、医疗）	2	其他物资
		亚克力手套盒	2	医疗设备、器械
		药物分类盒	30	医疗设备、器械
		送药车	2	医疗设备、器械
		开瓶器	2	医疗设备、器械
		药物振荡器	1	医疗设备、器械
		开口器	2	医疗设备、器械
		紫外线消毒机	1	医疗设备、器械
		药品柜	1	医疗设备、器械
		抽湿机	1	电器设备
		方形篮	100	其他物资
		污物桶	4	其他物资
9	诊疗治疗室	治疗柜	1	家具
		一体化诊查床	1	家具
		不锈钢清洗池	1	家具
		排插	2	电器设备
		亚克力手套盒	2	医疗设备、器械
		立式单头灯	1	医疗设备、器械

续表

序号	名称	配置名称	数量	分类
9	诊疗治疗室	器械柜	1	医疗设备、器械
		拆线剪	10	医疗设备、器械
		治疗车+锐器盒架、垃圾盒（2个）架	1	医疗设备、器械
		不锈钢治疗盘（中）	2	医疗设备、器械
		不锈钢治疗盘（小）	10	医疗设备、器械
		温湿度监控器	1	医疗设备、器械
		开瓶器	2	医疗设备、器械
		垃圾桶（生活、医疗）	2	其他物资
		污物桶	2	其他物资
		屏风	1	其他物资
		二联液晶观片灯	1	办公自动化设备
10	雾化室	雾化椅	15	家具
		吊挂架	1	办公自动化设备
		IP网络护士触控话机	1	信息化设备
		55英寸候诊导引终端	2	信息化设备
		开瓶器	5	医疗设备、器械
		电子血压计	2	医疗设备、器械
		体温计	20	医疗设备、器械
		电子测温枪	2	医疗设备、器械
		治疗车	1	医疗设备、器械
		负压吸引表	1	医疗设备、器械
		吸氧表	1	医疗设备、器械
		超声雾化器	2	医疗设备、器械
		垃圾桶（生活、医疗）	5	其他物资
		方形篮	50	其他物资
11	留观室（17床）	单键呼叫器	17	办公自动化设备
		吊挂架	1	办公自动化设备
		病房多功能交互电视	6	电器设备
		可消毒床垫	3	医疗设备、器械
		输液轨带伸缩杆	3	医疗设备、器械
		电子血压计	2	医疗设备、器械
		听诊器	5	医疗设备、器械
		电子血压计	2	医疗设备、器械

续表

序号	名称	配置名称	数量	分类
11	留观室（17床）	水银血压计	1	医疗设备、器械
		电子测温枪	2	医疗设备、器械
		体温计	40	医疗设备、器械
		病人轮椅	1	医疗设备、器械
		医用过床易	1	医疗设备、器械
		床单位消毒机	1	医疗设备、器械
		垃圾桶（生活、医疗）	2	其他物资
		窗帘及轨道	2	窗帘
		饮水机	1	电器设备
		病床	17	家具
12	急诊复合手术室	职员桌	2	家具
		职员椅	2	家具
		台式电脑	1	办公自动化设备
		条码打印机	1	办公自动化设备
		黑白激光打印机	1	办公自动化设备
		电话机	1	办公自动化设备
		条码阅读器	1	信息化设备
		可升降手术凳	2	医疗设备、器械
		器械台车（大）	2	医疗设备、器械
		电动手术器械托盘	1	医疗设备、器械
		截石位减压脚架	2	医疗设备、器械
		闭合性减压头圈	2	医疗设备、器械
		开放性头圈	2	医疗设备、器械
		凹形体位垫	2	医疗设备、器械
		半圆形体位垫	2	医疗设备、器械
		体部规定带	2	医疗设备、器械
		俯卧头垫	2	医疗设备、器械
		俯卧位体垫	2	医疗设备、器械
		膝关节固定带	2	医疗设备、器械
		跟骨垫	2	医疗设备、器械
		斜坡垫	2	医疗设备、器械
		通用减压方垫	2	医疗设备、器械
		减压胸腹垫	2	医疗设备、器械

续表

序号	名称	配置名称	数量	分类
12	急诊复合手术室	减压柱状垫	2	医疗设备、器械
		侧卧位挡板	2	医疗设备、器械
		冰帽	2	医疗设备、器械
		麻醉车	1	医疗设备、器械
		输液加温仪	2	医疗设备、器械
		加压袋	1	医疗设备、器械
		负压吸引表	1	医疗设备、器械
		氧气流量表	1	医疗设备、器械
		垃圾桶（生活、医疗）	2	其他物资
		垃圾分装污物车	1	其他物资
13	EICU病房（11床）	垃圾桶	11	其他物资
		隔帘及轨道	11	窗帘
		防褥性床垫	11	医疗设备、器械
		硅胶简易复苏器	11	医疗设备、器械
		气管插管喉镜	11	医疗设备、器械
		血压计	11	医疗设备、器械
		听诊器	11	医疗设备、器械
		开口器	11	医疗设备、器械
		舌钳	11	医疗设备、器械
		电子体温计	10	医疗设备、器械
		体温计	50	医疗设备、器械
		笔式电筒	11	医疗设备、器械
		移动文书记录车	11	医疗设备、器械
		减压头圈	6	医疗设备、器械
		微量注射泵	11	医疗设备、器械
		输液泵	11	医疗设备、器械
		病房探视终端	2	信息化设备
		音频采集功放单元	1	信息化设备
		医用触摸显示单元	2	信息化设备
		视频采集处理模块	1	信息化设备
		专用无线AP	2	信息化设备
		医用探视推车	1	医疗设备、器械
		IP网络病床触控一体机	11	信息化设备

续表

序号	名称	配置名称	数量	分类
13	EICU病房（11床）	单键呼叫手柄	11	信息化设备
		网络中控器	4	信息化设备
		挂钟	1	办公自动化设备
		电话机	1	办公自动化设备
14	护士站	职员椅	3	家具
		台式电脑	1	办公自动化设备
		黑白激光打印机	1	办公自动化设备
		针式打印机	1	办公自动化设备
		条码打印机	1	办公自动化设备
		电话机	1	办公自动化设备
		吊挂架	2	办公自动化设备
		条码阅读器	1	信息化设备
		探视管理主机	1	信息化设备
		护理信息显示终端	2	信息化设备
		智能集中供电控制器	1	信息化设备
		IP网络护士触控话机	1	信息化设备
		人体磅秤	1	医疗设备、器械
		电子血压计	2	医疗设备、器械
		血压计	1	医疗设备、器械
		听诊器	2	医疗设备、器械
		过床易	3	医疗设备、器械
		病历车（双列40格带病历夹）	1	医疗设备、器械
		不锈钢排挂钩	1	其他物资
		垃圾桶（生活、医疗）	2	其他物资
15	处置室	处置柜	1	家具
		一体化诊查床	1	家具
		亚克力手套盒	2	医疗设备、器械
		立式单头灯	1	医疗设备、器械
		拆线剪	10	医疗设备、器械
		治疗车+锐器盒架、垃圾盒（2个）架	1	医疗设备、器械
		不锈钢治疗盘（中）	2	医疗设备、器械
		不锈钢治疗盘（小）	10	医疗设备、器械
		开瓶器	2	医疗设备、器械

续表

序号	名称	配置名称	数量	分类
15	处置室	污物桶（60L）	2	其他物资
		垃圾桶（生活、医疗）	2	其他物资
		排插	1	电器设备
		屏风	1	其他物资
16	器械库	货架	6	后勤物资
		整理箱	5	其他物资
		整理箱	20	其他物资
		整理箱	20	其他物资
		垃圾桶	1	其他物资
		双层推车	2	医疗设备、器械
		不锈钢运物推车	2	医疗设备、器械
		病人轮椅	2	医疗设备、器械
		床单位消毒机	1	医疗设备、器械
		负压吸引表	1	医疗设备、器械
		吸氧表	1	医疗设备、器械
		简易气管插管喉镜	2	医疗设备、器械
		光纤气管插管喉镜	1	医疗设备、器械
		简易呼吸器	2	医疗设备、器械
		听诊器	10	医疗设备、器械
		气压止血带	10	医疗设备、器械
		活动架梯	1	后勤物资
		污物桶	2	其他物资
		提物篮	20	其他物资
17	高压氧舱治疗厅	电话机	1	办公自动化设备
		抢救车	1	医疗设备、器械
		气管插管喉镜	1	医疗设备、器械
		简易呼吸器	1	医疗设备、器械
		器械柜	1	医疗设备、器械
		治疗车	1	医疗设备、器械
		抢救车	1	医疗设备、器械
		垃圾桶（生活、医疗）	2	其他物资
18	通用检验室（内镜、心电、B超等）	诊桌	2	家具
		诊椅	2	家具

续表

序号	名称	配置名称	数量	分类
18	通用检验室（内镜、心电、B超等）	患者椅	2	家具
		一体化诊查床	2	家具
		隔帘及轨道	2	窗帘
		治疗车	1	医疗设备、器械
		器械柜	1	医疗设备、器械
		麻醉车	1	医疗设备、器械
		19英寸医疗导引终端	1	信息化设备
		医生叫号器	1	信息化设备
		台式电脑	2	办公自动化设备
		条码打印机	2	办公自动化设备
		电话机	2	办公自动化设备
		垃圾桶（生活、医疗）	2	其他物资
19	病人准备间	病床	2	家具
		患者椅	9	家具
		垃圾桶（生活、医疗）	2	其他物资
20	病人复苏室	处置柜	2	家具
		病床	6	家具
		负压吸引表	6	医疗设备、器械
		氧气流量表	6	医疗设备、器械
		器械柜	1	医疗设备、器械
		药品柜	1	医疗设备、器械
		抢救车	1	医疗设备、器械
		负压吸引表	6	医疗设备、器械
		垃圾桶（生活、医疗）	2	其他物资
21	器械清洗消毒间	不锈钢清洗台	1	家具
		提物篮	10	其他物资
		高压水枪	2	其他物资
		高压气枪	2	其他物资
22	采血/标本接收窗口	诊桌	1	家具
		诊椅	1	家具
		台式电脑	1	办公自动化设备
		条码打印机	1	办公自动化设备
		黑白激光打印机	1	办公自动化设备

续表

序号	名称	配置名称	数量	分类
22	采血/标本接收窗口	垃圾桶（生活、医疗）	1	其他物资
		吊挂架	1	办公自动化设备
		条码阅读器	1	信息化设备
		试管架	100	医疗设备、器械
		标本存储柜	2	家具
		标本转运推车	2	其他物资
23	实验室	办公桌	1	家具
		办公椅	1	家具
		台式电脑	1	家具
		黑白激光打印机	1	家具
		电话	1	办公自动化设备
		冷柜	1	电器设备
		实验台	1	家具
		实验椅	1	家具
		边台	1	家具
		处置柜	1	家具
		线槽	1	家具
		PP水盆+三联水嘴	1	家具
24	控制室（CT/DSA/MRI等）	办公桌	3	家具
		办公椅	3	家具
		文件柜	3	家具
		台式电脑	3	办公自动化设备
		黑白激光打印机	3	办公自动化设备
		电话机	3	办公自动化设备
		条码阅读器	1	信息化设备
		可升降手术凳	2	医疗设备、器械
		器械台车（大）	2	医疗设备、器械
		电动手术器械托盘	1	医疗设备、器械
		截石位减压脚架	2	医疗设备、器械
		闭合性减压头圈	2	医疗设备、器械
		开放性头圈	2	医疗设备、器械
		凹形体位垫	2	医疗设备、器械
		半圆形体位垫	2	医疗设备、器械

续表

序号	名称	配置名称	数量	分类
24	控制室（CT/DSA/MRI等）	体部规定带	2	医疗设备、器械
		俯卧头垫	2	医疗设备、器械
		俯卧位体垫	2	医疗设备、器械
		膝关节固定带	2	医疗设备、器械
		跟骨垫	2	医疗设备、器械
		斜坡垫	2	医疗设备、器械
		通用减压方垫	2	医疗设备、器械
		减压胸腹垫	2	医疗设备、器械
		减压柱状垫	2	医疗设备、器械
		侧卧位挡板	2	医疗设备、器械
		冰帽	2	医疗设备、器械
		麻醉车	1	医疗设备、器械
		输液加温仪	2	医疗设备、器械
		加压袋	1	医疗设备、器械
		负压吸引表	1	医疗设备、器械
		氧气流量表	1	医疗设备、器械
		垃圾桶（生活、医疗）	2	其他物资
25	机房（CT/DSA/MRI等）	办公桌	1	家具
		挂衣架	1	家具
		铅防护衣	2	医疗设备、器械
		铅防护眼镜	2	医疗设备、器械
		个人辐射监测仪	1	医疗设备、器械
		19英寸医疗导引终端	1	信息化设备
		垃圾桶（生活、医疗）	2	其他物资
26	阅片室（20位）	阅览桌	20	家具
		阅览椅	20	家具
		台式电脑	20	办公自动化设备
		医用阅片显示器	20	办公自动化设备
		彩色激光打印机	1	办公自动化设备
		黑白激光打印机	4	办公自动化设备
		电话机	4	办公自动化设备
		垃圾桶（生活、医疗）	2	其他物资
27	血库库房	货架	11	后勤物资

续表

序号	名称	配置名称	数量	分类
27	血库库房	整理箱	5	其他物资
		整理箱	20	其他物资
		整理箱	20	其他物资
		垃圾桶	1	其他物资
		温湿度监控器	1	其他物资
		抽湿机	1	电器设备
		不锈钢运物推车	2	其他物资
28	洗涤、消毒室	边台	1	家具
		PP大水盆+三联水嘴	2	家具
		桌上型洗眼器	1	家具
		多功能清洁工具车	1	其他物资
		不锈钢排挂钩	5	其他物资
		单桶单盖垃圾桶	4	其他物资
		多功能清洁工具车	2	其他物资
		垃圾桶	1	其他物资
29	试剂、耗材仓库	货柜	5	家具
		不锈钢货架（轨道式硬质容器存放架）	5	后勤物资
		不锈钢货架（篮筐存放架）	20	后勤物资
		不锈钢篮筐	80	其他物资
		冰柜	10	电器设备
		职员桌	6	家具
		职员椅	6	家具
		台式电脑	1	办公自动化设备
		黑白激光打印机	1	办公自动化设备
		标签打印机	1	办公自动化设备
		温湿度电子显示钟	1	办公自动化设备
		篮筐推车	4	其他物资
		活动架梯	1	后勤物资
		电话机	1	办公自动化设备
30	医护办公室（6人）	职员桌	6	家具
		职员椅	6	家具
		文件柜	6	家具
		窗帘及轨道	2	窗帘

续表

序号	名称	配置名称	数量	分类
30	医护办公室（6人）	台式电脑	6	办公自动化设备
		黑白激光打印机	1	办公自动化设备
		电话机	6	办公自动化设备
		垃圾桶（生活、医疗）	1	其他物资
31	单人办公室	班台	1	家具
		班椅	1	家具
		班前椅	2	家具
		背柜	1	家具
		沙发	1	家具
		茶几	1	家具
		台式电脑	1	办公自动化设备
		黑白激光打印机	1	办公自动化设备
		电话机	1	办公自动化设备
		垃圾桶（生活、医疗）	1	其他物资
		电热水壶	1	电器设备
		LED观片灯（二联）	1	办公自动化设备
32	更衣室	更衣柜	4	家具
		工作服挂衣架、钩（排）	4	其他物资
		更衣镜	2	家具
		污衣车	2	其他物资
33	值班室（双人间）	值班床	2	家具
		窗帘及轨道	1	窗帘
		电话机	1	办公自动化设备
		垃圾桶（生活、医疗）	1	其他物资
		更衣镜子	1	家具
		电热水壶	1	电器设备
		不锈钢排挂钩	1	其他物资
34	淋浴室	更衣柜（三门）	2	家具
		更衣镜	2	家具
		长条凳	1	家具
		工作服挂衣架、钩（排）	2	其他物资
		多层平台式货架	2	后勤物资
		污衣车	2	其他物资

续表

序号	名称	配置名称	数量	分类
34	淋浴室	电热水器	2	电器设备
		垃圾桶（生活、医疗）	2	其他物资
35	医护生活区	沙发	3	家具
		茶几	3	家具
		圆桌	3	家具
		休息椅	6	家具
		茶水柜	1	家具
		窗帘及轨道	2	窗帘
		电冰箱	1	电器设备
		微波炉	1	电器设备
		液晶电视	1	电器设备
		吊挂架	1	办公自动化设备
		垃圾桶（生活、医疗）	2	其他物资
		报刊架	1	其他物资
36	会议示教室	会议桌	1	家具
		会议椅	18	家具
		台式电脑	1	办公自动化设备
		黑白激光打印机	1	办公自动化设备
		折叠椅	20	家具
		讲台	1	家具
		文件柜	3	家具
		激光短焦互动投影	1	办公自动化设备
		四联液晶观片灯	1	办公自动化设备
		大白板	1	其他物资
		垃圾桶	1	其他物资
37	库房	货架	7	后勤物资
		整理箱	5	其他物资
		整理箱	20	其他物资
		整理箱	20	其他物资
		垃圾桶	1	其他物资
		抽湿机	1	电器设备
		双层推车	2	其他物资
		活动架梯	1	后勤物资

续表

序号	名称	配置名称	数量	分类
37	库房	污物桶	2	其他物资
		提物篮	20	其他物资
		不锈钢运物推车	2	其他物资
38	洁物库房	货架	3	后勤物资
		整理箱	5	其他物资
		整理箱	20	其他物资
		整理箱	20	其他物资
		不锈钢运物推车	1	其他物资
39	污物间	不锈钢清洗池	1	家具
		多功能清洁工具车	1	其他物资
		不锈钢排挂钩	5	其他物资
		单桶单盖垃圾桶	4	其他物资
		垃圾推车	2	其他物资
		污被服车	1	其他物资
		污物桶（放锐器盒60L）	1	其他物资
		污物桶（30L）	4	其他物资
40	公共卫生间	手机放置架	10	其他物资
		单钩	10	其他物资
		垃圾篓	10	其他物资
		卷纸架	10	其他物资
		挂钩（排）	10	其他物资
		擦手纸盒	1	其他物资
		垃圾桶	1	其他物资
		手部全自动感应烘干机	1	电器设备
		马桶刷	1	其他物资
41	走廊	垃圾桶	1	其他物资
		候诊椅	1	家具
		信息发布系统	1	信息化设备
		单面屏	1	信息化设备
		双面屏	1	信息化设备
		一键报警盒	1	信息化设备
		人脸门禁一体机	1	信息化设备
		窗帘及轨道	1	窗帘

续表

序号	名称	配置名称	数量	分类
42	电梯厅	垃圾桶	1	其他物资
		32英寸办公自动化设备展示终端	1	信息化设备
		雨伞架	1	其他物资
43	解剖室	操作台柜	2	家具
		外伤急救药箱	1	医疗设备、器械
		医用小推车	4	医疗设备、器械
		不锈钢医用方盘	4	医疗设备、器械
		搪瓷罐	4	医疗设备、器械
		搪瓷大白托盘	4	医疗设备、器械
		紫外消毒灯	6	医疗设备、器械
		不锈钢实验椅（可升降）	8	医疗设备、器械
		不锈钢标本存放架	4	医疗设备、器械
		药品柜	2	医疗设备、器械
		器械柜	2	医疗设备、器械
		标本架	2	医疗设备、器械
		磨口瓶	5	医疗设备、器械
		电动开颅锯	2	医疗设备、器械
		带标尺取材板	4	医疗设备、器械
		医用冰箱	2	医疗设备、器械
		电子温湿度监控器	2	医疗设备、器械
		3号手术刀柄	5	医疗设备、器械
		7号手术刀柄	5	医疗设备、器械
		电动切骨机	1	医疗设备、器械
		超声波脱钙仪	1	医疗设备、器械
		持针钳	10	医疗设备、器械
		止血钳	10	医疗设备、器械
		普通直角钳	12	医疗设备、器械
		钩镊	12	医疗设备、器械
		平镊	12	医疗设备、器械
		不锈钢弯盘	10	医疗设备、器械
		吸顶空气消毒机	1	医疗设备、器械
		台式移动洗眼器	2	医疗设备、器械
		紧急冲淋装置	1	医疗设备、器械

续表

序号	名称	配置名称	数量	分类
43	解剖室	紫外线消毒车	1	医疗设备、器械
		垃圾桶（生活、医疗）	2	其他物资
44	太平间化妆室	货柜	2	家具
		操作台柜	2	家具
		垃圾桶（生活、医疗）	2	其他物资
45	太平间标本浸泡间	货架	4	后勤物资
		标本柜	4	家具
		温湿度监控器	1	医疗设备、器械
		试管架	50	医疗设备、器械
		持物罐	20	医疗设备、器械
		持物钳	30	医疗设备、器械
		器械托盘	20	医疗设备、器械
		储槽	10	医疗设备、器械
		电冰箱	4	电器设备
		塑料盒	50	其他物资

第七节　住院类功能单元配置案例参考

功能单元配置见表7-7-1。

住院类功能单元配置表　　表7-7-1

序号	名称	配置名称	数量	分类
1	出入院办理窗口（8个）	办公台	4	家具
		职员椅	8	家具
		台式电脑	8	办公自动化设备
		多功能打印一体机	1	办公自动化设备
		针式打印机	4	办公自动化设备
		黑白激光打印机	4	办公自动化设备
		高拍仪	1	办公自动化设备
		身份证读卡设备	4	办公自动化设备
		电话机	1	办公自动化设备
		吊挂架	8	办公自动化设备

续表

序号	名称	配置名称	数量	分类
1	出入院办理窗口（8个）	点验钞机	8	电器设备
		条码阅读器	8	信息化设备
		社保卡阅读器	8	信息化设备
		保险柜	2	后勤物资
		碎纸机	1	办公自动化设备
		电热水壶	2	电器设备
		排插	8	电器设备
		垃圾桶	4	其他物资
2	病房（3人间）	病房多功能交互电视	1	电器设备
		病床	3	家具
		陪人座椅（折叠式）	3	家具
		窗帘及轨道	1	窗帘
		隔帘及轨道	3	窗帘
		IP网络病床触控一体机	3	信息化设备
		单键呼叫手柄	3	信息化设备
		网络中控器	1	信息化设备
		IP网络病房信息显示终端	1	信息化设备
		卫生间紧急呼叫按钮	3	信息化设备
		体温计	3	医疗设备、器械
		防褥性床垫	3	医疗设备、器械
		床头亚克力插板	3	其他物资
		毛巾架、洗漱物品架（套）	1	其他物资
		便盆尿壶存放架	1	其他物资
		卫生间置物架	1	其他物资
		折叠沐浴凳	1	其他物资
		卷纸架	1	其他物资
		脚踩带盖垃圾桶	1	其他物资
		阳台晾衣架	1	其他物资
		灭蚊器	1	电器设备
		自动一次性马桶圈垫套	1	其他物资
		挂式电吹风	1	电器设备
		垃圾桶	3	其他物资
3	病房（单人间）	沙发	1	家具
		茶几	1	家具

续表

序号	名称	配置名称	数量	分类
3	病房（单人间）	病床	3	家具
		窗帘及轨道	1	窗帘
		隔帘及轨道	1	窗帘
		IP网络病房信息显示终端	1	信息化设备
		多色LED门灯	1	信息化设备
		IP网络病床触控一体机	1	信息化设备
		单键呼叫手柄	1	信息化设备
		卫生间紧急呼叫按钮	1	信息化设备
		网络中控器	1	信息化设备
		遥控器	1	信息化设备
		电动病床及床头柜	1	医疗设备、器械
		标本架	1	医疗设备、器械
		体重秤	1	医疗设备、器械
		负压吸引表	1	医疗设备、器械
		氧气流量表	1	医疗设备、器械
		病房多功能交互电视	1	电器设备
		电冰箱	1	电器设备
		微波炉	1	电器设备
		床边移动餐桌	1	家具
		陪人座椅（折叠式）	1	家具
		陪人沙发床	1	家具
		沙发组	1	家具
		茶几	1	家具
		脚几	1	家具
		毛巾架、洗漱物品架（套）	1	其他物资
		便盆尿壶存放架	1	其他物资
		卫生间置物架	1	其他物资
		折叠沐浴凳	1	其他物资
		卷纸架	1	其他物资
		脚踩带盖垃圾桶	1	其他物资
		挂式电吹风	1	电器设备
		阳台晾衣架	1	其他物资
		灭蚊器	1	电器设备

续表

序号	名称	配置名称	数量	分类
3	病房（单人间）	自动一次性马桶圈垫套	1	其他物资
		淋浴装置	1	其他物资
		单桶单盖垃圾桶	2	其他物资
		安全标识（床头亚克力插板）	1	其他物资
		小白板	1	其他物资
		床头亚克力插板	1	其他物资
4	待产室（5人间）	处置柜	1	家具
		病房多功能交互电视	2	电器设备
		卫生间置物架	1	其他物资
		自动一次性马桶圈垫套	1	其他物资
		卷纸架	1	其他物资
		垃圾桶（生活、医疗）	5	其他物资
		IP网络病房信息显示终端	1	信息化设备
		IP网络病床触控一体机	5	信息化设备
		单键呼叫手柄	5	信息化设备
		卫生间紧急呼叫按钮	1	信息化设备
		多色LED门灯	1	信息化设备
		网络中控器	1	信息化设备
		遥控器	1	信息化设备
		负压吸引表	5	医疗设备、器械
		氧气流量表	5	医疗设备、器械
		治疗车	1	医疗设备、器械
		病床	5	家具
		窗帘及轨道	1	窗帘
		隔帘及轨道	5	窗帘
5	产房	病房多功能交互电视	1	电器设备
		IP网络病房信息显示终端	1	信息化设备
		IP网络病床触控一体机	1	信息化设备
		单键呼叫手柄	1	信息化设备
		卫生间紧急呼叫按钮	1	信息化设备
		多色LED门灯	1	信息化设备
		网络中控器	1	信息化设备
		遥控器	1	信息化设备

续表

序号	名称	配置名称	数量	分类
5	产房	负压吸引表	1	医疗设备、器械
		氧气流量表	1	医疗设备、器械
		垃圾桶（生活、医疗）	2	其他物资
		卫生间置物架	1	其他物资
		自动一次性马桶圈垫套	1	其他物资
		卷纸架	1	其他物资
		可消毒床垫	1	其他物资
		窗帘及轨道	1	窗帘
		隔帘及轨道	2	窗帘
6	洗婴室	洗婴池	1	家具
		婴儿磅秤	1	医疗设备、器械
		无菌物品柜	1	医疗设备、器械
		空气消毒机	1	医疗设备、器械
		垃圾桶（生活、医疗）	2	其他物资
7	家属洽谈室	圆几	1	家具
		洽谈椅	3	家具
		报刊架	1	其他物资
		垃圾桶（生活、医疗）	2	其他物资
8	探视间	办公椅	4	家具
		电话机	1	办公自动化设备
9	哺乳间	沙发	3	家具
		茶几	1	家具
		母婴护理台	1	医疗设备、器械
		垃圾桶（生活、医疗）	2	其他物资
10	配奶间	操作台柜	1	家具
		无菌物品柜	1	家具
		电冰箱	3	电器设备
		垃圾桶（生活、医疗）	2	其他物资
11	奶瓶清洗间	边柜	1	家具
		污物桶（30L）带盖	2	其他物资
		清洗水槽	2	其他物资
12	奶库	货柜	4	家具
		温湿度监控器	1	其他物资

续表

序号	名称	配置名称	数量	分类
12	奶库	电冰箱	3	电器设备
13	母婴病房	病房多功能交互电视	1	电器设备
		床头亚克力插板	2	其他物资
		毛巾架、洗漱物品架（套）	1	其他物资
		便盆尿壶存放架	1	其他物资
		卫生间置物架	1	其他物资
		卷纸架	1	其他物资
		脚踩带盖垃圾桶	1	其他物资
		IP网络病房信息显示终端	1	信息化设备
		IP网络病床触控一体机	1	信息化设备
		单键呼叫手柄	1	信息化设备
		卫生间紧急呼叫按钮	2	信息化设备
		多色LED门灯	1	信息化设备
		网络中控器	1	信息化设备
		遥控器	1	信息化设备
		标本架	1	医疗设备、器械
		病历车（双列40格带病历夹）	1	医疗设备、器械
		床单位消毒机	1	医疗设备、器械
		晨间护理车	1	医疗设备、器械
		磅秤	1	医疗设备、器械
		挂式电吹风	1	电器设备
		窗帘及轨道	1	窗帘
		隔帘及轨道	2	窗帘
		病床	2	家具
		婴儿病床	2	家具
14	新生儿室（6人）	婴儿病床	6	家具
		病床探视终端	1	信息化设备
		ICU探视车	1	医疗设备、器械
15	无菌物品库	货架	4	后勤物资
		整理箱（大）	5	其他物资
		整理箱（中）	20	其他物资
		整理箱（小）	20	其他物资
		温湿度监控器	1	其他物资

续表

序号	名称	配置名称	数量	分类
16	会议会诊室	会议桌	1	家具
		会议椅	18	家具
		台式电脑	4	办公自动化设备
		黑白激光打印机	2	办公自动化设备
		文件柜	4	家具
		茶水柜	1	家具
		激光短焦互动投影	1	办公自动化设备
		挂钟	1	办公自动化设备
		白板	1	其他物资
		垃圾桶（生活）	1	其他物资
		四联液晶观片灯	1	办公自动化设备
17	护士站	护士台	1	家具
		职员椅	4	家具
		台式电脑	4	办公自动化设备
		黑白激光打印机	2	办公自动化设备
		针式打印机	2	办公自动化设备
		条码打印机	4	办公自动化设备
		电话机	4	办公自动化设备
		护士移动查房终端	3	办公自动化设备
		碎纸机	1	办公自动化设备
		吊挂架	2	办公自动化设备
		条码阅读器	3	信息化设备
		护理信息显示终端	2	信息化设备
		55寸网络液晶一体机	2	信息化设备
		遥控器	2	信息化设备
		IP网络护士触控话机	1	信息化设备
		智能集中供电控制器	2	信息化设备
		IP网络双面液晶廊屏	1	信息化设备
		体温计	50	医疗设备、器械
		电子体温计	4	医疗设备、器械
		病历车（双列40格带病历夹）	1	医疗设备、器械
		水银血压计	1	医疗设备、器械
		电子血压计	4	医疗设备、器械

续表

序号	名称	配置名称	数量	分类
17	护士站	听诊器	4	医疗设备、器械
		手电筒带瞳孔笔	4	医疗设备、器械
		叩诊锤	4	医疗设备、器械
		晨间护理车	2	医疗设备、器械
		便携式血氧饱和度仪	20	医疗设备、器械
		微量输液泵	10	医疗设备、器械
		微量注射泵	10	医疗设备、器械
		胃肠营养泵	5	医疗设备、器械
		舌钳	30	医疗设备、器械
		人体磅秤	1	医疗设备、器械
		病房探视终端	2	信息化设备
		音频采集功放单元	2	信息化设备
		医用触摸显示单元	2	信息化设备
		视频采集处理模块	2	信息化设备
		专用无线AP	2	信息化设备
		医用探视推车	2	医疗设备、器械
		婴儿体重秤	1	医疗设备、器械
		吸氧头罩	30	医疗设备、器械
		小儿气管插管喉镜	20	医疗设备、器械
		小儿简易呼吸器	20	医疗设备、器械
		晨间护理车	2	医疗设备、器械
		床单位消毒机	2	医疗设备、器械
		负压吸引表	30	医疗设备、器械
		氧气流量表	30	医疗设备、器械
		各种导管标识贴（不同颜色）	10	其他物资
		梳妆镜	1	家具
		垃圾桶（生活、医疗）	1	其他物资
		投诉箱	1	其他物资
18	药品库	药柜	10	家具
		电冰箱	3	电器设备
		条码阅读器	1	信息化设备
		温湿度监控器	1	其他物资
		抽湿机	1	电器设备

续表

序号	名称	配置名称	数量	分类
19	配药室	治疗柜-2	1	家具
		电冰箱	1	电器设备
		药物振荡器	1	医疗设备、器械
		亚克力手套盒	2	医疗设备、器械
		药物分类盒	50	医疗设备、器械
		取血专用箱	1	医疗设备、器械
		中型整理盒	2	医疗设备、器械
		开瓶器	5	医疗设备、器械
		微量注射泵	1	医疗设备、器械
		输液泵	1	医疗设备、器械
		送药车	2	医疗设备、器械
		不锈钢治疗盘（中）	10	医疗设备、器械
		不锈钢治疗盘（小）	10	医疗设备、器械
		温湿度监控器	1	医疗设备、器械
		垃圾桶（生活、医疗）	2	其他物资
		不锈钢排挂钩	2	其他物资
		污物桶（60L）	2	其他物资
		保险柜	1	后勤物资
		抽湿机	1	电器设备
20	治疗室	治疗柜	1	家具
		一体化诊查床	1	家具
		单头灯	1	医疗设备、器械
		亚克力手套盒	2	医疗设备、器械
		药物分类盒	30	医疗设备、器械
		中型整理盒	2	医疗设备、器械
		开瓶器	5	医疗设备、器械
		换药车	1	医疗设备、器械
		不锈钢治疗盘（中）	10	医疗设备、器械
		不锈钢治疗盘（小）	10	医疗设备、器械
		温湿度监控器	1	医疗设备、器械
		TDP 治疗仪	1	医疗设备、器械
		不锈钢换药包	1	医疗设备、器械
		垃圾桶（生活、医疗）	2	其他物资

续表

序号	名称	配置名称	数量	分类
20	治疗室	不锈钢排挂钩	2	其他物资
		污物桶（60L）	2	其他物资
21	处置室	处置柜	1	家具
		亚克力手套盒	2	医疗设备、器械
		不锈钢治疗盘（中）	10	医疗设备、器械
		床单位消毒机	2	医疗设备、器械
		过床易	1	医疗设备、器械
		治疗车：带锐器盒架、锐器盒、垃圾盒、垃圾盒架（各2个）	2	医疗设备、器械
		整理箱（大）	5	其他物资
		电冰箱	1	电器设备
		垃圾桶（生活、医疗）	2	其他物资
		各类标识牌	50	其他物资
		污物桶（30L）	2	其他物资
22	资料室	手提电脑	1	办公自动化设备
		文件柜	2	家具
23	茶水间	不锈钢配餐台	1	家具
		微波炉	1	电器设备
		热水器	2	电器设备
		吊柜	1	其他物资
		地柜	1	其他物资
		灭蝇灯	1	其他物资
		垃圾桶	3	其他物资
		电冰箱	1	电器设备
24	被服间	货架	8	家具
		整理箱（大）	5	其他物资
		整理箱（中）	20	其他物资
		压缩袋	20	其他物资
		取货梯	1	其他物资
		紫外线消毒灯及控制器	1	医疗设备、器械
		温湿度监控器	1	医疗设备、器械
		抽湿机	1	电器设备
25	污物间	不锈钢清洗台	1	家具
		紫外线消毒灯及控制器	1	医疗设备、器械

续表

序号	名称	配置名称	数量	分类
25	污物间	多功能清洁工具车	1	其他物资
		不锈钢排挂钩	5	其他物资
		单桶单盖垃圾桶	4	其他物资
		垃圾推车	2	其他物资
		污被服车	1	其他物资
		高压气枪	1	其他物资
		高压水枪	1	其他物资
		污物推车	1	其他物资
		污物桶（放锐器盒60L）	1	其他物资
		污物桶（30L）	4	其他物资
26	污洗间	不锈钢拖把池	1	家具
		不锈钢排钩	8	其他物资
		紫外线消毒灯及控制器	1	医疗设备、器械
		双洗涤池	1	家具
		多功能清洁工具车	1	其他物资
27	抢救室（2床）	储物柜	1	家具
		病房多功能交互电视	1	电器设备
		IP网络病房信息显示终端	1	信息化设备
		多色LED门灯	1	信息化设备
		IP网络病床触控一体机	2	信息化设备
		单键呼叫手柄	2	信息化设备
		卫生间紧急呼叫按钮	2	信息化设备
		网络中控器	1	信息化设备
		遥控器	1	信息化设备
		电子体温计	1	医疗设备、器械
		硅胶简易呼吸球囊	2	医疗设备、器械
		光纤气管插管喉镜	1	医疗设备、器械
		手电筒带瞳孔笔	2	医疗设备、器械
		舌钳	2	医疗设备、器械
		加压输液袋	2	医疗设备、器械
		便携式氧气瓶	2	医疗设备、器械
		负压吸引表	2	医疗设备、器械
		氧气流量表	2	医疗设备、器械

续表

序号	名称	配置名称	数量	分类
27	抢救室（2床）	电动吸引器	1	医疗设备、器械
		体温计	2	医疗设备、器械
		抢救车	1	医疗设备、器械
		开口器	2	医疗设备、器械
		急救箱	1	医疗设备、器械
		整理箱	2	其他物资
		便盆尿壶存放架	1	其他物资
		卫生间置物架	1	其他物资
		卷纸架	1	其他物资
		梳妆镜	1	家具
		挂式电吹风	1	电器设备
		垃圾桶（生活、医疗）	3	其他物资
		医疗垃圾桶	2	其他物资
28	病人活动室	休息椅	4	家具
		洽谈桌	8	家具
		吊挂架	2	办公自动化设备
		55寸网络液晶一体机	1	信息化设备
		报刊架	1	其他物资
		垃圾桶	2	其他物资

第八节　行政办公类功能单元配置案例参考

功能单元配置见表7-8-1。

行政办公类功能单元配置表　　**表7-8-1**

序号	名称	配置名称	数量	分类
1	多人办公室	职员桌	10	家具
		职员椅	10	家具
		文件柜	10	家具
		窗帘及轨道	1	窗帘
		台式电脑	10	办公自动化设备
		多功能打印一体机	1	办公自动化设备

续表

序号	名称	配置名称	数量	分类
1	多人办公室	高拍仪	1	信息化设备
		电话机	5	办公自动化设备
		挂钟	1	办公自动化设备
		垃圾桶（生活、医疗）	2	其他物资
2	单人办公室	班台	1	家具
		班椅	1	家具
		班前椅	2	家具
		沙发	1	家具
		茶几	1	家具
		背柜	1	家具
		窗帘及轨道	1	窗帘
		碎纸机	1	办公自动化设备
		台式电脑	1	办公自动化设备
		黑白激光打印机	1	办公自动化设备
		高端IP话机	1	办公自动化设备
		电热水壶	1	电器设备
		暖风机	1	电器设备
		垃圾桶	1	其他物资
		茶水桶	1	其他物资
		挂钩	2	其他物资
		排插	2	电器设备
3	中型会议室	会议桌	1	家具
		会议椅	30	家具
		超高清音视频采集处理终端	1	信息化设备
		台式电脑	1	办公自动化设备
		黑白激光打印机	1	办公自动化设备
		扫描仪	1	办公自动化设备
		激光短焦互动投影	1	办公自动化设备
		鹅颈话筒	1	信息化设备
		话筒底座	1	信息化设备
		无线话筒	2	信息化设备
		主扬声器	6	信息化设备
		功放	1	信息化设备
		音视频智能一体机	1	信息化设备
		音频处理器	1	信息化设备

续表

序号	名称	配置名称	数量	分类
3	中型会议室	数字调音台	1	信息化设备
		电源时序器	1	信息化设备
		DVD机	1	信息化设备
		多媒体插座	2	信息化设备
		排插	1	电器设备
		线材	1	信息化设备
		窗帘及轨道	2	窗帘
		挂钟	1	办公自动化设备
		投影仪	1	办公自动化设备
		笔记本电脑	1	办公自动化设备
		垃圾桶（生活）	1	其他物资
		电话机	1	办公自动化设备
4	教学室	培训桌	50	家具
		培训椅	50	家具
		台式电脑	1	办公自动化设备
		黑白激光打印机	1	办公自动化设备
		超高清音视频采集处理终端	1	信息化设备
		扫描仪	1	办公自动化设备
		激光短焦互动投影	1	办公自动化设备
		鹅颈话筒	1	信息化设备
		话筒底座	1	信息化设备
		无线话筒	2	信息化设备
		主扬声器	6	信息化设备
		功放	1	信息化设备
		音视频智能一体机	1	信息化设备
		音频处理器	1	信息化设备
		数字调音台	1	信息化设备
		电源时序器	1	信息化设备
		DVD机	1	信息化设备
		多媒体插座	2	信息化设备
		排插	2	电器设备
		线材	1	信息化设备
		垃圾桶	4	其他物资
		窗帘及轨道	4	窗帘

续表

序号	名称	配置名称	数量	分类
5	资料室	文件柜	11	家具
		活动架梯	1	后勤物资
6	更衣室	更衣柜	6	家具
		工作服挂衣架、钩（排）	4	其他物资
		更衣镜	2	家具
		不锈钢污衣车	1	其他物资
		鞋柜	1	家具
7	库房	台式电脑	1	办公自动化设备
		黑白激光打印机	1	办公自动化设备
		电话机	1	办公自动化设备
		条码打印机	1	办公自动化设备
		液压托盘搬运车	1	其他物资
		标准重型安全梯	1	后勤物资
		小型工作梯	2	后勤物资
		3米人字铝合金梯	1	后勤物资
		平板手推车	2	其他物资
		双层推车	1	其他物资
		垃圾桶	2	其他物资
		抽湿机	1	电器设备
		不锈钢运物推车	1	其他物资
		整理箱（中）	5	其他物资
		整理箱（大）	20	其他物资
		垃圾桶	1	其他物资

第九节　后勤类功能单元配置案例参考

功能单元配置见表7-9-1。

后勤类功能单元配置表　　表7-9-1

序号	名称	配置名称	数量	分类
1	职工活动室	窗帘及轨道	10	窗帘
		乒乓球台	6	其他专用设备

续表

序号	名称	配置名称	数量	分类
1	职工活动室	电动跑步机	6	其他专用设备
		动感单车	6	其他专用设备
		360多功能训练器	2	其他专用设备
		运动户外多功能仰卧板	6	其他专用设备
		太空漫步机	4	其他专用设备
		肩膀推举训练器	6	其他专用设备
		划船训练器	2	其他专用设备
2	运动场	篮球场地设施	1	其他专用设备
		羽毛球设施	2	其他专用设备
		网球设施	1	其他专用设备
		足球设施	1	其他专用设备
		室外健身设施	1	其他专用设备
3	维修间	维修台	20	家具
		维修椅	20	家具
		工具柜	7	家具
		垃圾桶（生活、医疗）	2	其他物资
4	工具间	专用工具箱	20	后勤物资
		货架	10	后勤物资
5	医疗垃圾暂存间	密封式不锈钢医疗垃圾暂存车	3	其他物资
		货架	1	后勤物资
6	被服污衣收站房	被服转运车	20	其他物资
		紫外线消毒灯及控制器	6	后勤物资
		异味除臭机	2	电器设备
		电风扇	5	电器设备
7	变配电房	值班床	1	家具
		台式电脑	2	办公自动化设备
		电话机	1	办公自动化设备
		垃圾桶（生活、医疗）	2	其他物资
		电热水壶	1	电器设备
		永久性阻燃遮光窗帘	6平方米	窗帘
		窗帘隔帘轨道	4米	窗帘
8	污水处理站	职员桌	2	家具
		职员椅	2	家具
		台式电脑	2	办公自动化设备

续表

序号	名称	配置名称	数量	分类
8	污水处理站	黑白激光打印机	1	办公自动化设备
		平板手推车	1	其他物资
		电话机	1	办公自动化设备
		垃圾桶（生活）	2	其他物资
9	监控室	职员桌	4	家具
		职员椅	4	家具
		台式电脑	4	办公自动化设备
		黑白激光打印机	1	办公自动化设备
		电话机	4	办公自动化设备
		垃圾桶	4	其他物资
		排插	4	电器设备
		电热水壶	1	电器设备

第十节　餐厨功能单元配置案例参考（800张床位医院）

功能单元配置见表7-10-1。

餐厨功能单元配置表　　**表7-10-1**

序号	名称	配置名称	数量	分类
1	收货、检验区	双星盆台	1	炊事设备
		双层工作台	1	炊事设备
		落地式电子秤	2	炊事设备
		双星洗手柜连感应龙头及干手器	1	炊事设备
		洗地龙头	1	炊事设备
		风幕机	6	炊事设备
		农药检测仪	1	炊事设备
		带抽屉工作台	1	炊事设备
		紫外线杀菌灯	1	炊事设备
		单星洗手柜连感应龙头及干手器	1	炊事设备
		留样雪柜	1	炊事设备
		单星盆台	1	炊事设备

续表

序号	名称	配置名称	数量	分类
1	收货、检验区	工作台柜	1	炊事设备
		不锈钢更衣柜	10	炊事设备
		空气消毒净化器	2	炊事设备
		三星洗手柜连感应龙头及干手器	1	炊事设备
		灭蝇灯	8	炊事设备
2	主副食库、冷库	冲孔板式四层层架	57	炊事设备
		GN份数盆推车	4	炊事设备
		冷藏库	1	炊事设备
		冷冻库	1	炊事设备
		米面架	16	炊事设备
		平板车	6	炊事设备
		灭蝇灯	3	炊事设备
3	腌制间、烧腊间、凉放间	冲孔板式四层层架	1	炊事设备
		双星盆台	1	炊事设备
		刀具消毒柜	1	炊事设备
		工作台雪柜	1	炊事设备
		挂墙式烧腊挂架连滴油盆	1	炊事设备
		单门凉胚柜	2	炊事设备
		紫外线杀菌灯	4	炊事设备
		活动式烧腊挂架连滴油盆	4	炊事设备
		三门挂猪雪柜	1	炊事设备
		洗地龙头	1	炊事设备
		单星洗手柜连感应龙头及干手器	1	炊事设备
		麦芽糖箱	1	炊事设备
		烤鸭炉	2	炊事设备
		油网烟罩	按需定制	炊事设备
		烧猪炉	1	炊事设备
		电磁双头矮汤炉	1	炊事设备
		烟罩灭火系统连控制箱	1	炊事设备
		纱门柜	2	炊事设备
		灭蝇灯	2	炊事设备
4	洁具间、垃圾房	拖把池	1	炊事设备
		拖把挂架	3	炊事设备
		冲孔板式四层层架	3	炊事设备

续表

序号	名称	配置名称	数量	分类
4	洁具间、垃圾房	紫外线杀菌灯	3	炊事设备
		垃圾冷库	1	炊事设备
		垃圾分拣台	1	炊事设备
		高压花洒龙头	1	炊事设备
		洗地龙头	1	炊事设备
		单星洗手柜连感应龙头及干手器	1	炊事设备
		灭蝇灯	1	炊事设备
5	加工间	冲孔板式四层层架	4	炊事设备
		单星洗手柜连感应龙头及干手器	3	炊事设备
		双星盆台	3	炊事设备
		双层工作台	2	炊事设备
		砧板刀具消毒柜	3	炊事设备
		紫外线杀菌灯	12	炊事设备
		高压花洒龙头	3	炊事设备
		单星剖鱼台	3	炊事设备
		双层工作台	1	炊事设备
		绞肉机	1	炊事设备
		切肉片机	1	炊事设备
		锯骨机	1	炊事设备
		大单星盆台	5	炊事设备
		双层工作台	8	炊事设备
		斜刀切片机	1	炊事设备
		双层工作台	1	炊事设备
		单星盆台	1	炊事设备
		洗地龙头	3	炊事设备
		电热开水器连座	1	炊事设备
		多功能节菜机	1	炊事设备
		冲孔板式四层层架	4	炊事设备
		土豆清洗去皮机	1	炊事设备
		双层工作台	1	炊事设备
		灭蝇灯	7	炊事设备
6	烹饪间	电磁双头大炒炉	4	炊事设备
		电磁双头小炒炉	2	炊事设备

续表

序号	名称	配置名称	数量	分类
6	烹饪间	油网烟罩	按需定制	炊事设备
		电磁六头煲仔炉	1	炊事设备
		双门电蒸饭柜	4	炊事设备
		三门电海鲜蒸柜	1	炊事设备
		万能蒸烤箱	1	炊事设备
		双头电蒸炉	1	炊事设备
		摇摆汤锅	2	炊事设备
		油网烟罩	按需定制	炊事设备
		电磁双头矮汤炉	1	炊事设备
		双通打荷台	11	炊事设备
		紫外线杀菌灯	12	炊事设备
		烟罩灭火系统连控制箱	2	炊事设备
		四门高身双温雪柜	5	炊事设备
		双星盆台	3	炊事设备
		冲孔板式四层层架	2	炊事设备
		冲孔板式四层层架	3	炊事设备
		洗地龙头	2	炊事设备
		双星洗手柜连感应龙头及干手器	2	炊事设备
		豆浆一体机	1	炊事设备
		单星洗手柜连感应龙头及干手器	1	炊事设备
		洗米机	2	炊事设备
		双层工作台	1	炊事设备
		大单星盆台	1	炊事设备
		灭蝇灯	3	炊事设备
7	特色厨房	三门电海鲜蒸柜	1	炊事设备
		电磁双头小炒炉	1	炊事设备
		油网烟罩	按需定制	炊事设备
		电磁四头煲仔炉连下焗炉	1	炊事设备
		电扒炉	1	炊事设备
		双缸电炸炉	1	炊事设备
		开口柜	1	炊事设备
		烟罩灭火系统连控制箱	1	炊事设备
		电汤池柜	1	炊事设备

续表

序号	名称	配置名称	数量	分类
7	特色厨房	双通打荷台	2	炊事设备
		座台双层架连保温灯	3	炊事设备
		紫外线杀菌灯	2	炊事设备
		电磁单头矮汤炉	1	炊事设备
		油网烟罩	1	炊事设备
		双层工作台	1	炊事设备
		挂墙双层板	1	炊事设备
		双星盆台	1	炊事设备
		刀具消毒柜	1	炊事设备
		四门高身双温雪柜	2	炊事设备
		灭蝇灯	1	炊事设备
8	凉菜间	双星洗手柜连感应龙头及干手器	1	炊事设备
		双层工作台	1	炊事设备
		挂墙吊柜	1	炊事设备
		工作台柜	1	炊事设备
		微波炉	1	炊事设备
		四门高身双温雪柜	2	炊事设备
		冲孔板式四层层架	1	炊事设备
		紫外线杀菌灯	2	炊事设备
		制冰机连过滤器	1	炊事设备
		双星盆台连过滤器	1	炊事设备
		挂墙双层板	1	炊事设备
		斜刀切片机	1	炊事设备
		刀具消毒柜	1	炊事设备
		工作台雪柜	1	炊事设备
9	洗煲间	电热开水器连座	1	炊事设备
		大单星盆台	3	炊事设备
		双层工作台	1	炊事设备
		远红外线消毒柜	2	炊事设备
		高身储物柜	1	炊事设备
		紫外线杀菌灯	1	炊事设备
		灭蝇灯	1	炊事设备
10	白案间、烘烤间	单星洗手柜连感应龙头及干手器	1	炊事设备

续表

序号	名称	配置名称	数量	分类
10	白案间、烘烤间	三角蒸笼架	2	炊事设备
		四门高身双温雪柜	2	炊事设备
		高身储物柜	1	炊事设备
		冲孔板式四层层架	1	炊事设备
		单门消毒柜	1	炊事设备
		双星盆台	1	炊事设备
		紫外线杀菌灯	5	炊事设备
		工作台雪柜	1	炊事设备
		双层工作台	1	炊事设备
		糖粉车	4	炊事设备
		和面台	2	炊事设备
		洗地龙头	1	炊事设备
		双速揉压切面面条机	1	炊事设备
		双动双速和面机	1	炊事设备
		多功能搅拌机	1	炊事设备
		单门发酵柜	1	炊事设备
		双门发酵柜	1	炊事设备
		烙饼机	2	炊事设备
		油网烟罩	按需定制	炊事设备
		双层工作台	1	炊事设备
		纱门柜	1	炊事设备
		饼盘车	2	炊事设备
		三层电烤箱	2	炊事设备
		油网烟罩	按需定制	炊事设备
		灭蝇灯	1	炊事设备
11	备餐间	冲孔板式四层层架	1	炊事设备
		工作台柜	4	炊事设备
		紫外线杀菌灯	4	炊事设备
		三层送餐车	6	炊事设备
		留样雪柜	2	炊事设备
12	配餐间	保温车	2	炊事设备
		工作台柜	3	炊事设备
		座台架连保温灯	5	炊事设备

续表

序号	名称	配置名称	数量	分类
12	配餐间	五格电热汤池柜	2	炊事设备
		紫外线杀菌灯	4	炊事设备
		双层工作台	2	炊事设备
		留样雪柜	2	炊事设备
		单门消毒柜	1	炊事设备
13	送餐间	双星洗手柜连感应龙头及干手器	1	炊事设备
		保温送餐车（医院用）	4	炊事设备
		紫外线杀菌灯	2	炊事设备
		工作台柜	2	炊事设备
		灭蝇灯	2	炊事设备
14	回收间、洗碗消毒间	收污台	1	炊事设备
		洗地龙头	2	炊事设备
		单星洗手柜连感应龙头及干手器	2	炊事设备
		双层工作台	2	炊事设备
		紫外线杀菌灯	3	炊事设备
		L形污碟台	1	炊事设备
		高压花洒龙头	1	炊事设备
		通道式洗碗机	1	炊事设备
		牛角罩	2	炊事设备
		洁碟台	1	炊事设备
		挂墙茜架	1	炊事设备
		电热开水器连挂架	1	炊事设备
		三星盆台	1	炊事设备
		挂墙双层板	1	炊事设备
		双层工作台	1	炊事设备
		双门高温消毒柜	1	炊事设备
		双门低温消毒柜	2	炊事设备
		工作台柜	1	炊事设备
		灭蝇灯	3	炊事设备
15	售卖间、粉面档	双星洗手柜连感应龙头及干手器	1	炊事设备
		单星盆柜连过滤器	2	炊事设备
		挂墙双层板	1	炊事设备
		工作台柜	1	炊事设备

续表

序号	名称	配置名称	数量	分类
15	售卖间、粉面档	三缸煮面炉	1	炊事设备
		油网烟罩（柜式）	按需定制	炊事设备
		双层工作台	1	炊事设备
		四头汤池柜	1	炊事设备
		双层工作台	1	炊事设备
		电磁八头煲仔炉	1	炊事设备
		紫外线杀菌灯	6	炊事设备
		留样雪柜	1	炊事设备
		双门消毒柜	1	炊事设备
		掩门工作台柜	3	炊事设备
		电热汤池柜	2	炊事设备
		双层工作台	2	炊事设备
		保温汤饭桶	4	炊事设备
		保温工作台柜	2	炊事设备
		电磁四头煲仔炉	1	炊事设备
		四格汤池柜	2	炊事设备
		双层工作台	1	炊事设备
		三层送餐车	2	炊事设备
		灭蝇灯	3	炊事设备
16	垃圾房、洗涤用品库	单星洗手柜连感应龙头及干手器	2	炊事设备
		洗地龙头	2	炊事设备
		风幕机	1	炊事设备
		垃圾冷库	1	炊事设备
		垃圾分拣台	1	炊事设备
		高压花洒龙头	1	炊事设备
		紫外线杀菌灯	1	炊事设备
		冲孔板式四层层架	5	炊事设备
		灭蝇灯	3	炊事设备
17	餐厅（500座）	餐桌	200	家具
		餐椅	500	家具
		液晶电视	14	电器设备
		吊挂架	14	办公自动化设备
		台式电脑	4	办公自动化设备
		窗帘及轨道	10	窗帘

续表

序号	名称	配置名称	数量	分类
17	餐厅（500座）	垃圾桶（生活）	10	其他物资
18	餐厅包间（12人）	餐桌	1	家具
		餐椅	12	家具
		沙发（套）	3	家具
		茶几	1	家具
		窗帘及轨道	1	窗帘
		液晶电视	1	电器设备
		餐边柜	2	家具
		电热水壶	1	电器设备
19	餐厅休息室	沙发	4	家具
		茶几	2	家具
		电热水壶	1	电器设备
		垃圾桶	1	其他物资

第十一节　被服类功能单元配置案例参考

功能单元配置见表7-11-1。

被服类功能单元配置表　　**表7-11-1**

序号	类别	名称	配比
1	病人服类	病人服套装	1:2.5
2		病人长袍	1:2.5
3		开边病人服套装	1:2.5
4		哺乳服分体套装	1:2.5
5		妇产科病衣套装	1:2.5
6		妇产科孕产妇裙	1:2.5
7		家庭化产房病人服	1:2.5
8		理疗服	1:2.5
9		肠镜裤	1:2.5
10		儿科病人服套装	1:2.5
11		新生儿和尚袍厚	1:2.5
12		新生儿和尚袍薄	1:2.5

续表

序号	类别	名称	配比
13	病人服类	婴儿卫衣	1:2.5
14	医护服装	短袖长装白大褂（男、女）	1:2.5
15		长袖长装白大褂（男、女）	1:2.5
16		医生服长袖套装（口腔科）	1:2.5
17		医生服短袖套装（口腔科）	1:2.5
18		助理实习生医生服冬	1:2.5
19		助理实习生医生服夏	1:2.5
20		助理实习生护士服冬	1:2.5
21		助理实习生护士服夏	1:2.5
22		导诊服（夏）	1:2.5
23		导诊服（冬）	1:2.5
24		长袖短装护士服冬	1:2.5
25		长袖孕妇护士服冬	1:2.5
26		短袖短装护士服夏	1:2.5
27		短袖孕妇护士服夏	1:2.5
28		妇产科护士服（冬）	1:2.5
29		妇产科护士服（夏）	1:2.5
30		新生儿科护士服（冬）	1:2.5
31		新生儿科护士服（夏）	1:2.5
32		行政工作服套装冬	1:2
33		行政工作服套装夏	1:2
34		收费处工作服冬	1:2
35		收费处工作服夏	1:2
36		护士毛衣	1:2
37		男女羽绒服背心	1:2
38	洗手衣及手术室服装类	ICU洗手服	1:2.5
39		血透室洗手服	1:2.5
40		其他科室洗手衣	1:2.5
41		产房洗手衣（短袖）	1:2.5
42		产房洗手衣（长袖）	1:2.5
43		妇科洗手衣（短袖）	1:2.5
44		妇科洗手衣（长袖）	1:2.5
45		短袖洗手衣（手术室）	1:5

续表

序号	类别	名称	配比
46	洗手衣及手术室服装类	长袖洗手衣（手术室）	1:5
47		手术衣	1:5
48		隔离衣	按需
49		探视服	按需
50		参观衣	按需
51		速干洗手衣	1:2.5
52		标准三防型手术衣	1:2.5
53	鞋袜配饰类	护士帽	1:2
54		丝巾	1:2
55		护士鞋	1:2
56		普通手术鞋	1:2
57		手术室专用鞋	1:2
58		短棉袜	1:2
59		布花帽	1:2
60		头花	1:2
61	床品系列	病房被套	1:3
62		病房枕套	1:3
63		病房床笠	1:3
64		值班室被套	1:3
65		值班室床笠	1:3
66		值班室枕套	1:3
67		家化产房被套	1:3
68		家化产房床笠	1:3
69		家化产房枕套	1:3
70		儿科被套	1:3
71		儿科床单	1:3
72		儿科枕套	1:3
73		新生儿被套	1:3
74		新生儿枕套	1:3
75		婴儿床笠	1:3
76		小儿棉枕芯	1:3
77		新生儿床垫套	1:3
78		蓝光箱围栏套（双层）	1:2

续表

序号	类别	名称	配比
79	床品系列	新生儿可水洗被芯	1∶2
80		新生儿包被（冬）	1∶2
81		新生儿包被（夏）	1∶2
82		高压氧冬被3.5公斤	1∶3
83		高压氧夏被1.5公斤	1∶3
84		可水洗枕芯	1∶2
85		空调夏被1.5斤	1∶2
86		可水洗冬被芯5斤	1∶2
87		可水洗被芯3斤	1∶2
88		棉垫	1∶2
89		儿童枕芯	1∶2
90		防水防螨阻菌床垫套	1∶2
91		防水防螨阻菌床罩	1∶2
92		按摩床床罩	按需
93		床裙	按需
94		诊察床床笠	1∶2
95		新生儿科鸟巢	1∶1
96	手术用品类	单层治疗巾60厘米×90厘米	按需
97		单层小孔巾60厘米×90厘米	按需
98		双层包布110厘米×110厘米	按需
99		双层孔巾110厘米×110厘米	按需
100		单层大孔巾150厘米×90厘米	按需
101		双层中夹单125厘米×125厘米	按需
102		双层中包布125厘米×125厘米	按需
103		绿色双层大夹单180厘米×150厘米	按需
104		绿色双层小包布65厘米×75厘米	按需
105		绿色双层小夹单65厘米×75厘米	按需
106		剖腹单390厘米×220厘米	按需
107		眼科孔巾	按需
108		双层手术横单132厘米×65厘米	按需
109		翻身单（双层）	按需
110		手部约束带	按需
111		膝部约束带	按需

续表

序号	类别	名称	配比
112	手术用品类	脚部约束带	按需
113		绿色绑手带	按需
114	其他系列	止血沙袋2斤	按需
115		大布袋	按需
116		小布袋	按需
117		白扁带	按需
118		翻身枕	按需
119		翻身枕套	按需
120		保温箱遮光罩	1:2
121		蚊帐（支架式）	1:2
122		污衣袋	按需
123		净衣袋	按需
124		新生儿方巾	按需
125		纯棉毛巾	按需
126		大浴巾	按需
127		胶单	按需
128	被服管理系统	信息化系统管理软件	1
129		RFID智能工作台	2
130		RFID手持机	匹配
131		RFID芯片	1:1
132		可视化热塑标签	1:1

第十二节　标识、文化类配置案例

配置案例见表7-12-1。

标识、文化类配置表　　**表7-12-1**

序号	名称	材质
一、医疗卫生机构文化		
1	院史馆	按需定制
2	党建文化基地	按需定制

续表

序号	名称	材质
3	文化长廊（室外）	顶棚：镀锌钢板、不锈钢板 箱体：镀锌钢板、不锈钢板 视窗：钢化玻璃、不锈钢 立柱：镀锌钢、不锈钢 表面处理：高温静电喷塑、金属烤漆
4	文化墙	亚克力烤漆/PVC
5	室外宣传栏	顶棚：镀锌钢板、不锈钢板 箱体：镀锌钢板、不锈钢板 视窗：钢化玻璃、不锈钢 立柱：镀锌钢、不锈钢 表面处理：高温静电喷塑、金属烤漆
6	荣誉墙	亚克力烤漆/PVC
7	宣传展板	铝合金、PVC
8	标语	亚克力烤漆/PVC
9	医疗卫生机构形象墙	亚克力烤漆/PVC
10	LED屏	按需定制
11	地标雕塑	按需定制
12	雕塑小品	按需定制
二、科室文化		
1	科室文化展示墙	亚克力烤漆/PVC
2	科室形象墙	亚克力烤漆/PVC
3	科室风采文化墙	亚克力烤漆/PVC
4	科室宣传栏	铝合金框架、镀锌板、耐力板
5	挂壁灯箱	高温静电喷塑、铝型材框架、LED灯、控制装置
三、房间内标识		
1	温馨提示类	亚克力
2	安全警告类	PVC雪弗板
3	无障碍设备牌	PVC
4	导向表记	PVC
5	安全警告类	PVC雪弗板

第十三节　工具、耗材类配置案例参考

配置案例见表7-13-1。

工具、耗材类配置表　　表7-13-1

序号	名称	配置名称	数量	分类
1	保洁工具	ELECTROLUX27KG烘干机	3	其他专用设备
		大型流动垃圾桶（SULO660）	50	其他物资
		电梯垃圾桶（大理石烟灰）	200	其他物资
		不锈钢垃圾桶	100	其他物资
		厕所垃圾桶	500	其他物资
		单桶单盖垃圾桶（16L）	100	其他物资
		双桶双盖垃圾桶（45L）	100	其他物资
		单桶单盖垃圾桶（46L）	300	其他物资
		双轮流动垃圾桶（240L）	100	其他物资
		布草车	50	后勤物资
		室外垃圾桶（玻璃钢）	100	其他物资
		大白桶	100	其他物资
		外围玻璃钢垃圾车	20	其他物资
		升降机	3	其他专用设备
		垃圾打包机	6	其他专用设备
2	运维工具	不锈钢管压接钳	按需	其他专用设备
		低压绝缘手套	按需	其他专用设备
		低压绝缘鞋	按需	其他专用设备
		电锤（含成套钻头）	按需	其他专用设备
		电镐（含镐头）	按需	其他专用设备
		电缆液压钳	按需	其他专用设备
		电线轴	按需	其他专用设备
		防倒桩（链）	按需	其他专用设备
		防冻手套	按需	其他专用设备
		防护绝缘地垫	按需	其他专用设备
		防护绝缘垫	按需	其他专用设备
		防护面屏	按需	其他专用设备
		防护手套	按需	其他专用设备

续表

序号	名称	配置名称	数量	分类
2	运维工具	高清内窥镜管道探测仪	按需	其他专用设备
		高压绝缘拉杆	按需	其他专用设备
		高压绝缘手套	按需	其他专用设备
		高压绝缘靴	按需	其他专用设备
		高压验电器	按需	其他专用设备
		高压水枪	按需	其他专用设备
		高压气枪	按需	其他专用设备
		管道疏通机（含组件）	按需	其他专用设备
		红外线测距仪	按需	其他专用设备
		红外线测温枪	按需	其他专用设备
		红外线水平仪	按需	其他专用设备
		护目镜	按需	其他专用设备
		角磨机	按需	其他专用设备
		接地电阻测试仪	按需	其他专用设备
		接地线	按需	其他专用设备
		静电释放器	按需	其他专用设备
		绝缘安全用品柜	按需	其他专用设备
		绝缘摇表	按需	其他专用设备
		空调铜管焊具套装	按需	其他专用设备
		耐酸碱手套	按需	其他专用设备
		起重三角支架（带3T葫芦）	按需	其他专用设备
		气焊枪、气割枪、气焊带、气焊通针套装	按需	其他专用设备
		切割机	按需	其他专用设备
		曲线锯	按需	其他专用设备
		热成像仪	按需	其他专用设备
		人字梯2米、5米	按需	其他专用设备
		施工防护护栏和警戒带	按需	其他专用设备
		施工夜间警示照明	按需	其他专用设备
		室内温湿度计	按需	其他专用设备
		手持测温热成像仪	按需	其他专用设备
		手动疏通机	按需	其他专用设备
		手推式气瓶运输车	按需	其他专用设备
		水钻（带固定器和钻孔头）	按需	其他专用设备
		台式切割机	按需	其他专用设备
		台钻、台钳	按需	其他专用设备

续表

序号	名称	配置名称	数量	分类
2	运维工具	套丝机	按需	其他专用设备
		通气风筒（含风管）	按需	其他专用设备
		万用表	按需	其他专用设备
		围裙	按需	其他专用设备
		维修呼叫器需配备编码器	按需	其他专用设备
		维修组合常规工具箱	按需	其他专用设备
		污物清理车辆	按需	其他专用设备
		洗眼器	按需	其他专用设备
		寻线器	按需	其他专用设备
		氩弧焊/电焊双用焊机	按需	其他专用设备
		氩气瓶、压力表、减压阀	按需	其他专用设备
		氧气瓶、压力表、减压阀	按需	其他专用设备
		液压升降平台	按需	其他专用设备
		液压升降平台车	按需	其他专用设备
		乙炔瓶、压力表、减压阀	按需	其他专用设备
		应急水泵（含水带）	按需	其他专用设备
		有毒气体测试仪	按需	其他专用设备
		余氯测试器具	按需	其他专用设备
		雨靴	按需	其他专用设备
		云石机	按需	其他专用设备
		专用铜扳手	按需	其他专用设备
3	消防器材	防毒面具	1500	其他专用设备
		4公斤干粉灭火器	400	其他专用设备
		4公斤悬挂式灭火器	200	其他专用设备
		灭火器箱	100	其他专用设备
		防火隔热服	100	其他专用设备
		消防靴	100	其他专用设备
		消防高空缓降器（门急诊楼）	10	其他专用设备
		消防高空缓降器（医技楼）	10	其他专用设备
		消防高空缓降器（住院楼）	20	其他专用设备
		消防高空缓降器（综合楼）	10	其他专用设备
		逃生绳	10	其他专用设备
		消防沙袋	300	其他专用设备

续表

序号	名称	配置名称	数量	分类
3	消防器材	消防斧	20	其他专用设备
		消防剪	10	其他专用设备
		切割工具机	5	其他专用设备
		消防专用沙箱	10	其他专用设备
		消防烟枪	5	其他专用设备
		灭火毯	100	其他专用设备
		消防柜	10	其他专用设备
		消防安全帽	50	其他专用设备
		消防战斗服	30	其他专用设备
		消防手套	30	其他专用设备
		腰带	50	其他专用设备
		安全绳	20	其他专用设备
		雨鞋	50	其他专用设备
		对讲机	50	其他专用设备
		LED 手提灯	100	其他专用设备
		应急灯	100	其他专用设备
		安全帽	20	其他专用设备
		消防水带	50	其他专用设备
		消防水枪	100	其他专用设备
		室外消火栓专用扳手	50	其他专用设备
4	安防器材	防恐防暴柜	10	其他专用设备
		长警棍	20	其他专用设备
		伸缩防暴脚叉	20	其他专用设备
		伸缩防暴腰叉	20	其他专用设备
		伸缩防暴网兜钢叉	10	其他专用设备
		防割手套	30	其他专用设备
		长盾牌	20	其他专用设备
		防暴头盔	20	其他专用设备
		防刺服	20	其他专用设备
		四大件腰带	20	其他专用设备
		四大件（伸缩警棍、强光手电、催泪器、约束带）	20	其他专用设备
5	绿植	地面绿植	500	其他物资
		桌面绿植	300	其他物资

第十四节　家具类招标项目案例参考

一、招标项目基本信息

基本信息见表7-14-1。

表7-14-1

项目编号	××××
项目名称	医疗卫生机构家具一批
采购人	××医疗卫生机构
投标文件制作重要说明	投标人应使用最新版本的投标文件编制软件制作投标文件，因投标人未及时更新投标文件编制软件造成投标文件出错（例如，开标一览表空白，无法正常导入投标文件浏览软件等）而导致的废标，后果由投标人自负。（制作投标文件前，请投标人在“下载专栏”中下载并安装最新版本的投标文件编制软件，或在打开新版投标文件编制软件时按自动升级提示要求安装投标文件编制软件至最新版本）。 投标人在使用《投标文件编制软件》时，请尽可能在如下环境运行：32位Windows XP SP3或32位WIN7、Microsoft Office 2007 SP3、Adobe Reader 9
★控制金额	本项目控制金额为人民币××××万元。超出控制金额将被当作无效投标处理
交货地点	由采购方指定
★交货时间	签订合同后45天（日历日）内
付款方式	合同签订后30个工作日内，甲方向中标企业支付合同金额30%为预付款（乙方需提供预付款保函）；甲方收到货后向中标企业支付至合同金额的85%款项； 在项目顺利验收后即监理单位出具验收报告后30个工作日内支付至合同金额的95%款项。剩余5%款项作为合同质保金，质保期满后30个工作日内支付。乙方应按期向甲方提交正规税务发票，作为付款的前提条件
★验收方式	（1）投标人货物经过双方检验认可后，签署验收报告，产品保修期自验收合格之日起算，由投标人提供产品保修文件。 （2）当满足以下条件时，采购人才向中标人签发货物验收报告： a.中标人已按照合同规定提供了全部产品及完整的技术资料。 b.货物符合招标文件技术规格书的要求，性能满足要求。 c.货物具备产品合格证。 （3）主管部门、采购中心和采购人有权要求第三方对质量进行全程质量监控，服务内容包括生产过程监督抽样及检测工作、出具家具质量验收报告（CMA）等2项内容，抽样或监测不合格的，费用由投标人承担。因检测导致家具不能再使用的，投标人免费增补
包装及运输要求	本次采购的设备和材料必须是全新的，所有设备运输到达施工场地时的包装必须是原厂完整的
售后服务	（1）货物免费保修期三年，时间自最终验收合格并交付使用之日起计算。 （2）质保期内，如果有因质量问题而引起的损坏，中标企业应对产品予以维修或更换，全部服务费和更换产品或配件的费用均由中标企业承担。质保期内维修或更换产品数量（配件按产品计算）达产品总量的5%，质保期延长1年

续表

售后服务	(3) 保修期内中标企业应对产品予以维修，全部服务费和更换产品或配件的费用均由中标人承担，场地及确认尺寸是否符合现有场地要求，如中标单位盲目生产或未确认尺寸是否能就场地进行安装，所产生的后果均由中标单位自行负责。 (4) 中标方中标后需进行二次深化图纸设计，中标方需根据甲方确认的二次深化图纸设计进行生产
交货要求	(1) 投标人承担的设备运输、安装调试、验收检测和提供设备操作说明书、图纸等其他类似的义务。 (2) 注明尺寸为实测尺寸，如有调整产品尺寸，中标供应商需要根据实际情况及经采购方同意后相应调整尺寸，颜色也应由相关负责人确认签字后才能生产、交货。单位为毫米（mm），且计量单位可能省略。 (3) 为提高工作效率，确定中标企业后、签订合同之后7个日历日内，中标企业需向甲方缴纳合同总价款的3%作为履约保证金。进入质保期后，履约保证金自动转为质保金。 (4) 因中标企业产品检测不合格、生产力不足等原因导致交货期超出约定日期的，甲方根据超出时间按合同总价款的5‰/天从企业缴纳的履约保证金中扣除，作为违约的罚款，履约保证金不足以扣除的，甲方有权直接在合同总价款中扣除，最高不超过合同总价款的30%。 (5) 质保期内，如无质量问题，由乙方申请并提交相关资料，经甲方审核手续资料齐全后，甲方于30个工作日内无息退还质保金给中标企业，因中标企业延期交货情况发生的违约金不予退还
质量监理配合事项要求	(1) 本项目所有原材料及家具成品，质量及性能须符合现行有效的国家标准或相关标准，监理方有权根据实际交货的产品确定检测标准。 (2) 抽样的要求 为保证抽样工作的公平、公正，保证检测结果的准确性，保障被抽检方的权利。按照监理方抽检程序规定。每件原材料、成品的样品抽取一定数量，一部分用于检测，一部分用于留样。如中标企业要求不留样，视为放弃申请复议的权利，最终结果评定以实验室初次检测结果为准。抽样为随机抽取，抽检的样品种类或数量可能会根据实际情况加以调整。如检测的样品检测合格，中标方方可处置留样样品。如监理过程中，检测的产品标准如超出以上范围，或国家标准已更新，则按照国家现行有效的标准执行。所有抽检样品由中标方负责保管及运送至质量监理指定的检测地点，成品由中标方派专业技术人员至该测试地点负责安装调试。 成品抽样的地点可选在工厂现场，或在项目安装地。如选在项目安装地，监理方前往进行抽样，必须满足以下条件：所有已交货的家具数量占总数量的50%以上；在监理方前往现场抽样前2个工作日，由采购方或由采购方责成中标企业向监理方提供签字确认的所有家具的摆放地点清单（含楼栋名称、楼层、房间号、家具名称、数量）。 当被抽检方对检测结果有疑义时，有权于指定日期内提出申请复议。当复议程序启动，留样样品送到指定检测机构检测，最终抽样结果的评定以复议的检测结果为准。因此，如被抽检方未按规定存放样品导致样品失效，或同意不留样，视为放弃申请复议的权利，最终结果评定以实验室初次检测结果为准。 (3) 检测的要求 a.本项目所有抽检的样品由第三方检测机构进行检测。如检测不合格，监理方向中标方开具《整改通知书》，中标方须在要求的时限内整改完毕，通知家具监理方和采购方，重新抽样检测。如原材料、成品全部或部分检测项目不合格，中标方应停止相应的生产，按要求进行整改。整改并通过我方检测合格后，方可恢复该部分货物的生产。 b.检测时样品破坏的费用 检测样品由中标方提供，采购方不增加费用。因检测而导致的样品的破坏由中标方自行承担，破坏后的样品由企业免费增补并安装至采购单位指定地点。因监理方将成品抽样检测，暂时缺少的家具，为不影响采购方正常使用，中标方应提供可临时替用家具，直到新补的货物到位。 c.检测样品的退样要求 已出具检测报告的样品在10天内退还，逾期将由监理方自行处理

续表

质量监理配合事项要求	（4）常规抽样费及差旅费 a.如抽样地点在广东省内，则两次以内（前往外协工厂抽样或分批次抽样）的抽样费、差旅费用由家具监理方承担，两次以外的由中标企业承担。 b.如抽样地点在广东省外，则所有的抽样费、差旅费由中标企业承担。 c.所有样品因整改而导致的检测费、差旅费、抽样费由中标企业承担。 d.如因中标企业破坏已封样样品或封条，需要进行重新抽样，则抽样的人工费及交通费由中标企业承担。 e.中标企业如偷换已封样样品，需要进行重新抽样，则抽样的检测费、人工费及交通费由中标企业承担。同时将会受到以下处罚：①新增的抽样费由中标单位承担。②监理方将偷换样品的行为上报采购单位及市财政委员会，记入中标单位诚信档案。 （5）如中标企业的产品生产地点不在供应商注册登记的工厂地址，经甲方同意，监理方可前往抽样；但如果生产地点涉及一个以上，或不在深圳市内，监理方有权向中标企业加收人工费及交通费。如货物的外协加工数量大于货物总量的60%，则监理方有权拒绝前往中标企业所在地抽取原材料及成品，以在项目的安装现场进行成品抽样的方式，来判定该项目货物是否合格
核心产品	摇病床、处置地柜
特别说明	带“★”项为不可偏离项目，有一项负偏离即导致投标无效

★所投家具成品及原辅材料质量应满足相应的国家、地方或行业产品质量标准要求，具体以表7-14-2～表7-14-6为准：

家具成品及原辅材料应满足标准列表　　表7-14-2

序号	名称	产品说明
1	值班床	《家具成品及原辅材料中有害物质限量》SZJG 52—2016 《学生公寓多功能家具》QB/T 2741—2013
2	处置地柜	《家具成品及原辅材料中有害物质限量》SZJG 52—2016 《金属家具通用技术条件》GB/T 3325—2017
3	办公桌	《家具成品及原辅材料中有害物质限量》SZJG 52—2016 《木家具通用技术条件》GB/T 3324—2017
4	活动推柜	《家具成品及原辅材料中有害物质限量》SZJG 52—2016 《木家具通用技术条件》GB/T 3324—2017
5	文件柜	《家具成品及原辅材料中有害物质限量》SZJG 52—2016 《木家具通用技术条件》GB/T 3324—2017
6	理疗床	《家具成品及原辅材料中有害物质限量》SZJG 52—2016 《木家具通用技术条件》GB/T 3324—2017
7	实木圆凳	《家具成品及原辅材料中有害物质限量》SZJG 52—2016 《木家具通用技术条件》GB/T 3324—2017
8	治疗地柜	《家具成品及原辅材料中有害物质限量》SZJG 52—2016 《金属家具通用技术条件》GB/T 3325—2017
9	方凳	《家具成品及原辅材料中有害物质限量》SZJG 52—2016 《木家具通用技术条件》GB/T 3324—2017

续表

序号	名称	产品说明
10	配餐台	《家具成品及原辅材料中有害物质限量》SZJG 52—2016 《金属家具通用技术条件》GB/T 3325—2017
11	诊桌	《家具成品及原辅材料中有害物质限量》SZJG 52—2016 《木家具通用技术条件》GB/T 3324—2017
12	诊椅	《家具成品及原辅材料中有害物质限量》SZJG 52—2016 《木家具通用技术条件》GB/T 3324—2017
13	主任办公桌	《家具成品及原辅材料中有害物质限量》SZJG 52—2016 《木家具通用技术条件》GB/T 3324—2017
14	主任办公椅	《家具成品及原辅材料中有害物质限量》SZJG 52—2016 《办公家具 办公椅》QB/T 2280—2016
15	等候椅	《家具成品及原辅材料中有害物质限量》SZJG 52—2016 《木家具通用技术条件》GB/T 3324—2017
16	诊床	《家具成品及原辅材料中有害物质限量》SZJG 52—2016 《金属家具通用技术条件》GB/T 3325—2017
17	处置柜	《家具成品及原辅材料中有害物质限量》SZJG 52—2016 《金属家具通用技术条件》GB/T 3325—2017
18	护士站背柜	《家具成品及原辅材料中有害物质限量》SZJG 52—2016 《金属家具通用技术条件》GB/T 3325—2017
19	壁柜	《家具成品及原辅材料中有害物质限量》SZJG 52—2016 《金属家具通用技术条件》GB/T 3325—2017
20	床头柜	《家具成品及原辅材料中有害物质限量》SZJG 52—2016 《木家具通用技术条件》GB/T 3324—2017
21	班前椅	《家具成品及原辅材料中有害物质限量》SZJG 52—2016 《木家具通用技术条件》GB/T 3324—2017
22	沙发	《家具成品及原辅材料中有害物质限量》SZJG 52—2016 《软体家具 沙发》QB/T 1952.1—2012
23	办公卡位	《家具成品及原辅材料中有害物质限量》SZJG 52—2016 《木家具通用技术条件》GB/T 3324—2017
24	办公椅	《家具成品及原辅材料中有害物质限量》SZJG 52—2016 《办公家具 办公椅》QB/T 2280—2016
25	文件矮柜	《家具成品及原辅材料中有害物质限量》SZJG 52—2016 《木家具通用技术条件》GB/T 3324—2017
26	货架	《家具成品及原辅材料中有害物质限量》SZJG 52—2016 《金属家具通用技术条件》GB/T 3325—2017
27	沙发	《家具成品及原辅材料中有害物质限量》SZJG 52—2016 《木家具通用技术条件》GB/T 3324—2017
28	货柜	《家具成品及原辅材料中有害物质限量》SZJG 52—2016 《金属家具通用技术条件》GB/T 3325—2017

续表

序号	名称	产品说明
29	更衣柜	《家具成品及原辅材料中有害物质限量》SZJG 52—2016 《金属家具通用技术条件》GB/T 3325—2017
30	超净治疗柜	《家具成品及原辅材料中有害物质限量》SZJG 52—2016 《金属家具通用技术条件》GB/T 3325—2017
31	会议桌	《家具成品及原辅材料中有害物质限量》SZJG 52—2016 《木家具通用技术条件》GB/T 3324—2017
32	会议椅	《家具成品及原辅材料中有害物质限量》SZJG 52—2016 《办公家具 办公椅》QB/T 2280—2016
33	班前椅	《家具成品及原辅材料中有害物质限量》SZJG 52—2016 《金属家具通用技术条件》GB/T 3325—2017
34	柜背	《家具成品及原辅材料中有害物质限量》SZJG 52—2016 《木家具通用技术条件》GB/T 3324—2017
35	货架	《家具成品及原辅材料中有害物质限量》SZJG 52—2016 《金属家具通用技术条件》GB/T 3325—2017
36	摇病床	《家具成品及原辅材料中有害物质限量》SZJG 52—2016 《塑料家具中有害物质限量》GB 28481 —2012 《金属家具通用技术条件》GB/T 3325—2017
37	污物车	《家具成品及原辅材料中有害物质限量》SZJG 52—2016 《金属家具通用技术条件》GB/T 3325—2017
38	药浴桶	《家具成品及原辅材料中有害物质限量》SZJG 52—2016 《木家具通用技术条件》GB/T 3324—2017
39	药浴缸	《家具成品及原辅材料中有害物质限量》SZJG 52—2016 《塑料家具中有害物质限量》GB 28481—2012 《金属家具通用技术条件》GB/T 3325—2017
40	病人陪护椅	《家具成品及原辅材料中有害物质限量》SZJG 52—2016 《金属家具通用技术条件》GB/T 3325—2017

家具类应满足的国家标准 **表 7-14-3**

序号	产品类别	检测标准（方法）名称
1	木家具	《木家具通用技术条件》GB/T 3324—2017
2	金属家具	《轻工产品金属镀层和化学处理层的耐腐蚀试验方法中性盐雾试验（NSS）法》QB/T 3826—1999 《金属家具通用技术条件》GB/T3325—2017
3	沙发	《软体家具 沙发》QB/T 1952.1—2012
4	办公椅	《办公家具 办公椅》QB/T 2280—2016
5	办公家具阅览桌、椅、凳	《办公家具 阅览桌、椅、凳》GB/T 14531—2017
6	木制柜	《木制柜》QB/T 2530—2011

续表

序号	产品类别	检测标准（方法）名称
7	办公家具木制柜、架	《办公家具 木制柜、架》GB/T 14532—2017
8	玻璃家具	《玻璃家具通用技术条件》GB/T 32446—2015
9	塑料家具	《塑料家具通用技术条件》GB/T 32487—2016
10	室内装饰装修材料木家具中有害物质	《室内装饰装修材料 木家具中有害物质限量》GB 18584—2001
11	室内空气	《室内空气质量标准》GB/T 18883—2022
12	家具成品环保	《家具成品及原辅材料中有害物质限量》SZJG 52—2016

人造板材及其制品应满足的国家标准　　**表 7-14-4**

序号	产品类别	检测标准（方法）名称
1	室内装饰装修材料人造板及其制品中甲醛	《室内装饰装修材料 人造板及其制品中甲醛释放限量》GB 18580—2017
2	中密度纤维板	《中密度纤维板》GB/T 11718—2021
3	刨花板	《刨花板》GB/T 4897—2015
4	胶合板	《普通胶合板》GB/T 9846—2015
5	浸渍胶膜纸饰面人造板	《浸渍胶膜纸饰面纤维板和刨花板》GB/T 15102—2017
6	木皮	《木材工业用单板》GB/T 13010—2020

涂料、胶粘剂应满足的国家标准　　**表 7-14-5**

序号	产品类别	检测标准（方法）名称
1	溶剂型木器涂料中有害物质限量	《木器涂料中有害物质限量》GB 18581—2020
2	胶粘剂	《室内装饰装修材料 胶粘剂中有害物质限量》GB 18583—2008

皮革、纺织品、泡沫塑料、连接件应满足的国家标准　　**表 7-14-6**

序号	产品类别	检测标准（方法）名称
1	家具用皮革	《家具用皮革》GB/T 16799—2018
2	纺织品	《国家纺织产品基本安全技术规范》GB 18401—2010
3	通用软质聚氨酯泡沫塑料	《通用软质聚氨酯泡沫塑料》GB/T 10802—2023
4	家具杯状暗铰链	《家具五金 杯状暗铰链》QB/T 2189—2013
5	家具抽屉导轨	《家具五金 抽屉导轨》QB/T 2454—2013

二、招标项目要求

配置清单（表7-14-7）。

招标项目配置清单 表7-14-7

序号	产品名称	规格尺寸（毫米）	数量	单位
1	值班床	2000 × 900 × 1800	24	张
2	处置地柜1	4750 × 600 × 800	1	组
3	处置地柜2	3480 × 600 × 800	5	组
4	办公桌	1200 × 600 × 750	17	个
5	活动推柜	390 × 500 × 635	40	组
6	文件柜	900 × 450 × 2000	21	组
7	理疗床	1950 × 850 × 630	10	张
8	实木圆凳	290/410 × 435	4	个
9	治疗地柜1	3300 × 600 × 800	2	组
10	治疗地柜2	2100 × 600 × 800	3	组
11	治疗地柜3	1200 × 450 × 800	1	组
12	治疗地柜4	2700 × 600 × 800	2	组
13	方凳	300 × 300 × 450	22	个
14	配餐台	2950 × 600 × 800	4	组
15	诊桌1	1200 × 600 × 750	1	个
16	诊桌2	1500 × 1500 × 750	7	张
17	诊椅	570 × 620 × 1000	8	把
18	主任办公桌	1200 × 600 × 750	2	张
19	主任办公椅	580 × 580 × 925-1000	2	把
20	等候椅	1200 × 350 × 450	27	把
21	诊床	2000 × 900 × 720	8	张
22	处置柜1	5340 × 600 × 2000	2	组
23	处置柜2	7540 × 600 × 2000	1	组
24	处置柜3	5840 × 600 × 2000	2	组
25	护士站背柜	4150 × 600 × 800	4	组
26	壁柜	5000 × 600 × 2000	1	组
27	床头柜	400 × 350 × 500	8	组
28	班前椅	570 × 620 × 1000	2	把

续表

序号	产品名称	规格尺寸（毫米）	数量	单位
29	沙发1	1800×800×700	1	个
30	办公卡位1	1500×1500×750	11	张
31	办公卡位2	1500×1500×1150	14	张
32	办公椅	620×610×910-990	57	把
33	文件矮柜	900×400×900	4	组
34	货架	900×500×2000	29	组
35	沙发2	1800×800×700	3	组
36	货柜	900×500×2000	15	组
37	更衣柜	900×450×2000	21	组
38	超净治疗柜1	9100×600×2000	2	组
39	超净治疗柜2	11250×600×2000	1	组
40	超净治疗3	2400/7480×600×2000	2	组
41	会议桌	3600×1200×750	3	张
42	会议椅	640×660×935	30	把
43	班前椅	570×730×630	9	把
44	背柜	900×400×2000	5	组
45	货架	900×500×2000	44	个
46	摇病床	长度2140，床面宽度900，含护栏1000，床面调节高度450～740	200	张
47	污物车	1000×600×800	4	台
48	药浴桶	1200×600×650	4	个
49	药浴缸	1420×700×560	2	个
50	病人陪护椅	580×530×560	200	张

技术参数要求见表7-14-8所示。由于篇幅所限，具体参数敬请扫码阅读。

第十五节　办公自动化设备招标案例参考

一、对通用条款的参考补充内容

（一）投标须知前附表（表7-15-1）

投标须知前附表　　表7-15-1

序号	内　容	规　定
1	资金来源	财政性资金100%
2	采购单位	深圳市 ×××
3	项目名称	办公设备采购项目
4	投标报价的上限	预算控制金额：××××元，币种：人民币
5	投标人的资质要求	详见“投标文件初审表”
6	联合体投标	不接受备注：如联合体投标，投标人还必须提供《联合体投标协议》（格式自定）
7	投标有效期	90日历天（从投标截止之日算起）
8	投标人的替代方案	不允许
9	投标文件的投递	本项目实行网上投标，投标人必须在招标文件规定的投标截止时间前登录“深圳市政府采购网”，用“应标管理→上传投标文件”功能将编制好的电子投标文件上传，投标文件大小不得超过100MB
10	《公示文件清单》	需公示文件清单包括： 1.投标函；2.营业执照；3.法定代表人证明书（不含身份证信息）；4.法定代表人授权委托书（不含身份证信息）；5.资格文件要求的《承诺函》内容；6.项目的特定资格要求（有具体要求时则需提供）。 备注： 上述清单内容除需满足本项目投标书目录（对应节点上传）的要求外，还需通过附件方式上传，以便资格文件公示。未按要求执行的将在评分项“投标文件质量评价”中予以扣除

注：（1）本表为通用条款相关内容的补充和明确，如与通用条款相冲突的以本表为准。

（2）“参与政府采购项目投标的供应商近三年内无行贿犯罪记录”，是指由深圳交易集团有限公司政府采购业务分公司定期向深圳市人民检察院申请对政府采购供应商库中注册有效的供应商进行集中查询并在深圳政府采购网予以公示，投标文件中无需提供证明材料。

评标优惠政策：

（1）根据《政府采购促进中小企业发展管理办法》（财库〔2020〕46号）对满足价格

扣除条件且在投标文件中提交了《中小企业声明函》，对于小微企业其投标报价扣除10%后参与评审。根据《财政部司法部关于政府采购支持监狱企业发展有关问题的通知》(财库〔2014〕68号)和《三部门联合发布关于促进残疾人就业政府采购政策的通知》(财库〔2017〕141号)的规定，对满足价格扣除条件且在投标文件中提交了《残疾人福利性单位声明函》或省级以上监狱管理局、戒毒管理局(含新疆生产建设兵团)出具的属于监狱企业的证明文件的投标人，其投标报价扣除6%后参与评审。对于同时属于小微企业、监狱企业或残疾人福利性单位的，不重复进行投标报价扣除。如有其他政策支持因素(如鼓励创新等)需一并列出。

(2)联合协议中约定，小型企业、微型企业、残疾人福利性单位和监狱企业的协议合同金额占到联合体协议合同总金额30%以上的，可给予联合体2%的价格扣除。

联合体各方均为小型企业、微型企业和监狱企业的，联合体视同为小型企业、微型企业和监狱企业，均享受评标优惠政策第一款的优惠政策。

(二)其他说明

采购人拟采购的产品属于《关于调整优化节能产品、环境标志产品政府采购执行机制的通知》(财库〔2019〕9号)品目清单范围的，应依据国家确定的认证机构出具的、处于有效期之内的节能产品、环境标志产品认证证书，对获得证书的产品实施政府优先采购或强制采购。对于已列入品目清单的产品类别，采购人可在采购需求中提出更高的节约资源和保护环境要求，对符合条件的获证产品给予适当评审加分。对于未列入品目清单的产品类别，鼓励采购人综合考虑节能、节水、环保、循环、低碳、再生、有机等因素，参考相关国家标准、行业标准或团体标准，在采购需求中提出相关绿色采购要求，促进绿色产品推广应用。

招标文件解释权归政府集中采购机构，招标文件涉及的采购需求部分等内容由政府集中采购机构责成采购单位解释。采购单位对采购需求的完整性和真实性负责。

(三)领取中标通知书相关事宜

中标供应商应于中标公告公布之日起三个工作日后，凭以下资料到招标单位领取《中标通知书》：中标供应商务必携带1份本项目纸质的投标文件(装订成册)并加盖公章、骑缝章(须承诺所提供纸质的投标文件与加密的电子投标文件内容完全一致，此承诺内容必须在投标文件封面上并加盖公章)和授权委托书及被委托人身份证。

二、货物清单及具体技术要求

非单一产品采购项目，采购单位应当根据采购项目技术构成、产品价格比重等合理确定核心产品，并在招标文件中载明。

本项中若指明类似某品牌/型号的设备或参数，是为了方便说明技术要求，并不表示采购人对设备选择的倾向性，不构成对投标产品在品牌上的任何限制，其意义仅在于为投标人提供了解招标货物需求清单中材料、设备要求具体情况的参数指标。在满足本次项目招标需求的技术、档次及品质的质量级别前提下，由投标人自主选择投何种产品。

（一）货物清单

（1）货物总清单（表7-15-2）。

货物总清单 **表7-15-2**

序号	货物名称	数量	单位	备注	财政预算限额（元）
1	办公设备	1	项		××××

（2）物品清单明细（表7-15-3）。

物品清单明细 **表7-15-3**

序号	货物名称	数量	单位	备注	财政预算限额（元）
办公设备					
1	数码复合打印复印扫描机（大）	3	台	拒绝进口	××××
2	便携投影仪（办公无线商务超高清便携式）	2	台	拒绝进口	××××
3	打印机（小）	30	台	拒绝进口	××××
4	打印机（中）	18	台	拒绝进口	××××
5	办公用一体机	35	台	拒绝进口	××××
6	65英寸视频会议平板电视一体机	2	台	拒绝进口	××××
7	远程会议全向无线话筒	2	台	拒绝进口	××××
8	冰箱	2	台	拒绝进口	××××
9	微波炉	2	台	拒绝进口	××××
10	便携投影仪办公无线商务超高清便携式（包含可移动幕布）	2	台	拒绝进口	××××
11	迎宾区LED大屏1	1	台	拒绝进口	××××
12	无线投屏器	2	台	拒绝进口	××××
13	门禁系统一体机	3	台	拒绝进口	××××
14	碎纸机	10	台	拒绝进口	××××
15	空气净化器	24	台	拒绝进口	××××
16	迎宾区LED大屏2	1	台	拒绝进口	××××

（1）备注栏注明“拒绝进口”的产品不接受投标人选用进口产品参与投标；注明“接受进口”的产品允

许投标人选用进口产品参与投标，但不排斥国内产品。

（2）进口产品是指通过海关验放进入中国境内且产自关境外的产品。即所谓进口产品是指制造过程均在国外，如果产品在国内组装，其中的零部件（包括核心部件）是进口产品，则应当视为非进口产品。采用“接受进口”的产品优先采购向我国企业转让技术、与我国企业签订消化吸收再创新方案的供应商的进口产品，相关内容以《政府采购进品产品管理办法》（财库〔2007〕119号）和《财政部关于政府采购进口产品管理有关问题的通知》（财办库〔2008〕248号）的相关规定为准。

（3）根据《深圳市财政委员会关于印发〈深圳市本级行政事业单位常用办公设备配置预算标准〉的通知》（深财规〔2013〕20号）上述部分办公设备配置有预算标准。已在表格“财政预算限额”中注明，投标供应商报价时不得超出财政预算限额，否则做投标无效处理。

（4）本项目核心产品为：11.迎宾区LED大屏1。

三、实质性响应条款

（1）关于实质性响应条款，参与本项目的投标人默认承诺按将完全满足“实质性响应条款”所述全部内容的前提下进行投标。

（2）开标一览表中填写的“交货期”必须与本表的“交货期”一致。如不一致，以开标一览表填写的“交货期”为准。如开标一览表载明的交货期超过招标文件规定的期限，根据《初审表》要求作废标处理（表7-15-4）。

实质性响应条款列表　　**表7-15-4**

序号	目录	实质性响应条款
1	关于免费保修期	货物免费保修期1年，时间自最终验收合格并交付使用之日起计算
2	关于交货期	签订合同后，≤30个日历天内完成交货并安装调试完毕。交货地点由采购人指定。如不能按期交货，将以延迟送货1天按中标金额的1%进行处罚

四、具体技术要求

招标技术要求中，要求提供证明资料的条款共6项，其余为未要求提供证明资料的条款，无需提供相关证明资料。评分时，如对一项招标技术要求（以划分框为准）中的内容存在两处（或以上）负偏离的，在评分时只作一项负偏离扣分（表7-15-5）。由于篇幅所限，具体技术要求一览表敬请扫码阅读。

五、商务需求（表7-15-6）

商务标要求一览表　　表7-15-6

序号	目录	招标商务需求
（一）免费保修期内售后服务要求		
1	关于免费保修期	货物免费保修期1年，时间自最终验收合格并交付使用之日起计算
2	维修响应及故障解决时间	在保修期内，一旦发生质量问题，投标人在收到用户的函或电话后，承诺15分钟电话响应，2小时上门服务，24小时内修复。如不能及时修复的产品，须与使用方协商予以更换或者约定修复时间，如需拉回工厂返修，同时提供替代产品暂用
3	维修保障	投标人应将设备原厂的用户手册、保修手册、操作流程、维护流程等有关资料（包括中文版本，并提供电子版）等无偿提供
4	其他	投标人及设备制造商不得以任何理由不按时进行维修，不得要求采购人购买所谓“保修服务”（即：不论设备有无故障先买保修服务），不得在设备中嵌设任何不利于采购人使用与维修设备的障碍
（二）其他商务要求		
1	关于交货	1.1 交货期：签订合同后，≤30个日历天内完成交货并安装调试完毕。交货地点由采购人指定。如不能按期交货，将以延迟送货1天按中标金额的1%进行处罚
		1.2 交货地点：由采购方指定，并负责搬运到各楼层
		1.3 交货要求： 1.3.1 中标人交付的货物应当完全符合招标投标文件所规定的货物、数量、质量和规格要求。中标人提供的货物不符合招标投标文件和合同规定的，采购人有权拒收全部货物，由此引起的任何风险，由中标人自行承担。 1.3.2 所供设备必须是交货日前十二个月内生产的全新原装正品（包括零部件）。 1.3.3 中标人应将所提供货物的使用说明书、原厂保修卡等附随资料和附随配件、工具等于交货时一并交付给采购人；中标人不能按照合同约定履行全部交货义务及本款规定的单证和工具的，视为未按合同约定交货，投标人负责补齐，因此导致逾期交付的，由中标人承担违约责任
		1.4 投标人必须承担的设备运输、安装调试、验收检测和提供设备操作说明书、图纸等其他类似的义务
2	关于产品质量安全	2.1 所有涉及家具等设备，甲醛释放量必须符合国家标准一级场所标准，空气中游离甲醛标准小于等于××为合格，供货后由使用单位进行1～2款产品抽检，其中检测费用（含样品送检费及交通费等）由中标方承担
		2.2 本招标项目要求中所出现的工艺、材料、设备或参照的品牌仅为方便描述而没有限制性，投标人可以在其提供的文件资料中选用替代标准，但这些替代标准要不低于技术规格中要求的标准。所有设备制作前需到现场实际度量，以现场为准合理调整产品结构，调整后的制作方案应得到使用单位的认可
3	关于安装	3.1 中标人负责设备运输、搬运和拆卸以及所需要的搬运和安装工具
		3.2 安装时须对场地内的其他设备、设施采取良好的保护措施，及时清理拆箱和安装产生的物料

续表

序号	目录	招标商务需求
3	关于安装	3.3 软件升级免费，维修零部件按投标价同等优惠幅度供货
4	关于验收	4.1 投标人货物经过双方检验认可后，签署验收报告，产品保修期自验收合格之日起算，由投标人提供产品保修文件
		4.2 当满足以下条件时，采购人才向中标人签发货物验收报告： a、中标人已按照合同规定提供了全部产品及完整的技术资料。 b、货物符合招标文件技术规格书的要求，性能满足要求。 c、货物具备产品合格证。 d、所有设备安装调试，已处于良好、稳定的运行状态
		4.3 本项目相关服务费用包含有检测验收费用一项，应聘请该专业人员3～5人进行验收。若检测验收不合格，采购人应再聘请专业人员3～5人进行验收，验收费用由中标方另外承担，直至验收合格。 4.4 所投家具成品及原辅材料质量应满足相应的国家、地方或行业产品质量标准要求
5	关于违约	5.1 中标人不能交货的，需偿付不能交货部分货款的 20 %的违约金并按主管部门相关规定处理
		5.2 中标人所交付产品、工程或服务不符合其投标承诺的，或在投标阶段为了中标而盲目虚假承诺、低价恶性竞争，在履约阶段则通过偷工减料、以次充好而获取利润的，将被评为履约等级“差”并按主管部门相关规定处理
		5.3 甲乙签订合同时，乙方需提供《施工进度计划》，并保证按合同约定及施工进度计划施工。因乙方原因导致工期延误，每逾期一天，乙方必须赔偿甲方合同项目造价总额千分之三的违约金，如因乙方原因，导致工期拖延达一个月以上，视同乙方严重违约，乙方除需承担赔偿甲方因此造成的全部经济损失外，还必须向甲方支付合同价款20%的违约金，甲方并有权解除合同
6	其他	6.1 本项目安装施工过程中需与主体施工方、二次装修方紧密配合，配合费为中标价的1%，安装施工中产生的水电等费用自行承担
		6.2 本项目包干价。货物总价内包含相关的费用有：原材料和配件费、深化设计、生产加工、安装、调试，通过有关主管部门的验收，运至合同指定地点的包装、运输、装卸、保险，技术培训，检查、检验，及保修、利润、风险金、售后服务、国家规定的各项税费；中标商无条件提供为完成本项目需要的铜管、线材及所有配件，且布线（管道）必须符合国家有关技术规范

六、付款方式

项目中标后在办公设备的技术资料及图纸审核完成后预付中标金额的30%，供货安装调试完毕，经采购单位验收合格后十五个工作日内支付至项目进度款的70%，在项目正常使用满三个月后三十个工作日内支付至项目进度款的95%，剩余5%作为质保金，免费质保期（保修期）期满后，无质量问题，十五个工作日内结清。

七、政策导向（根据政策进行调整具体内容）

（1）根据《深圳市财政局政府采购供应商信用信息管理办法》深财规〔2023〕3号第五条，供应商在参加政府采购活动中有《政府采购法》第七十七条、《中华人民共和国政府采购法实施条例》第七十二条、第七十三条、第七十四条，或者《采购条例》第五十七条所规定的情形之一时，采购人将报政府采购主管部门按《深圳经济特区政府采购条例》《深圳经济特区政府采购条例实施细则》等有关规定记入供应商诚信档案，并在官方网站“不诚信行为曝光台”曝光投标人的不诚信行为。情节严重的，主管部门将取消投标人参与政府采购资格，并由市场监管部门依法吊销投标人营业执照；涉嫌犯罪的，依法移送司法机关处理。

（2）根据《深圳市政府采购供应商诚信管理暂行办法》第六条，“供应商在参加政府采购活动中出现下列行为之一的，由财政部门记入供应商诚信档案：（一）投标截止后，无正当理由撤销其投标行为，导致项目无法正常开评标的；（二）未按《采购条例》规定签订、履行采购合同，严重影响采购人日常工作的；（三）在投标文件中未说明且未经采购人同意，将中标项目分包给他人，情节严重的；（四）严重违反合同约定，擅自降低货物质量等级和售后服务，货物、工程或者服务存在严重质量问题的；（五）严重违反合同约定，未能完成全部货物、服务或工程项目，中途停止配送或者变相增加费用的；（六）捏造事实、提供虚假材料进行质疑的；（七）假冒他人名义质疑的；（八）无正当理由拒不配合进行质疑调查的。”

根据《深圳市政府采购供应商诚信管理暂行办法》第七条，“政府集中采购机构根据《政府采购合同履约评价规范》等规定，在履约抽检过程中对履约检查评价为差的供应商，按本办法第十条规定进行认定后，记入供应商诚信档案，并抄报财政部门，同时对外公告。”

投标人如有上述规定行为之一时，公司可按照下列规定进行处理：①凡采用综合评分法评审的项目，将在《评标信息》中“公司诚信”评分项扣除其所有诚信分。②凡采取价格评比（如最低价法或“*N*+2”法）的项目，投标人最终报价在该企业最后一轮报价的基础上上浮30%（上浮加价的部分不作为最终中标价或成交价结算）。③对不进行综合评分、符合资格条件即入围的预选采购项目，投标人“在诚信管理中受过主管部门通报处理且仍在实施期限的，不得参与本项目投标”。④已中标的，采购人可以报政府采购主管部门取消中标资格。

（3）2014年起，政府部门在进行设备或工程采购时，应在招标文件中明确要求工程机械、装卸机械满足国家现阶段非道路移动机械用柴油机排放标准，并鼓励使用液化天然气或电动工程机械、装卸机械。2015年起，政府部门采购设备或工程项目中选用液化天然气或电动工程机械、装卸机械的比例不低于30%。

八、注意事项

（1）中标人不得将项目非法分包或转包给任何单位和个人。否则，采购单位有权即刻终止合同，并要求中标人赔偿相应损失。

（2）投标人若认为招标文件的技术要求或其他要求有倾向性或不公正性，可在招标答疑阶段提出，以维护招标行为的公平、公正。

（3）投标人使用的标准必须是国际公认或国家、地方政府颁布的同等或更高的标准，如投标人使用的标准低于上述标准，评标委员会将有权不予接受，投标人必须列表将明显的差异详细说明。

（4）投标人所提交的投标文件对技术参数和各项要求的响应要列出具体内容。《技术性能及规格偏离表》或《商务条款偏离表》的“偏离情况”必须如实填写“正偏离”“负偏离”“无偏离”。如果投标人只注明“符合”或“满足”，将被视为“不符合”，并可能严重影响评标结果。

第十六节　医用被服招标项目案例参考

一、项目基本信息（表7-16-1）

表7-16-1

序号	采购计划编号	采购项目名称	财政预算限额（元）
1	PLAN-××××	××医疗卫生机构2022年度医用被服采购	××××

二、需求明细

1.汇总表（表7-16-2）

表7-16-2

序号	项目名称（标的名称）	单位	数量	所属行业	备注
1	××医疗卫生机构2022年度医用被服采购	项	1	工业	

2.货物总清单（表7-16-3）

表7-16-3

序号	货物名称	数量	单位	备注	财政预算限额（元）
1	医用被服	1	批	拒绝进口	××××

三、商务和技术条款部分

（1）带★号条款为不可偏离条款，投标人必须完全响应满足，否则将导致投标无效。投标人是否满足本部分带★号条款要求，以《商务条款偏离表》响应为准。

（2）如投标人中标后被发现不能满足带★号条款要求的，采购单位有权拒绝签订合同，一切后果由投标人承担。

（3）货物清单及要求（表7-16-4）。由于篇幅所限，具体货物清单明细敬请扫码阅读。

第十七节 窗帘招标项目案例参考

一、对通用条款的补充内容（表7-17-1）

窗帘招标项目通用条款补充内容 表7-17-1

序号	内容
1	投标报价以人民币报价
2	投标有效期：从投标截止之日起90天内有效
3	特别提醒： 投标文件正文将对外公开，投标文件附件不公开。投标人在使用投标书编制软件编制投标文件时，信息公开部分必须编制于“标书”，非信息公开部分编制于“附件”。 我公司公布投标文件正文（信息公开部分）时为计算机截取信息公布，如投标人未按招标文件要求将需要公示的内容编制于“标书”内，将作投标无效处理；如投标人将非信息公开部分内容编制于“标书”内，不会作无效投标处理，但一切后果由投标人自行承担。 投标人对公示信息的质疑，按现规定和做法执行。望各投标人要珍惜本次投标机会，诚实、守信、依法、依规投标
4	评审委员会由评审专家组成，人数为五人或以上的单数，评审专家由主管部门通过随机方式从专家库中选取。采购人授权评审委员会确定中标供应商的，采购人可以派代表参加评审委员会，但采购人代表在评审委员会中所占比例不得超过三分之一
5	项目实行网上投标，投标人必须在招标文件规定的投标截止时间前登录“深圳市政府采购网”，使用“应标管理→上传投标文件”功能点，将编制好的电子投标文件上传，投标文件大小不得超过100MB

续表

序号	内容
6	投标人的替代方案：不允许
7	投标保证金：无需缴纳
8	履约保证金： □无　☑有，详见商务条款
9	中标服务费：按通用条款第十二章费率标准货物标准下浮20%执行，根据中标金额计算后的收取，如计算后中标服务费不足3000元的，按3000元收取固定服务费。 中标服务费由中标人在领取中标通知书前，以现金或转账形式一次性支付
10	本项目采购标的所属行业：工业
11	其他要求：无

备注：本表为通用条款相关内容的补充和明确，如与通用条款相冲突的以本表为准。

（一）采购清单（表7-17-2）

采购清单　　**表7-17-2**

序号	采购计划编号	货物名称	数量	单位	备注	财政预算限额
1	PLAN-××××	××医疗卫生机构新建**大楼窗帘及隔帘采购项目	1	批	拒绝进口	××××万元

（二）货物清单明细（表7-17-3）

货物清单明细　　**表7-17-3**

序号	产品名称	单位	采购数量	单价限价（元）	采购数量是否可变更	备注
1	医用隔帘	平方米	××××	××××	是	
2	★布帘	平方米	××××	××××	是	核心产品
3	全遮光布帘	平方米	××××	××××	是	
4	电动开合帘	平方米	××××	××××	是	
5	纱帘	平方米	××××	××××	是	
6	卷帘	平方米	××××	××××	是	
7	全遮光卷帘	平方米	××××	××××	是	
8	电动卷帘	平方米	××××	××××	是	
9	开合帘电机	台	××××	××××	是	
10	管状电机	台	××××	××××	是	
11	窗帘轨道	米	××××	××××	是	
12	电动轨道	米	××××	××××	是	

续表

序号	产品名称	单位	采购数量	单价限价（元）	采购数量是否可变更	备注
13	磨砂贴纸	平方米	××××	××××	是	
14	窗帘清洗服务（含拆装）	次	/	增值服务，无定价要求	是	10次（每年不少于1次）
15	3D效果图（全景图）	/	/	增值服务，无定价要求	是	各区域（房间）
16	免费保修期内（不少于5年）提供修补边线、保养与维修	次	/	增值服务，无定价要求	是	上门服务，不少于1次/6个月

通常表中的采购数量为预估量，中标供应商需现场复核尺寸，根据实际需求测量定做，项目最终按照报价单价进行结算。

特别提醒：

（1）要求各产品带编号及医疗卫生机构LOGO标识等；

（2）能够提供各产品定制图标印制；

（3）所有产品颜色待定，中标单位在安装前需与医疗卫生机构确定各类产品颜色；

非单一产品采购项目，采购人应当根据采购项目技术构成、产品价格比重等合理确定核心产品。本项目核心产品：布帘。

根据《政府采购货物和服务招标投标管理办法》（财政部令第87号）第三十一条相关规定，提供核心产品为相同品牌且通过资格审查、符合性审查的不同供应商，按一家供应商计算，评审后得分最高的同品牌供应商获得中标人推荐资格；评审得分相同的，采取随机抽取方式确定中标人推荐资格。其他综合评分总分次之的不同品牌投标供应商顺推获得中标人推荐资格。

特别说明：

1.注明“拒绝进口”的产品不接受投标人选用进口产品参与投标；

2.注明“接受进口”的产品允许投标人选用进口产品参与投标，但不排斥国内产品。

3.进口产品是指通过海关验放进入中国境内且产自关境外的产品。即所谓进口产品是指制造过程均在国外，如果产品在国内组装，其中的零部件（包括核心部件）是进口产品，则应当视为非进口产品。采用“接受进口”的产品优先采购向我国企业转让技术、与我国企业签订消化吸收再创新方案的供应商的进口产品，相关内容以财库〔2007〕119号文和财办库〔2008〕248号文的相关规定为准。

二、技术服务要求

带“★”指标项为实质性条款，如出现负偏离，将被视为未实质性满足招标文件要求作投标无效处理。带“ ”指标项为重要参数，负偏离时依相关评分准则内容作重点扣分处理（表7-17-4）。

主要技术参数和指标 **表 7-17-4**

<table>
<tr><th>配置</th><th colspan="2">主要技术参数和指标</th></tr>
<tr><td rowspan="20">一、
主要技术
及要求</td><td rowspan="10">1. 医用隔帘</td><td>1.1 成分，顶破强力，燃烧性能，静电压半衰期[投标人提供 × × 年 × × 月 × × 日以来（有效期内）在检验检测机构资质认定证书规定的能力范围内出具合格的检验检测报告（符合上述参数），并在报告上加盖检验检测专用章及标注资质认定标志（CMA或CNAS），报告贴布料小样，同一货物的布料小样须相同，并按要求提供“国家认证认可监督管理委员会”官方网站查询记录的检验检测截图作为得分依据，原件备查。]</td></tr>
<tr><td>1.2 平方米干燥重量</td></tr>
<tr><td>1.3 耐光、汗复合色牢度</td></tr>
<tr><td>1.4 可萃取重金属含量</td></tr>
<tr><td>1.5 耐磨性能</td></tr>
<tr><td>1.6 甲醛含量符合《国家纺织产品基本安全技术规范》GB 18401—2010 A类。异味：无异味 符合GB 18401—2010标准。pH值符合GB 18401—2010 A类。可分解致癌芳香胺染料符合GB 18401—2010未检出。[投标人提供 × × 年 × × 月 × × 日以来（有效期内）在检验检测机构资质认定证书规定的能力范围内出具合格的检验检测报告（符合上述参数），并在报告上加盖检验检测专用章及标注资质认定标志（CMA或CNAS），报告贴布料小样，同一货物的布料小样须相同，并按要求提供“国家认证认可监督管理委员会”官方网站查询记录的检验检测截图作为得分依据，原件备查。]</td></tr>
<tr><td>1.7 水洗尺寸变化率</td></tr>
<tr><td>1.8 耐干摩擦色牢度</td></tr>
<tr><td>1.9 耐水色牢度</td></tr>
<tr><td>1.10 耐皂洗色牢度</td></tr>
<tr><td rowspan="5">2. 布帘</td><td>2.1 甲醛含量符合《国家纺织产品基本安全技术规范》GB 18401—2010标准。pH值：符合GB 18401—2010 标准。异味：无异味 符合GB 18401—2010标准。可分解致癌芳香胺染料：禁用，符合GB 18401—2010 标准</td></tr>
<tr><td>2.2 耐皂洗色牢度</td></tr>
<tr><td>2.3 耐干摩擦色牢度</td></tr>
<tr><td>2.4 耐水色牢度</td></tr>
<tr><td>2.5 布料成分，织物线密度，织物密度 [投标人提供 × × 年 × × 月 × × 日以来（有效期内）在检验检测机构资质认定证书规定的能力范围内出具合格的检验检测报告（符合上述参数），并在报告上加盖检验检测专用章及标注资质认定标志（CMA或CNAS），报告贴布料小样，同一货物的布料小样须相同，并按要求提供“国家认证认可监督管理委员会”官方网站查询记录的检验检测截图作为得分依据，原件备查。]</td></tr>
<tr><td rowspan="5">3. 全遮光布帘</td><td>3.1 甲醛含量符合《国家纺织产品基本安全技术规范》GB 18401—2010 标准。pH值：符合GB 18401—2010 标准。异味：无异味 符合GB 18401—2010标准。可分解致癌芳香胺染料：禁用，符合GB 18401—2010 标准</td></tr>
<tr><td>3.2 耐皂洗色牢度</td></tr>
<tr><td>3.3 耐摩擦色牢度</td></tr>
<tr><td>3.4 耐水色牢度</td></tr>
<tr><td>3.5 耐酸汗渍色牢度</td></tr>
</table>

续表

配置		主要技术参数和指标
一、主要技术及要求	3.全遮光布帘	3.6 耐碱汗渍色牢度
		3.7 耐干洗色牢度
		3.8 耐光色牢度
		3.9 耐光、汗复合色牢度
		3.10 耐唾液色牢度
		3.11 水洗尺寸变化率
		3.12 厚度
		3.13 顶破强力
		3.14 单位面积质量
		3.15 燃烧性能：断裂强力，撕破强力，悬垂性，[投标人提供××年××月××日以来（有效期内）在检验检测机构资质认定证书规定的能力范围内出具合格的检验检测报告（符合上述参数），并在报告上加盖检验检测专用章及标注资质认定标志（CMA或CNAS），报告贴布料小样，同一货物的布料小样须相同，并按要求提供“国家认证认可监督管理委员会”官方网站查询记录的检验检测截图作为得分依据，原件备查。]
		3.16 防螨性能——抑菌率（%），透湿率，总光通量透射比，拒水性。[投标人提供××年××月××日以来（有效期内）在检验检测机构资质认定证书规定的能力范围内出具合格的检验检测报告（符合上述参数），并在报告上加盖检验检测专用章及标注资质认定标志（CMA或CNAS），报告贴布料小样，同一货物的布料小样须相同，并按要求提供“国家认证认可监督管理委员会”官方网站查询记录的检验检测截图作为得分依据，原件备查。]
		3.17 抗菌性能，电荷量，静电压半衰期，易去污性，[投标人提供××年××月××日以来（有效期内）在检验检测机构资质认定证书规定的能力范围内出具合格的检验检测报告（符合上述参数），并在报告上加盖检验检测专用章及标注资质认定标志（CMA或CNAS），报告贴布料小样，同一货物的布料小样须相同，并按要求提供“国家认证认可监督管理委员会”官方网站查询记录的检验检测截图作为得分依据，原件备查。]
		3.18 布料成分（%），织物线密度，织物密度，致敏染料（毫克/公斤），可萃取重金属含量。[投标人提供××年××月××日以来（有效期内）在检验检测机构资质认定证书规定的能力范围内出具合格的检验检测报告（符合上述参数），并在报告上加盖检验检测专用章及标注资质认定标志（CMA或CNAS），报告贴布料小样，同一货物的布料小样须相同，并按要求提供“国家认证认可监督管理委员会”官方网站查询记录的检验检测截图作为得分依据，原件备查。]
	4.电动开合帘	4.1 甲醛含量（毫克/公斤）：未检出，检测标准《国家纺织产品基本安全技术规范》GB 18401—2010 A类。pH值：4-7.5，检测标准GB 18401—2010 A类。异味：无异味，检测标准GB 18401—2010。可分解致癌芳香胺染料：禁用，检测标准GB 18401—2010。[投标人提供××年××月××日以来（有效期内）在检验检测机构资质认定证书规定的能力范围内出具合格的检验检测报告（符合上述参数），并在报告上加盖检验检测专用章及标注资质认定标志（CMA或CNAS），报告贴布料小样，同一货物的布料小样须相同，并按要求提供“国家认证认可监督管理委员会”官方网站查询记录的检验检测截图作为得分依据，原件备查。]

续表

配置	主要技术参数和指标	
一、主要技术及要求	4.电动开合帘	4.2 水洗尺寸变化率
		4.3 耐干洗色牢度
		4.4 耐洗色牢度
		4.5 耐水色牢度
		4.6 耐摩擦色牢度
		4.7 耐光色牢度
		4.8 耐汗渍色牢度
		4.9 成分
		4.10 断裂强力
		4.11 透气率（毫米/秒），单位面积质量（克/平方米），悬垂性悬垂系数，织物密度，回潮率[投标人提供××年××月××日以来（有效期内）在检验检测机构资质认定证书规定的能力范围内出具合格的检验检测报告（符合上述参数），并在报告上加盖检验检测专用章及标注资质认定标志（CMA或CNAS），报告贴布料小样，同一货物的布料小样须相同，并按要求提供“国家认证认可监督管理委员会”官方网站查询记录的检验检测截图作为得分依据，原件备查。]
		4.12 燃烧性能，遮光率，纱线线密度。[投标人提供××年××月××日以来（有效期内）在检验检测机构资质认定证书规定的能力范围内出具合格的检验检测报告（符合上述参数），并在报告上加盖检验检测专用章及标注资质认定标志（CMA或CNAS），报告贴布料小样，同一货物的布料小样须相同，并按要求提供“国家认证认可监督管理委员会”官方网站查询记录的检验检测截图作为得分依据，原件备查。]
	5.纱帘	5.1 甲醛含量（毫克/公斤）：未检出，检测标准《国家纺织产品基本安全技术规范》GB 18401—2010要求 。pH值：4-9，检测标准GB 18401—2010 要求。异味：无异味，检测标准GB 18401—2010。可分解致癌芳香胺染料：禁用，检测标准GB 18401—2010。[投标人提供××年××月××日以来（有效期内）在检验检测机构资质认定证书规定的能力范围内出具合格的检验检测报告（符合上述参数），并在报告上加盖检验检测专用章及标注资质认定标志（CMA或CNAS），报告贴布料小样，同一货物的布料小样须相同，并按要求提供“国家认证认可监督管理委员会”官方网站查询记录的检验检测截图作为得分依据，原件备查。]
		5.2 成分
		5.3 耐水色牢度
		5.4 耐汗渍色牢度
		5.5 耐摩擦色牢度（级）
		5.6 耐皂洗色牢度

续表

<table>
<tr><th>配置</th><th colspan="2">主要技术参数和指标</th></tr>
<tr><td rowspan="20">一、
主要技术
及要求</td><td rowspan="9">6.卷帘</td><td>6.1 甲醛含量（毫克/公斤）：未检出，符合检测标准《国家纺织产品基本安全技术规范》GB 18401—2010要求。pH值：4-9，符合检测标准GB 18401—2010要求。异味：无异味，检测标准GB 18401—2010。可分解致癌芳香胺染料：禁用，检测标准GB 18401—2010。[投标人提供××年××月××日以来（有效期内）在检验检测机构资质认定证书规定的能力范围内出具合格的检验检测报告（符合上述参数），并在报告上加盖检验检测专用章及标注资质认定标志（CMA或CNAS），报告贴布料小样，同一货物的布料小样须相同，并按要求提供“国家认证认可监督管理委员会”官方网站查询记录的检验检测截图作为得分依据，原件备查。]</td></tr>
<tr><td>6.2 成分（%），厚度（毫米），单位面积质量，透气率，遮光率（%），悬垂性悬垂系数[投标人提供××年××月××日以来（有效期内）在检验检测机构资质认定证书规定的能力范围内出具合格的检验检测报告（符合上述参数），并在报告上加盖检验检测专用章及标注资质认定标志（CMA或CNAS），报告贴布料小样，同一货物的布料小样须相同，并按要求提供“国家认证认可监督管理委员会”官方网站查询记录的检验检测截图作为得分依据，原件备查。]</td></tr>
<tr><td>6.3 耐洗色牢度</td></tr>
<tr><td>6.4 耐水色牢度</td></tr>
<tr><td>6.5 耐汗渍色牢度</td></tr>
<tr><td>6.6 耐干洗色牢度</td></tr>
<tr><td>6.7 耐干摩擦色牢度</td></tr>
<tr><td>6.8 耐磨性能</td></tr>
<tr><td>6.9 耐光色牢度（级），断裂强力，织物密度，撕破强力。[投标人提供××年××月××日以来（有效期内）在检验检测机构资质认定证书规定的能力范围内出具合格的检验检测报告（符合上述参数），并在报告上加盖检验检测专用章及标注资质认定标志（CMA或CNAS），报告贴布料小样，同一货物的布料小样须相同，并按要求提供“国家认证认可监督管理委员会”官方网站查询记录的检验检测截图作为得分依据，原件备查。]</td></tr>
<tr><td rowspan="5">7.开合帘电机</td><td>7.1 功率，输出扭矩</td></tr>
<tr><td>7.2 负载</td></tr>
<tr><td>7.3 绝缘等级：B，符合《小功率电动机的安全要求》GB/T 12350—2022</td></tr>
<tr><td>7.4 系统负载噪声前</td></tr>
<tr><td>7.5 具有轻触开合、停电手拉、缓启缓停、帘布回放功能。具有停电行程记忆功能。遇阻停止功能，当机构遇一定阻力时，电机会自动停止</td></tr>
<tr><td>8.管状电机</td><td>额定电压，频率，额定功率，保护等级：IP44；额定扭矩，额定转速，交流供电、电子限位、遇阻反弹、多行程点设置、支持智能中控、内置接受</td></tr>
<tr><td rowspan="2">9.窗帘轨道</td><td>9.1 材质，厚度</td></tr>
<tr><td>9.2 膜厚（微米）；耐盐雾腐蚀性；耐碱性</td></tr>
</table>

续表

配置	主要技术参数和指标	
一、主要技术及要求	10.电动轨道	10.1 材质为：铝合金
		10.2 具有记忆功能，超静音设计
		10.3 具有遇阻自停功能，功力强大，无需设定行程
		10.4 内置电机还具有轻触启动功能，停电可手动开合
		10.5 轨道采用电泳技术处理，噪声低
	11.磨砂贴纸	11.1 材质：环保PVC，无毒环保
		11.2 厚度：≥0.1毫米
		11.3 加厚纯磨砂
		11.4 表面防水可擦洗

三、商务条款

（1）带“★”指标项为实质性条款，如出现负偏离，将被视为未实质性满足招标文件要求作投标无效处理。带“ ”指标项为重要商务条款，负偏离时依相关评分准则内容作重点扣分处理。

（2）评分时，如对一项招标商务需求（以划分框为准）中的内容存在两处（或以上）负偏离的，在评分时只作一项负偏离扣分（表7-17-5）。

商务标要求　　**表7-17-5**

序号	目录	招标商务需求
（一）免费保修期内售后服务要求		
1	维修响应及故障解决时间	提供货物报修电话及联系人，招标人报修后，2小时内响应，24小时内派员上门现场维护，并在48小时内解决问题，如在规定时间内不能解决故障，应提供相同档次、功能的货物给采购人代用
2	关于免费保修期	★1.1货物免费保修期×年，时间自最终验收合格并交付使用之日起计算
3	维护保养	中标人应定期对产品进行预维护保养及窗帘清洗服务，不少于1次/6个月，以防患于未然。在整个产品运行过程中，中标人帮助采购人解决在应用过程中遇到的各种技术问题
（二）免费保修期外售后服务要求		
1	终身服务	保修期后，定期对货物进行维护保养及正常的零部件维修，不收取任何费用，需要更换零部件的，只收取零部件成本费用
2	免费保修期外建议	免费保修期外，中标单位有义务向采购单位对维修情况提出合理建议供采购单位考虑。内容包括但不限于零配件的优惠率不能高于采购单价、维修响应及故障解决时间、方案、提供的服务等，由投标方拟定

续表

序号	目录	招标商务需求
3	关于保修期后维修响应及故障解决时间	保修期后故障响应时间：由生产厂家提供售后服务，24小时内服务到位
（三）其他商务要求		
1	关于交货	1.1 交货地点：招标人指定地点
		1.2 货物运输及包装方式要求：合同中所有的货物均须由中标供应商自行运往安装场所，不论货物从何处购置、采用何种方式运输，采购人不承担任何责任及相关费用。中标供应商应当自行处理货物质量和数量短缺等问题。包装以保证货物的完好无损为标准
		★1.3 合同签订后15天（日历天）内交货并安装完毕
2	关于验收	2.1 验收内容包括但不限于：a.型号、数量及外观；b.货物所附技术资料；c.货物组件及配置；d.货物功能、性能及各项技术参数指标
		2.2 当满足以下条件时，采购人才向中标人签发货物验收报告： a.中标人已按照合同规定提供了全部产品及完整的技术资料。 b.货物符合招标文件技术规格书的要求，性能满足要求。 c.货物具备产品合格证
		2.3 验收中如发现有质量不合格或型号规格、数量等与送货清单不符等情况，中标人应免费更换或补齐，并承担违约责任。若中标人不予更换或补齐，采购人有权要求中标人全额退还已付货款
		2.4 验收时，提供“核心产品”质量检测报告1份（按照招标参数项目进行检测）及验收评价报告1份
3	关于违约	3.1 中标人不能交货的，需偿付不能交货部分货款的10%的违约金并按主管部门相关规定处理
		3.2 中标人逾期交货的，将被没收履约保证金并按主管部门相关规定处理
		3.3 中标人所交付产品、工程或服务不符合其投标承诺的，或在投标阶段为了中标而盲目虚假承诺、低价恶性竞争，在履约阶段则通过偷工减料、以次充好而获取利润的，将被没收履约保证金，并被深圳市政府采购中心评为履约等级“差”并按主管部门相关规定处理
4	关于付款	按区财政局相关规定执行
5	定制专属服务	1.免费保修期内提供修补边线、清洗、保养与维修（1次/6个月）服务； 2.所有窗帘产品定制专属卫生机构LOGO绑带及编号； 3.最终安装方案以各楼层、各科室选定的款式、颜色为准； 4.项目所有需求量的使用方案以院方最终决策为准

四、付款条件

（1）付款方式：

①合同签署生效后10个工作日内，采购人支付合同金额30%作为项目预付款；

②中标人需支付合同金额5%的履约保证金；

③采购人在收到履约保证金后，验收合格30日内，采购人支付尾款（结算余款）；

④履约结束，经验收合格后一个月内，由中标人向采购人申请退回履约保证金。

（2）由于供应商的原因，未按照协议约定交货的，采购人有权要求中标人按照未交货部分货款的10%支付违约金，并按主管部门相关规定处理。

（3）由于供应商的原因，无正当理由拖延交货，按逾期交货部分的货款计算，应向采购人偿付每日千分之三的违约金，中标人逾期交货超过10天日历天，将终止合同并通过法律程序对供应商进行索赔。

（4）履约保证金

①中标人应向采购人或采购人指定的机构提交履约保证金：合同金额的5%。

②如中标或成交供应商未能履行合同规定的义务，采购人有权从履约保证金中取得补偿。履约保证金扣除采购人应得的补偿后的余额在履行合同约定义务事项后及时退还中标人。

③供应商可以自主选择以支票、汇票、本票、保函等非现金形式缴纳或提交保证金。

五、样品要求（表7-17-6）

样品清单　　**表7-17-6**

序号	产品名称	规格	单位	要求
1	医用隔帘	1米×1米	块	各类窗帘需印制编号； 各类窗帘绑带需印制医院LOGO； 颜色自选
2	布帘	1米×1米	块	
3	全遮光布帘	1米×1米	块	
4	纱帘	1米×1米	块	
5	卷帘	1米×1米	块	
6	全遮光卷帘	1米×1米	块	

备注：

（1）投标人提交具有单独包装的样品且须标识序号、项目名称、项目编号、投标人名称等相关信息。

（2）为了解投标样品的材质、功能及质量，评审委员会有可能对投标样品进行各种测试，由此对投标样品造成的损坏不予赔偿，投标人应充分考虑在投标费用中。

（3）样品递交时间为投标截止时间前一个工作日至投标截止时间，投标截止时间截止后不再接收样品。样品递交地点为指定地点。

（4）请投标人提前和招标代理机构沟通样品送交事宜。

第十八节　标识招标项目案例参考

一、项目基本信息（表7-18-1）

项目基本信息　　表7-18-1

序号	采购计划编号	采购项目名称	财政预算限额/支付上限（元）
1	PLAN-××××	××医疗卫生机构集团2022年度标识标牌供应服务项目（A包）	××××
合计			××××

二、服务需求明细（表7-18-2）

项目服务明细　　表7-18-2

序号	采购计划编号	服务需求名称（标的名称）	数量	单位
1	PLAN-××××	××医疗卫生机构2022年度标识标牌供应服务	1.0	项

三、实质性条款（表7-18-3）

项目实质性响应条款　　表7-18-3

序号	实质性条款具体内容
1	★本项目服务期限：1年，本项目不是长期服务项目
2	★投标供应商须按照“四、技术要求（三）报价要求”在《开标一览表》中填写（1−下浮率）

注：上表所列内容为不可负偏离条款，负偏离将视为未实质性满足招标文件要求作投标无效处理。

四、技术要求

项目实施整体包干，供应商不得增加任何其他服务费用。项目服务要求如下：

（一）标识标牌供应流程

集团所属××医疗卫生机构根据实际需求提交采购申请单，申请单报送相关领导审批后由采购单位专职人员负责采购，中标供应商必须根据采购申请单的数量及效果（标准）要求进行标识标牌设计并按规定时间送货，确保采购单位办公人员能够正常办公。

（二）设计、制作标准与质量要求

（1）工作成果按照采购单位签字确认后的画面或制作效果（标准），或采购单位提供的样品效果，或由中标供应商制作并经采购单位确认可达到其预期效果的样品进行设计、制作，中标供应商须保证交付的工作成果的效果达到双方事先确认的效果。未经采购单位事先书面同意，中标供应商不得擅自更改效果。

（2）广告制作类货物的质量保证期：从工作成果交付并经采购单位验收合格之日起至少二年，质保范围按照上述规定。

（三）工作成果交付要求

（1）中标供应商接到需求后送货。中标供应商按照采购单位确定的交付日将工作成果交付至指定地点。

（2）中标供应商须在12小时内对采购单位提出的项目需求、维护作出响应，并于24小时内到现场维护完毕。

（3）交付数量少于约定数量，采购单位有权要求中标供应商立即补足；交付数量多于约定数量，如在交付之日成交方未取回，应被视为将多出的工作成果赠与采购单位。

五、报价要求

（1）本包年度采购总金额上限是××万元，结算按实际发生业务金额为准。其中，采购单位每次向中标供应商采购标识标牌的金额合计不超过5万元。

（2）服务费用包含原材料费、印刷制作费、货物包装、运输、人工、保险费、仓储费、税费、打版费、开模费等所有费用。《分项报价表》中的标识标牌品种除有说明外，均包含画面或制作效果的设计及制作。

（3）报价要求、注意：

①本次招标不涉及具体投标金额（无须供应商在投标文件中填报具体投标金额），投标人只需在投标文件中就《开标一览表》和《项目详细报价》填报唯一的“1-下浮率”。投标人应根据自身成本自行填报“1-下浮率”，但不得以低于其成本的报价竞标。

②“1-下浮率”填写要求：

a.填写要求：0＜1-下浮率≤1，未按此要求填写将作投标无效处理；

b.填写的“1-下浮率”应为小数；例如，0.95、0.80、0.78；

c.投标人参与投标只允许填报唯一1个“1-下浮率”，不允许填报2个（或以上）的“1-下浮率”；填报了2个或以上“1-下浮率”的，其投标将直接作投标无效处理；

d.“1-下浮率”缺填、漏填将直接作投标无效处理。

投标供应商按照填报的“1−下浮率”在《分项报价表》填写各类标识标牌不同规格的单价（该单价已包含本条第2点所述全部费用）。即：分项报价=最高限制单价 ×（1−下浮率），精确到两位小数。

供货价格：若投标人为中标供应商，则分项报价即为后续供应同等品目、规格的标识标牌费用。若采购单位采购非清单内品目或规格的标识标牌，由各科室向中标供应商提出具体的标识标牌名称、规格、成果效果需求，中标供应商应第一时间进行询价并向采购单位专职人员提供报价，经专职人员同意后按上述要求及报价供货。

其他报价要求：对于制度牌，若采购单位需要的尺寸不在清单范围内，则中标供应商向采购单位提供的报价不得高于[211 ×（1−下浮率）]元/平方米（裱亮光板）或[267.5 ×（1−下浮率）]元/平方米（裱PVC板）；对于标签标识，若采购单位需要的尺寸不在清单范围内，则中标供应商向采购单位提供的报价不得高于[0.067 ×（1−下浮率）]元/平方厘米（黑底车贴过哑膜）或[0.11 ×（1−下浮率）]元/平方厘米（白底车贴过哑膜）（表7-18-4）。

××医疗卫生机构常用标识标牌采购品目及最高限制单价　　表7-18-4

序号	名称	规格（毫米）/材质	数量	单位	最高限制单价（元）
1	制度牌	白底车贴过哑膜，裱亮光板，尺寸：400 × 600	1	张	××
2		白底车贴过哑膜，裱亮光板，尺寸：500 × 700	1	张	××
3		白底车贴过哑膜，裱亮光板，尺寸：600 × 800	1	张	××
4		白底车贴过哑膜，裱PVC板，尺寸：400 × 600	1	张	××
5		白底车贴过哑膜，裱PVC板，尺寸：500 × 700	1	张	××
6		白底车贴过哑膜，裱PVC板，尺寸：600 × 800	1	张	××
7	亚克力制度牌	5+3亚克力板，尺寸：400 × 600	1	套	××
8		5+3亚克力板，尺寸：500 × 700	1	套	××
9		5亚克力反UV，尺寸：400 × 600	1	套	××
10	三角台卡	白底车贴过哑膜，裱亮光板，尺寸：300 × 570	1	套	××
11	门牌	背胶过哑膜，双裱亮光板，尺寸：253 × 105	1	张	××
12		白底车贴过哑膜，裱PVC板，尺寸：280 × 130	1	套	××
13		亚克力盒含底座，内页3+3双层画面，尺寸：150 × 300	1	套	××
14	吊牌指引（双面）	白底车贴过哑膜，裱10PVC板，配吊挂链条，尺寸：300 × 150	1	套	××
15	温馨提示	白底车贴过哑膜，尺寸：210 × 297	1	张	××
16		白底车贴过哑膜，尺寸：210 × 148	1	套	××
17		白底车贴过哑膜，裱亮光板，尺寸：300 × 200	1	张	××
18	吊牌指引	黑底车贴过光膜，尺寸：1350 × 400	1	张	××

续表

序号	名称	规格（毫米）/材质	数量	单位	最高限制单价（元）
19	标签标识	黑底车贴过哑膜，尺寸：90×50	1	张	××
20		白底车贴过哑膜，尺寸：50×30	1	张	××
21		白底车贴过哑膜，尺寸：60×30	1	张	××
22	随手关灯标识	白底车贴过哑膜，尺寸：150×75	1	张	××
23	床头牌	PVC磨砂，双色板雕刻，尺寸：28×83	1	张	××
24	医生简介	PP过哑膜，尺寸：325×510	1	张	××
25		5透明亚克力UV，反打孔8，尺寸：350×500	1	张	××
26	二维码	PP过哑膜，尺寸：148×210	1	张	××
27	地标指引	高粘材料，白底车贴过地板膜，尺寸：800×80	1	条	××
28		高粘材料，白底车贴过地板膜，尺寸：1000×100	1	条	××
29		高粘材料，白底车贴过地板膜，尺寸：1500×120	1	条	××
30	安全出口指引（夜光）	黑底车贴过地板膜（夜光），尺寸：200×350	1	张	××
31	党旗	旗帜布，尺寸：2400×1600	1	副	××
32		旗帜布，尺寸：1900×1240	1	副	××
33		旗帜布，尺寸：1440×960	1	副	××
34	横幅	旗帜布，尺寸：1000×400	1	米	××
35		旗帜布，尺寸：1000×500	1	米	××
36		旗帜布，尺寸：1000×600	1	米	××
37	锦旗	锦旗烫金字，尺寸：600×800	1	套	××
38	文件标题	PP过哑膜，尺寸：15×200	1	张	××
39	门型展架	展架+画面，尺寸：800×2000	1	套	××
40		仅展架，尺寸：800×2000	1	套	××
41		仅画面，尺寸：800×2000	1	套	××
42	防撞条	UV超透彩白彩，尺寸：860×120	1	条	××
43		UV超透彩白彩，尺寸：1000×120	1	条	××
44		UV超透彩白彩，尺寸：1500×120	1	条	××
45	楼层索引	3+3亚克力丝印，尺寸：500×50	1	套	××
46	铜牌	钛金拉丝UV腐蚀，毫米尺寸：600×400	1	块	××
47	水晶字	12透明亚克力+3色板 直径10厘米	1	厘米	××
48		12透明亚克力+3色板 直径20厘米	1	厘米	××
49		12透明亚克力+3色板 直径30厘米	1	厘米	××
50		12透明亚克力+3色板 直径40厘米	1	厘米	××
51		8透明亚克力+3色板 直径10厘米	1	厘米	××

续表

序号	名称	规格（毫米）/材质	数量	单位	最高限制单价（元）
52	水晶字	8透明亚克力+3色板 直径20厘米	1	厘米	××
53		8透明亚克力+3色板 直径30厘米	1	厘米	××
54		8透明亚克力+3色板 直径40厘米	1	厘米	××
55	手提海报架	铝合金展架 不含画面 单面600×800	1	套	××
		铝合金展架 不含画面 双面600×800	1	套	××
56		铝合金展架 不含画面 单面600×900	1	套	××
		铝合金展架 不含画面 双面600×900	1	套	××
57		铝合金展架 不含画面 单面800×1200	1	套	××
		铝合金展架 不含画面 双面800×1200	1	套	××
58		铝合金展架 不含画面 单面900×1200	1	套	××
		铝合金展架 不含画面 双面900×1200	1	套	××
59	L型水牌	201不锈钢一体钛金 尺寸：600×800	1	套	××
60		201不锈钢一体钛金 尺寸：600×900	1	套	××
61		201不锈钢一体钛金 尺寸：800×1200	1	套	××
62	宣传海报	白底车贴过哑膜，尺寸：2000×1000	1	张	××
63		白底车贴过哑膜，尺寸：3000×1000	1	张	××
64		白底车贴过哑膜，尺寸：4000×1000	1	张	××
65	挂墙式宣传栏	铝合金型材，液压框尺寸：120×200；眉头尺寸：25×200； 液压开启正面宽65，侧厚96；底板：镀锌板（1厚）； 面板：耐力板（3厚）；眉头底板：铝塑板（3厚）	1	套	××
66	户外宣传栏	铝合金型材，液压框尺寸：120×200；眉头尺寸：25×200； 液压开启正面宽65，侧厚96；底板：镀锌板（1厚）； 面板：耐力板（3厚）；眉头底板：铝塑板（3厚）	1	套	××
67	移动宣传栏	铝合金型材，1200×2400	1	套	××
68	亚克力宣传栏	5+3亚克力板，配镜钉，不含画面，尺寸：2000×1000	1	套	××

备注：1.投标供应商在《分项报价表》中填写的分项报价不得超过最高限制单价。

2.分项报价均包含设计、安装、运送、税金。

六、商务要求（表7-18-5）

商务要求　　**表7-18-5**

序号	商务需求项	招标商务要求
1	必备条款	1.1服务期要求： ★本项目服务期限：1年，本项目不是长期服务项目
		1.2服务地点：××医疗卫生机构
		1.3付款期限和方式： 乙方提交由甲方科室签收的送货单、申请单、发票，并按月统计向甲方提交结算。对于广告制作类货物，乙方应在广告服务结束（或广告交付）后三十天内向甲方提供验收合格证明、合格发票、收款对公账户等资料，书面通知甲方付款。甲方对提交的资料审核并确认无误后，于收到乙方提供的相关资料之日起一个月内转账付款
		1.4验收条件： 乙方所提供标识标牌经过双方检验认可后，签署验收报告
		1.5违约责任：以合同为准
		1.6争议解决方法：以合同为准
2	其他	无

七、其他重要条款

（1）项目投标报价采用包干制，应包括成本、法定税费和相应的利润，应涵盖项目招标范围和招标文件所列的各项内容中所述的全部。由投标人根据招标需求自行测算投标报价；一经中标，投标报价即作为中标单位与采购人签订的合同金额。

（2）投标人应充分了解项目的位置、情况、道路及任何其他足以影响投标报价的情况，任何因忽视或误解项目情况而导致的索赔或服务期限延长申请将不获批准。

（3）投标人不得期望通过索赔等方式获取补偿，否则，除可能遭到拒绝外，还可能将被作为不良行为记录在案，并可能影响其以后参加政府采购的项目投标。各投标人在投标报价时，应充分考虑投标报价的风险。

（4）鼓励采购人积极运用公共信用信息，明确对信用记录良好的供应商（特别是中小微企业）免收履约保证金，确需收取履约保证金的，列明通过保函等非现金方式收取。在采购合同中明确对上述企业加大首付款或预付款比例，具体由采购人根据项目实际情况确定。

（5）除政府采购合同继续履行将损害国家利益和社会公共利益外，双方当事人不得擅自变更、中止或者终止合同。

（6）“信用中国”“中国政府采购网”“深圳信用网”以及“深圳市政府采购监管网”为供应商信用信息的查询渠道，相关信息以开标当日的查询结果为准。如开标当日“信用中国”“中国政府采购网”“深圳信用网”以及“深圳市政府采购监管网”四个网站出现网站无法打开的特殊情况，相关信息则以中标通知书发出前的查询结果为准。

（7）供应商提供报价合理性、澄清、说明、补正或者错误的修正的方式，包括但不限于现场提交、电邮提交等便捷方式。

第十九节　厨房设备招标项目案例参考

由于篇幅所限，详细项目明细敬请扫码阅读。

第二十节　设备类合理化补充需求列表

以补缺为主。通过典型空间标准配置及实际房间局部增设要求，认真对照原设置配置清单和安装实况、建设规划方案及施工图，找到实际所缺内容，及时申报采购配置（表7-20-1、表7-20-2）。

申报表　　　　**表7-20-1**

序号	物品物料名称	补充数量	申请理由	主管部门意见	审批部门意见	备注
1						
2						
3						
4						
5						
6						
7						
8						

申报情况审批对照表　　表7-20-2

序号	项目		医院申报数			主管部门审核数			
	品名	规格	总数量	单价	总金额	总数量	单价	总金额	备注

第二十一节　信息化类合理化补充需求列表

以补缺为主。通过典型空间标准配置及实际房间局部增设要求，认真对照原信息化建设规划方案及施工图，找到实际所缺内容，及时申报采购配置（表7-21-1、表7-21-2）。

申报表　　表7-21-1

序号	物品物料名称	补充数量	申请理由	主管部门意见	审批部门意见	备注
1						
2						
3						
4						
5						
6						
7						
8						

申报情况审批对照表 **表 7-21-2**

序号	项目		医院申报数			主管部门审核数			
	品名	规格	总数量	单价	总金额	总数量	单价	总金额	备注

第二十二节　基建类合理化拆改需求列表

拆改类项目应严格控制。要从时间、费用、审批流程及试业需求等因素综合考虑。对已经过专家论证在工程设计上没有违反国家的相关规范或标准的项目，原则上不予随意变更；对由于政策法规和标准已发生变化，确实影响运营的项目，要经过合理合法流程，经各级部门论证审批后及时作出变更决定和加快实施，以免影响工期的运营（表7-22-1）。

项目变更审批表 **表 7-22-1**

序号	项目名称	变更设计理由和论证结果	增加预算金额	主管部门意见	审批部门意见	备注
1						
2						
3						
4						
5						
6						
7						
8						

第二十三节　医疗机构筹办业务开办费编制AI智能化应用

一、开办编制的AI智能化目的

随着科技的不断发展，智能建筑技术和医学科技取得了显著的进展。人工智能、物联网、大数据分析等技术的突破为智慧建筑和医学带来了新的可能性。医疗设施和医疗环境的智能化需求日益增长，智慧建筑医学研究能够满足这一需求。人口老龄化、慢性病的增加等因素导致了对医疗服务的需求不断增加。智慧建筑软件系统的开发应用可以提高医疗服务的质量和效率，改善医疗环境，满足人们对更好医疗体验的需求。

目前医院的建设周期长，一般医院可能需要三年到五年的时间，有一些大型的医疗设施可能需要5～8年。如果碰到复杂的改、扩建，可能会有10年。为什么会出现这种现象呢？一方面因为医院是一个非常复杂的综合体。比如住宅通常只要毛坯就可以交付了。而医院有七大功能板块，700多间专业的医疗用房。特别的如手术室，放射科里面的X光、CT等大型的仪器设备都有复杂的建造要求和标准。

我们目前缺乏专业的技术人员进行规划设计和施工，涉及跨学科，跨专业的决策成百上千，而专业领域里的复合型人才却很少，决策缺乏专业精准数据的支撑和指引导致的决策难，决策慢是我们为什么建设会这么长时间的一个重要的原因。由于相关的医院建设部门缺少专业有经验的人员，短期的培训无法快速打造管理团队，而没有固定的经验的人员管理，也会导致整个建设过程决策困难，周期长。医疗各种专项多，各方的协调非常复杂，缺乏科学的协调对接也会导致医院的建造与运营不够高效经济。

另外，前期规划和策划的时间短，还没有确定好即开工建设。建设期间一边建设一边修改，在住宅等相较而言简单的建筑中可实施，在复杂的医疗机构建设中却不应该采取这种方式，通常会导致建成后发现实用性不高，而改动一个科室的重要房间可能会导致整个医院上上下下各种的调整和修改，可谓牵一发而动千钧，影响非常深远。因而前期规划，和总体规划的四合一非常重要，一定要做好充分的论证，把医院建造的内容详细规划出来，防止错漏空缺。这样才能保证后期建设的高效快速，减少时间和物力、财力的浪费。

医院的面积规划需要与各个科室对接，但是由于各科室对医院整体规划和面积缺少整体认识和全局观，导致沟通时间长，沟通成本高，方案设计周期长，难以确定。

因而非常有必要结合国内外建设和管理经验，在中国医院建设标准的基础之上，形成一套科学高效的方法论。在前期的整体规划时，对于医院的功能房间与人员的配置，大型仪器设备的配置以及造价估算，还有医院开办所需的上万件的设备、家具和后勤物资，以及智能化信息化的相关物件等都进行系统的归类和统计。进而科学地指导整个医院的建设，这会让我们少走很多的弯路。

当AI人工智能来临的时候，我们希望通过人工智能程序的开发来帮助加快医疗建设领域专业问题的解决。通过软件程序设立科学的建设标准指引以及评估体系，使得中国医院建设更科学高效，向高质量的发展作出贡献！

二、开办编制的AI智能化的意义

在建设过程当中，会出现前期的规划和后期的实施之间的差异。有很多复杂的专业知识是需要通过10年或20年的积累才能够获得的。这些可以通过AI人工智能的方法进行汇编，把复杂的东西简单化，以最直接、最明确的方式，更精准地传输给我们的建设方、使用方。让大家在一个共同的平台、标准和基础之上开展工作，能够快速地协同各方的需求，减少不必要的沟通。让建设的过程更加流畅。

开办涉及的工作特别的繁复，包括上万种的设备、物资以及零碎的家具、窗帘、厨具、标识等系统。通过人工智能，我们可以把这些复杂的系统进行科学地归类，并通过房间功能单元进行模块化、数据化，精准地进行匹配。减少了大量的、重复性的工作。通过计算机来帮助人们更高效快速地去处理复杂的事务。

它的价值体现在原来需要几个月枯燥的反复统计，才能够完成的工作，现在可以通过人工智能的识别，快速地进行计算和累计。使用方只需要做审核、评估和确认。而且通过多个庞大的数据案例，可以更加精准地分析各个医院的情况以及整个区域的开办费用和相关的数据信息。从而为各级行政部门提供准确的数据汇总以及决策依据，让整体项目管理变得更加科学化、流程化、合理化。用现代化、智能化的管理来节约人力物力。

三、开办费编制的AI智能化的实施路径

精准规划积累的数据加上AI智能算法，可以帮我们一键生成医院整体规划以及评估。在输入了所在区域，需要做什么类型的医院，它会自动地提示诊床比。选择诊床比，输入床位数，轻松点击搜索，即可出现医院总体评估，评估内容包含医院建设投资估算、学科规划、开办费用统计等。

各个对应的部门之下有详细的科室构成，以及科室面积和设备配置。这些都是通过对应的床位数规模和提供的其他参数计算得出的。可以看到各个分项详细的规划。

人工智能开办评估的算法依据是底层的数据库，包括功能房间单元的面积大小以及个数。构成了整体医院建设的经济技术指标。其中按照房间单元也做了房间的设备和物资的标准化匹配，从而可以将这些标准化的房间单元分配到不同的医院、不同类型的科室房间中。从而通过这些最小的房间单元形成了整个医院的设备、物资的集成。最终汇

总的设备、人员和开办物资的总体评估是非常精确的。

如何确定医院建设的开办费编制？确定医院建设开办费的具体方法如下：

分析市场需求：首先需要确定区域内医疗市场的需求，包括医疗服务水平、市场价格等因素，以确定开办医院的规模和业务范围。

确定医院需求：根据医疗市场的需求和市场分析情况，确定开办医院的类型和规模，例如，综合医院、专科医院和不同规模以及属性等。

制定开办方案：根据医院类别和规模，制定详细的开办方案，包括学科规划、房间设置、设备采购、人员招聘等方面的投入。

估算开办费用：根据开办方案，估计出医院开办费用，包括建筑改造、设备采购、人员招聘等方面的费用，并提前进行预算和计划。

综合以上步骤，可以较为准确地确定医院建设开办费。但具体费用还需根据实际情况进行调整和修正。

（一）开办编制的流程

1.学科规划

（1）确定医院性质；

（2）确定项目规模；

（3）确定功能科室规划；

（4）关键数据的计算步骤；

（5）计算门诊单元数；

（6）计算住院单元数；

（7）计算大型设备数；

（8）计算医技房间数；

（9）匹配房间功能。

2.房间物资匹配

根据房间的不同，系统将会自动在房间数据库内匹配对应的开办物资，关联的设备和需求。在整个科室和房间选定之后，相应的开办费用信息即可生成。

除了每个房间独特的开办物资的需求，另外还有全院范围之内的关于窗帘、被服、标识以及家私监理费等费用。

第一，因为每个医院的外立面设计相差较大。因而窗帘是通过窗户尺寸的参数录入来进行匹配的。窗帘可以在房间中设置，但是院内有很多的房间是没有窗户的。关于此项，有一个单独的表格，可进行根据窗户的实际大小和尺寸进行调整。

第二，被服是和不同的房间相关联的，系统中将会按照有被服的房间，例如，病房、手术室、ICU、值班室、治疗室等一些需要配备被服的房间来进行标准的配置。另外还有医护人员的被服，也会按照人员的统计数量，以及相应的配备标准进行配置。

第三，标识系统较为复杂，分为室内标识和室外标识。室内标识的部分可以通过和房间相关联，每一个房间按照标准的标识设计进行匹配。而室外或者大厅、公共空间等的标识又会根据每一个项目的实际设计而发生较大的变化，这一部分的预估在前期的申报阶段，可以根据医院的总体的开办费用的百分比进行核定。后期根据医院实际的设计方案，来进行精细化的申报。

3.开办编制在不同阶段的方式

（1）前期规划阶段：采取自上而下的方式，通过每床费用或者每平方米费用的指标估算总体开办费用，并且参照各类开办物资的占比参考范围分配总体开办费用至各类中。通过在总体高度上约束，为后面开办申报顺利打好基础。

（2）建设阶段：采取自下而上的方式，通过学科规划与房间物资匹配，同时按照上面流程第二项提到的方式单独处理全院范围内的被服、标识、窗帘和家私监理等费用汇总成表，得到开办费的初步估算。然后将估算与前期规划阶段的总体费用框架相比较进行调整修订，最后生成开办费用概算书的编制。

（二）确定医院的性质

医院总体上可分为综合医院和专科医院。由于中医是我国几千年的民族文化宝藏，因而在国家对医院的性质进行界定时又将中医院、中西医结合医院列入单独类别。专科医院又有多种分类，例如，妇产医院、儿童医院、骨科医院、康复医院、肿瘤医院、心血管医院、胸科医院、口腔医院、皮肤美容医院、传染病医院、精神病医院等。

（三）确定医院的规模

医院的规模主要指标为床位数。在确定对应的医院性质后，结合医院规模，分析医院等级，医院分为三级十等，一、二级医院分别分为甲、乙、丙三等，三级医院分为特、甲、乙、丙四等。并确定相应的门诊及医技科室的配置标准。

（四）确定功能科室规划

根据医院性质及相应等级，确定其匹配的科室，也就是一级流程。

从门诊部、医技部、病房部、后勤支持部、办公科研部分别抽取对应等级和性质医院的科室。

使用方可根据医院的属性，提出个性化需求，增减科室名单。

（五）关键数据的计算步骤

关键数据包括门诊诊室和单元数量、住院单元数量、主要医技用房和大型设备的数量。

（六）输出结果

通过后台的计算，可以对医院各个科室的人员配置进行总体的评估；以及对所有的房间单元配置设备、家具和其他的开办物资费用的统计评估，也可以对于整体的造价估算进行初步的评估。根据以上流程，软件程序提供了简单便捷，容易操作的使用界面。包括给使用端以及后台各自的界面。每个用户可以登录和建立自己的账户，获得对应的功能需求以及服务，也可以进行不同角色的管理。对不同的信息进行查阅和搜索。后台可进入的界面可进行整体算法以及基础数据库的开发和管理。

（七）总体评估

输入医院的性质、规模、所在区域和诊床比，可自动进行医院科室和功能房间的配置。快速生成不同类型、不同规模、不同地区医院的总体规划。这些都是基于过去医院建设的房间数据和国家关于医院建设的总体建筑经济指标的基础之上搭建的数据模型。

在综合医院的标准模板基础上，可根据不同医院的性质，选择需要的专业科室。例如，肿瘤医院，可以增加放疗中心，核医学等非常规科室。去掉普通综合医院的产科、待产分娩、儿童保健等科室。

可对不同规模的医院进行精准的科室功能面积和房间规划。例如，2000张床以上的大规模医疗中心，其科室设置的标准和500张床医院有所不同。500张床医院的门诊通常几个科室结合起来共用辅助设施。例如，门诊的内科、外科等大科室，里面设置了心脑血管、神经内外、肝脏肠胃等科室。而在大型医疗中心里，每一个专科由于其规模扩大，功能更加齐备，通常门诊和相应的治疗检测诊断结合形成一站式服务，变成了一个独立的专科中心。这样门诊的分类和规模会进行区分，以保证其适应不同规模医院的要求。

用户在登录后，可在标准模板的基础上快速获得适合自己医院的个性化方案。对于各个科室的面积大小和总体分配比例，都有了科学合理的配置，并且不会出现缺漏关键房间，或房间面积大小不合理等现象。

医院总体功能规划，包括各个部门下属的科室，可根据医院的性质，规模进行初步配置。智能化的程序考虑了实际建成项目在前期可能没有标准化设计和实施，以及不同医院因为人员构成和学科架构等原因导致的非标准情况，设计了可根据医院的实际情况在基础数据之上，进行个性化的空间，以便于增加或减少科室，突出重点学科真正做到个性化定制。

（八）UE、UI界面

由于篇幅所限，使用界面等内容敬请扫码阅读。